国家科技基础条件平台建设项目
"全国分析检测人员能力培训与考核体系"成果

全国分析检测人员能力培训委员会(NTC)系列培训教材

ATC 017
电感耦合等离子体质谱分析技术

李 冰 陆文伟 主编

U0311271

中国质检出版社
中国标准出版社
北 京

图书在版编目(CIP)数据

ATC 017 电感耦合等离子体质谱分析技术/李冰，
陆文伟主编. —北京：中国标准出版社，2017.1
ISBN 978 - 7 - 5066 - 8315 - 9

Ⅰ.①A…　Ⅱ.①李…　②陆…　Ⅲ.①电感耦合等
离子体光谱法—技术培训—教材　Ⅳ.①O657.31

中国版本图书馆 CIP 数据核字(2017)第 167318 号

中国质检出版社
中国标准出版社　出版发行

北京市朝阳区和平里西街甲 2 号　(100029)
北京市西城区三里河北街 16 号　(100045)

网址：www.spc.net.cn

总编室：(010) 68533533　发行中心：(010) 51780238
读者服务部：(010) 68523946

中国标准出版社秦皇岛印刷厂印刷
各地新华书店经销

*

开本 787×1092　1/16　印张 16.75　字数 420 千字
2017 年 1 月第一版　2017 年 1 月第一次印刷

*

定价：60.00 元

如有印装差错　由本社发行中心调换

版权专有　侵权必究

举报电话：(010)68510107

全国分析检测人员能力培训委员会（NTC）

主　　任　吴波尔

副 主 任　刘卓慧　吴学梯　张　泽

委　　员　（按姓氏笔画排序）

马晋并　方　向　王海舟　乔　东　庄乾坤

许增德　宋桂兰　张渝英　李文龙　葛红梅

全国分析检测人员能力培训委员会（NTC）
系列培训教材编审委员会

总 编 审　张渝英

副总编审　王海舟　乔　东

常务编审　符　斌　佟艳春

编　　审　（按姓氏笔画排序）

马燕文	马振珠	于世林	邓　勃	邓星临	邓志威
王光辉	王明海	王春华	王　滨	王福生	王　蓬
尹　明	田　玲	白伟东	刘虎威	刘国诠	刘丽东
刘咸德	刘　正	刘　英	刘卫平	刘　挺	江超华
再帕尔	吕　杨	吴牟天	吴惠勤	吴淑琪	吴国平
冯先进	孙素琴	孙泽明	齐美玲	朱衍勇	朱跃进
朱林茂	朱生慧	朱锦艳	朱　斌	汪正范	汪聪慧
李　冰	李小佳	李丛笑	李红梅	李华昌	李重九
李继康	李寅彦	李国会	李万春	李美玲	沈学静
沈建忠	牟世芬	杨啸涛	杨春晟	邹汉法	罗立强
罗倩华	张　中	张　庄	张之果	张学敏	张锦茂
张伟光	张克顺	张东生	张　亮	张慧贤	林崇熙
谢孟峡	者冬梅	周志恒	周巍松	周艳明	郑国经
卓尚军	屈文俊	贾云海	柯以侃	柯瑞华	柯晓涛
陈江韩	陈吉文	胡国栋	胡净宇	胡洛翡	胡晓燕
赵　雷	徐友宣	徐本平	徐经纬	高介平	高宏斌
高怡斐	唐凌天	谭晓东	郭永权	侯红霞	崔秋红
蒋士强	蒋仁贵	蒋子江	梁新帮	陶　琨	黄业茹
傅若农	詹秀春	蔡文河	臧慕文	魏若奇	

序

分析测试技术作为科技创新的技术基础，国民经济发展和国际贸易的技术支撑，环境保护和人类健康的技术保障，正受到越来越多的关注，而分析测试体系的建设在科技进步和经济发展中正发挥着举足轻重的科技基础条件平台的作用。从 1999 年以来，科技部先后组织建设并形成了分析测试方法体系、全国检测资源共享平台、大型仪器共享平台，标准物质体系以及应急分析测试体系等分析测试相关的基础条件平台。2005 年在科技基础条件平台建设中，又启动了《机制与人才队伍建设——全国分析测试人员分析测试技术能力考核确认与培训系统的建立与实施》项目。从而形成了"人员、方法、仪器、标准物质、资源"等组成的完整系统的分析测试平台体系。

为加强分析检测人员队伍的建设，确保分析检测人员技术能力的培训与考核工作的科学性、规范性、系统性和持续性，完成国家科技基础条件平台建设的相关任务。中华人民共和国科学技术部、国家认证认可监督管理委员会等部门共同推动成立了"全国分析检测人员能力培训委员会"（简称"NTC"）负责对分析检测人员技术能力的培训与考核工作。由科技部及国家认证认可监督管理委员会的领导共同主持了启动仪式。

NTC 宗旨为提高我国分析检测人员整体的检测能力和水平，促进分析检测结果的准确性和可靠性，为国家科技进步、公共安全、经济社会又好又快发展服务。

NTC 依据国家相关法律法规，按照分析检测的相关国际和国家标准、规范等开展培训工作，遵循客观公正、科学规范的工作原则开展考核工作。

分析检测技术的分类系以通用分析测试技术为基点，兼顾专用技术，根据相关学科分类标准及分析检测技术设备原理划分，形成每项技术分别覆盖材料、环境资源、食品以及能源等领域化学成分和性能表征的分析测试技术能力分类系统，首批纳入了58项技术。

每项分析检测技术由四个技术部分组成，即分析检测技术基础、仪器与操作技术、标准方法与应用以及数据处理。

通过相关技术四个部分考核的技术人员将由全国分析检测人员能力培训委员会颁发分析检测人员技术能力证书，是对分析检测人员具备相关分析检测技术（方法）或相关部分的技术能力的承认，可以胜任相关分析检测岗位的检测工作；该证书可作为计量认证、实验室认可、相关认证认可以及大型仪器共用共享的能力证明。

为规范各项技术考核基本要求，委员会正式发布了各项技术的考核培训大纲。为便于培训教师、分析检测人员进一步理解大纲的要求，在全国分析检测人员能力培训委员会统一领导下，由全国分析检测人员能力培训委员会秘书处负责组织成立了NTC教材编审委员会，系统规划教材的系统设置方案、设计了教材的总体架构、与考核相结合规定了每项技术各部分内容的设置，并分别组织了各分册项技术分编委会，具体负责各项技术的培训教材的编写，经编审委员会负责编审后，由中国质检出版社出版，以服务于全国分析检测人员的技术培训与考核工作。

全国分析检测人员能力培训委员会

NTC 通用理化性能分析检测能力技术分类

1 ATC——化学分析测试技术

ATC 001 电感耦合等离子体原子发射光谱分析技术

ATC 002 火花源/电弧原子发射光谱分析技术

ATC 003 X 射线荧光光谱分析技术

ATC 004 辉光放电发射光谱分析技术

ATC 005 原子荧光光谱分析技术

ATC 006 原子吸收光谱分析技术

ATC 007 紫外-可见吸收光谱分析技术

ATC 008 分子荧光光谱分析技术

ATC 009 红外光谱分析技术

ATC 010 气相色谱分析技术

ATC 011 液相色谱分析技术

ATC 012 毛细管电泳分析技术

ATC 013 固体无机材料中碳硫分析技术

ATC 014 固体无机材料中气体成分（O、N、H）分析技术

ATC 015 核磁共振分析技术

ATC 016 质谱分析技术

ATC 017 电感耦合等离子体质谱分析技术

ATC 018 电化学分析技术

ATC 019 物相分离分析技术

ATC 020 重量分析法

ATC 021 滴定分析法

ATC 022 有机物中元素（C、S、O、N、H）分析技术

ATC 023 酶标分析技术

2 ATP——物理检测技术

ATP 001 金相低倍检验技术

ATP 002 金相高倍检验技术

ATP 003 扫描电镜和电子探针分析技术

ATP 004 透射电镜分析技术

ATP 005 多晶 X 射线衍射分析技术

ATP 006 俄歇电子能谱分析技术

ATP 007 X 射线光电子能谱分析技术

ATP 008 扫描探针显微分析技术

ATP 009 密度测量技术

ATP 010 热分析技术

ATP 011 导热系数测量技术

ATP 012 热辐射特性参数测量技术

ATP 013 热膨胀系数测量技术

ATP 014 热电效应特征参数测量技术

ATP 015 电阻性能参数测量技术

ATP 016 磁性参数测量技术

ATP 017 弹性系数测量技术

ATP 018 声学性能特征参数测量技术

ATP 019 内耗阻尼性能参数测量技术

ATP 020 粒度分析技术

ATP 021 比表面分析技术

ATP 022 热模拟试验技术

3 ATM——力学性能测试技术

ATM 001 拉伸试验技术

ATM 002 弯曲试验技术

ATM 003 扭转试验技术

ATM 004 延性试验技术

ATM 005 硬度试验技术

ATM 006 断裂韧度试验技术

ATM 007 冲击试验技术

ATM 008 疲劳试验技术

ATM 009 磨损试验技术

ATM 010 剪切试验技术

ATM 011 压缩试验技术

ATM 012 撕裂试验技术

ATM 013 高温持久、蠕变、松弛试验技术

本书编委会

主　编　李　冰　　陆文伟

编　委　（按姓氏笔画排序）

　　　　冯先进　　邢　志　　刘丽萍　　刘　崴

　　　　宋娟娥　　罗倩华　　郑国经

前　言

　　本书是"全国分析检测人员能力培训委员会（NTC）"组织的系列培训教材之一。按照 NTC 的培训教材要求，电感耦合等离子体质谱（ICP－MS）技术编委会首先起草并确定了《ATC 017 电感耦合等离子体质谱分析技术考核与培训大纲》，然后按照大纲的框架编写了本教材。历经两年多的时间，在 ICP－MS 编委会全体成员的共同努力下，多次对大纲和教材进行研讨修改，在多方征求意见的基础上，几易其稿，终于完成了本书的编写任务。

　　本教材的目的是提高我国基层从事 ICP－MS 分析检测人员的检测能力和水平，希望通过以本书为教材的培训或学习，使分析检测人员了解 ICP－MS 分析技术的基本概念及基础理论知识，熟悉 ICP－MS 仪器的基本结构及工作原理，掌握 ICP－MS 仪器的实际操作能力，了解 ICP－MS 分析技术在相关领域的应用及发展，更好地发挥 ICP－MS 的作用。同时本教材也可作为科研院所和大专院校相关人员的参考书。为此，本书编委会兼顾普及和提高，既有长期从事该技术的教学和应用研究的专家，又有在基层实验室长期从事 ICP－MS 的应用研究和实际检测的具有丰富实践经验的检测工作者。

　　本教材的编写原则是力图使本书具有广泛的代表性、实用性和先进性。重点介绍四极杆 ICP－MS 技术的基本原理、基础知识和应用，但考虑到 ICP－MS 新仪器新技术快速更新换代，基础理论与应用也不断发展的趋势，对其他相关技术，比如扇形磁场高分辨质谱仪以及飞行时间质谱仪，碰撞反应池技术，串联质谱等也予以介绍。为了使广大读者更好地理解和掌握 ICP－MS 仪器的结构和工作原理，在第 1 章和第 2 章中插入了大量图件，这些插图和文字都是陆文伟老师（上海交通大学）亲自绘制、编写和反复修改而成。

本书按照大纲要求，共分四部分，第一部分为电感耦合等离子体质谱基础理论知识，主要包括 ICP‒MS 的发展和仪器概况、基本原理、常规技术指标和分析方法基础知识等内容。第二部分为电感耦合等离子体质谱分析仪器设备与操作，主要包括 ICP‒MS 仪器的基本结构和工作原理、仪器日常操作流程、仪器维护和安全操作、常用试剂和标准溶液配制等。第三部分为电感耦合等离子体质谱标准方法和应用技术，目的是了解 ICP‒MS 在有关领域中的应用及标准方法，掌握方法使用范围、使用要求、具体分析步骤、结果计算、操作注意事项等。应用领域主要包括地质、黑色和有色金属材料、环境、食品和农业、生物、石油化工、微电子工业等领域中的痕量超痕量元素分析，砷、汞、溴、碘、锡等元素的形态分析等。第四部分是 ICP‒MS 分析的误差统计和数据处理。

本书提供了 5 个实用的附录资料：天然同位素表；常用同位素标准物质比值；ICP‒QMS 多原子离子干扰汇总表；同量异位素的数学干扰校正公式；EPA 方法中用到的一些数学校正公式。

在撰写本教材的过程中，引用了大量国内外公开发表的资料，在此亦向文献的原编著者表示感谢。

本书在确定编写大纲和修改过程中得到了各方面技术专家的指导和帮助，在此谨致谢忱。

本书在编写过程中吸取了各应用领域业内专家的意见，力求使本教材能满足该技术在各领域的应用和不同仪器类型用户的培训要求，但由于该技术涉及的应用领域越来越广，仪器类型及其性能在不断发展和提高，以及编者学识和能力所限，书中难免有疏漏和错误之处，敬请专家和读者批评指正。

编著者

2016 年 5 月

目　录

One

电感耦合等离子体质谱技术基础知识

1.1 概况

电感耦合等离子体质谱技术是以电感耦合等离子体（Inductively Coupled Plasma）为离子源，以质谱计（Mass Spectrometer）进行检测的元素和同位素分析技术，简称 ICP‑MS。

ICP‑MS 具有灵敏度高、检出限低、线性范围宽、可检测元素覆盖范围广等特点，同时具备同位素和同位素比值分析等能力，被公认为是最强有力的痕量和超痕量多元素分析技术，已被广泛地应用于地质、环境、冶金、生物、医学、化工、微电子和食品安全等各个领域。

1.1.1 ICP‑MS 发展概况

1912 年，J. J. Thomson 在英国剑桥大学 Cavendish 实验室制作了第一台电场偏转类型质谱仪器。同年他发表了世界上第一张离子信号强度与相应质量数的质谱谱图。1953 年 W. Paul 和 H. S. Steinwedel 在德国自然科学杂志（Naturforsch）首次发表了一种新的四极场质谱仪器，并在他们的专利说明书里描述了四极杆质量分析器和离子阱。1964 年 Greenfield 等描述了电感耦合等离子体源的优异特性，并把等离子体光源成功应用于原子发射光谱仪器中。1980 年 R. S. Houk，V. A. Fassel，G. D. Flesch，A. L. Gray 和 E. Taylor 首次报道了 ICP‑MS 技术的合作研究成果，展示了 ICP 离子源与质谱技术相结合的巨大潜力。

ICP‑MS 仪器早期研发工作来自于 3 个国家的实验室，即美国爱荷华州立大学（Lowa State university）的 Ames 实验室、加拿大的 Sciex 实验室、英国萨里大学（University of Surrey）的 Bristish Geological Survey 学院和 VG instrument 公司的合作实验室。早期的许多等离子体质谱技术研究报道和综述性文章主要来自于 Houk、Gray 和 Douglas 等人的研究团队。1983 年商品四极杆等离子体质谱仪器上市，当时的加拿大 Sciex 公司和英国 VG 公司同时推出各自的第一代商品仪器 Elan250 和 VG Plasmaquad。这两种平行研制的商品仪器系统在细节上虽然有许多不同之处，但基本上是相似的。ICP‑MS 仪器所使用的 ICP 除了方位和线圈接地方式外，与原子发射光谱中使用的基本相同。所使用的质量分析器、离子检测器和数据采集系统又与四极杆 GC-MS 仪器相类似。此后 30 年间，ICP‑MS 仪器迅速发展，分析性能大幅提升，应用领域不断扩展。

采用 ICP 作为离子源的质谱仪器包括几种类型，如电感耦合等离子体四极杆质谱仪（ICP‑Q‑MS）；扇形磁场电感耦合等离子体质谱仪（SF‑ICP‑MS）或被称为高分辨率电感耦合等离子体质谱仪（HR‑ICP‑MS）；多接收器电感耦合等离子体质谱仪（MC‑ICP‑MS）（主要用于高精度的同位素比值分析）；电感耦合等离子体飞行时间质谱仪

（ICP－TOF－MS）。本书以电感耦合等离子体四极杆质谱技术原理及应用内容为主，同时对其他等离子体质谱仪器加以简介。

1.1.2 ICP－MS 仪器概述

ICP－MS 仪器系统可以分成几个部分（图 1.1）：进样系统（雾化器、雾化室、蠕动泵、半导体制冷装置等）、等离子体炬、接口（inteface），又称锥口（cone）（由采样锥、截取锥等锥体组成）、离子透镜、碰撞/反应池、四极杆滤质器、检测器、仪器控制和数据处理的计算机系统，另外辅助装置为真空系统和循环冷却水系统。

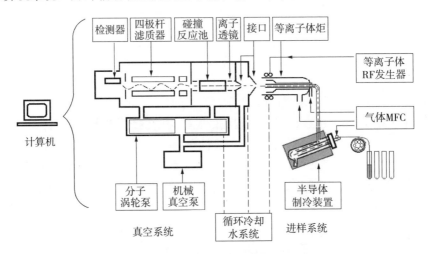

图 1.1 等离子体四极杆质谱仪结构示意图

电感耦合等离子体质谱仪器采用 ICP 作为离子激发源。等离子体提供了一种高温环境，样品气溶胶（sample aerosol）通过其中心高温区时，绝大多数分析物的分子都会产生键断裂，生成原子团或原子，而原子进一步被电离成离子和电子，所以 ICP 是个电离效率很高（95％以上）的离子源。

锥口是等离子体质谱仪器的重要部件，它位于等离子体和高真空的质谱系统之间。质谱系统是通过锥口来有效地采集等离子体炬中心产生的离子，同时锥口阻挡了大部分高温高密度气体分子，减少它们进入质谱系统的机会。由于锥面直接接触高温，所以安装锥口的不锈钢座中内置了水槽，循环水冷系统的冷却水通过水槽和锥座对锥口进行冷却处理。

四极杆质谱器系统包括：离子透镜系统，四极杆滤质器以及检测器。离子透镜系统促使离子束聚焦和传输，施加一定交直流电场的四极杆滤质器在一定的单位时间里只让特定质荷比的离子通过，并被检测器同步检测。当施加的交直流电场变化时四极杆质谱即可以对不同质荷比的离子完成跳峰或扫描检测。

现代等离子体质谱系统中绝大多数还包括了碰撞/反应池系统，利用碰撞反应消除或减少多原子离子干扰，扩大仪器的应用范围。

ICP－MS 仪器通常具有以下几种工作模式：

（1）标准模式（standard mode）：采用常规等离子体射频功率，如 1000W 以上，应用于一般常规样品的分析，如地质样品、环境样品等。

（2）冷等离子体模式（cool plasma mode）：采用较低等离子体射频功率（如 500W～600W）的工作模式，有的仪器需要采用屏蔽圈辅助装置，有的需要换用不同的锥口或离子透镜）。该模式利用较低等离子体射频功率，减少氩亚稳态离子的生成，降低氩基多原子离子的干扰以改善轻质量离子（如 K、Na、Ca、Mg 和 Fe）的信背比，主要应用于高纯材料和高纯试剂等样品中特定元素的检测。

（3）碰撞/反应池模式（collision/reaction cell mode）：在四极杆滤质器前端加入碰撞/反应池装置，加入反应气体、碰撞气体或混合气体，用以解决质谱干扰问题。也有的采用特殊的碰撞/反应接口。

（4）动能歧视模式（kinetic energy discrimination mode）：在四极杆滤质器中的四极杆与碰撞/反应池中的多极杆上，加入不同的电压，形成一种电势的栅栏，产生一种离子的动能歧视效应，可应用于区分一些动能有所差别的而质荷比相同的离子，碰撞/反应池和动能歧视这二种模式都是用来抑制多原子离子的干扰，二者可以分别使用或配合使用，可应用于食品安全、冶金材料、临床医学、地质以及环境样品中一些困难元素的分析。

（5）高灵敏度模式（high sensitivity mode）：采用接地的屏蔽圈等离子体系统，促使生成离子的能量分布集中，以提高仪器的灵敏度。也可更换或增加一些装置（如更换锥口、离子透镜、高效雾化器以及增加机械真空泵等）来获得更高的灵敏度。高灵敏度模式主要应用于激光剥蚀进样联用系统或高纯材料分析。

（6）串联质谱模式：在等离子体串联质谱仪器中，利用碰撞/反应池前置的四极杆带通滤除那些不需要的离子，以减小它们形成多原子干扰离子的机会。该模式根据碰撞/反应池前置四极杆与后置四极杆滤质器的不同配合作用，分成单四极杆模式（single quad mode）或质谱/质谱模式（MS/MS mode）。

各种工作模式有时也可以混合使用，以对付一些困难样品分析，抑制强的干扰信号，改善分析元素的信背比。如碰撞/反应池与动能歧视配合使用，又如冷等离子体工作模式和碰撞/反应模式混合使用。也有采用折中的工作条件来对付一些困难样品的分析，如对等离子体射频功率采用中等功率（如 700W～800W）等。

等离子体质谱仪器可以与多种附件形成一种联用工作模式，比如采用色谱或激光系统，用时序分析软件来采集和处理瞬间信号，实现对元素的化学形态分析或元素微区分布分析。可以联用的附件包括色谱系统（如液相色谱、离子色谱、凝胶色谱、气相色谱和毛细管电泳等）、激光剥蚀系统、流动注射系统、快速进样系统以及电热蒸发系统等。

1.1.3 ICP-MS 分析技术的特点

ICP-MS 拥有多元素快速分析的能力，例如在 2min～3min 内，对一个样品可以完成 3 次重复分析，同时完成的元素分析项目可达 30 种以上。

ICP-MS 的元素定性定量分析范围几乎可以覆盖整个周期表，常规分析的元素大约为 85 种。质谱系统对所有离子都有响应，但部分卤素元素（如 F、Cl），非金属元素（如 O、N）以及惰性气体元素等由于电离势太高，在氩等离子体中（氩的电离势为 15.76eV）电离度低因此信号太小，也有的因背景信号太强（如水溶液引入的 H、O）等原因，而没有被包括在常规可分析元素的范围之内。

ICP-MS 对常规元素分析的动态线性范围宽，可跨越 8～9 个数量级，可检测元素的溶液浓度范围为 $0.\times ng/L \sim \times 00mg/L$。ICP-MS 拥有高灵敏的元素检出能力，有些重元素的检出限甚至可以达到 $0.0\times ng/L$，因此在高纯材料，微电子工业和科研单位得到广泛的应用。而等离子体质谱的常量元素分析主要是被应用在环境监测方面（如沉积物中含量在 g/kg 以上的 K、Na、Ca、Mg、Al、Fe 等），实际使用中可采用特殊结构的锥口适当地抑制环境样品中浓度过高的过渡金属元素信号，也可以通过对高浓度元素采用高分辨率设置来抑制一部分信号，而同时对微量元素采用标准分辨率的设置保持原有的检测能力。

ICP－MS 的另一个重要特征是离子按其质荷比分离和检出，因此具有同位素分析和同位素比值分析的能力。该功能可应用于核工业、地质、环境以及医药等领域的同位素示踪、定年或污染溯源等。基于同位素比值分析的同位素稀释法则常被用于标准物质定值分析和公认的仲裁分析。

ICP－MS 仪器作为高灵敏的元素检测器，可方便地与多种色谱仪器（如高效液相色谱、离子色谱、凝胶色谱、气相色谱及毛细管电泳等）联用，实现元素形态分析，拓宽了仪器的应用范围。

ICP－MS 也可以与固体进样技术（如激光剥蚀进样系统等）联用，直接进行固体样品的分析，既可以进行固体的成分含量分析，也可以进行一些固体样品的元素分布图像分析，比如表面分析、剖面分析、微区分析等。

与等离子体发射光谱的数十万条紫外及可见光谱线相比，等离子体质谱的同位素分析谱线相对要少得多，从最轻的元素氢到常规的重元素铀，才不到二百四十条同位素谱线。因此相对来说质谱干扰小一些，故可以方便地进行元素定性定量分析，实现各种样品的多元素快速检测。

1.2　ICP－MS 技术基本原理

1.2.1　ICP 离子源

电感耦合等离子体装置由等离子体炬管和高频发生器组成。通常使用的炬管由三个石英同心管组成，即外管、中间管和中心管或称为样品注入管（injector）。分别通入冷却气（cool gas）和辅助气（auxiliary gas）以及载气（carrier gas）。见图 1.2－1。ICP 大都由氩气形成的，也有采用混合气体的。当炬管外通过 RF 线圈加上高频电磁场的同时，采用点火装置（如高压的特斯拉（Tesla）线圈放电装置）产生电火花，可诱导 Ar 气产生氩正离子和电子。

$$Ar \rightarrow Ar^+ + e^-, \quad Ar + e^- \rightarrow Ar^+ + 2e^-, \quad Ar^+ + e^- \rightarrow Ar^* + hv$$

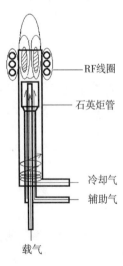

图 1.2－1　等离子体炬

在高频电磁场的作用下，离子与电子高速涡流运行，电子撞击其他氩原子产生雪崩连锁反应，瞬间形成大量的氩离子和电子。电子与原子的碰撞和解离，电子与离子的碰撞和聚合，使来自高频电源的能量以光和热的形式转化释放，形成等离子体炬焰。

等离子体炬焰在正常射频功率条件下的温度可达 5000K～8000K 以上，电子温度（electron temperature）在 8000K～10000K 左右，电子密度约在 $1～3 \times 10^{15}\ cm^{-3}$。

样品气溶胶一旦进入等离子体炬焰中心通道的高温区域内即可发生一系列复杂的物理化学反应。中间过程为去溶（desolvation）、蒸发（vaporization）、原子化（atomization）、激发（excitation）、离子化（ionization）等。样品溶液经去溶蒸发后，分子团离解成分子和原子团，进一步离解成单个原子，最终原子失去最外层的电子而成为带正电荷的离子。由于在特

图中标注：RF线圈　石英炬管　冷却气　辅助气　载气

定的等离子体中心通道的高温条件下，原子失去最外层一个电子的机会较多，所以原子电离后的绝大多数状态为一价的正离子（M^+），少数原子电离为二价的正离子状态（M^{++}）。

由于氩气的电离势为15.759eV，而大多数元素的电离势小于8eV，因此氩等离子体使大多数元素的电离效率几乎接近于100%，所以氩等离子体是个很好的离子源。在氩等离子体中，少数元素原子的二次电离势低于Ar的电离势（15.759eV），则可形成二价离子，容易引起干扰。

在高温下分析物电离机理如下：

电子电离：$M+e^- \rightarrow M^+ + 2e^-$；

电荷转移电离：$M+Ar^+ \rightarrow M^+ + Ar$；

潘宁（Penning）电离：$M+Ar^{m*} \rightarrow M^* + Ar + e^-$

其中，亚稳激发态粒子（excited metastable species）M^*和Ar^{m*}的形成机理如下：

$$M+e^- \rightarrow M^* + e^- ; \quad Ar+e^- \rightarrow Ar^* + e^- ; \quad M^+ + e^- \rightarrow M^* + hv$$

离子电子在电磁场中的运动与导体中电子的趋肤效应相似，趋肤效应是电子在导体表面挤聚现象，在等离子体介质中高频电流的传导也主要通过电阻较小的外层结构，因而在等离子体炬焰的外层，离子电子的运动更剧烈，所以等离子体炬的外层温度比中心的更高。

ICP环状结构（即中心通道效应）是由于高频电流的趋肤效应和内管的载气的气体动力学双重作用所致。ICP离子源是一个流动的、非自由扩散型的光源。放电的环状结构和切线气流所形成的漩涡使轴心部分的气体压力较外围略低，因此携带样品气溶胶的载气可以容易地从ICP底部通过形成一个中心通道。产生等离子体需要大约5kW的功率，如果等离子体是在低频（～5MHz）的条件下产生，则容易形成泪滴状。试样接近等离子体时，有环绕外表面的趋势，于分析不利。如等离子体是在高频的条件下产生的，则由于高频的趋肤效应使涡流趋向于集中在等离子体的外表面，形成一个稳定的环状结构。分析样品将由载气带进等离子体的中心通道，而在等离子体的环形外区几乎没有样品气溶胶存在。中心通道的气体主要通过辐射和来自环形区域的热传导而被加热。等离子体感应区域的温度可高达10000K，而在中心通道中炬管喷射口处的气体动力学温度范围可能在5000K～7000K。在此温度下，周期表中的大多数元素都能产生高度电离。由于功率主要耦合于环形外区，所以样品气溶胶通过的中心通道的物理性质受外来因素的影响较小。因此，样品溶液化学成分的变化并不太影响维持等离子体的电学过程。也就是说，正是ICP中施加电能的区域和样品通过的区域从结构上分开的特点，是ICP的物理和化学干扰比其他光源中所观察到的为轻的原因之一。

雾化气（nebulizer gas）或称载气（carrier gas）将样品气溶胶载入到炬中心通道，见图1.2‐2。当载气量流量不足于打开中心通道时，需要加用补充气（make up gas）。

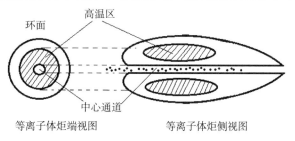

图1.2‐2　等离子体炬焰结构示意图

等离子体炬管的中心管（injector）其内径有所不同，有 0.8mm、1.0mm、1.5mm、2.0mm 和 2.5mm 几种，小内径中心管常用于高气溶胶线速度应用中，如有机试剂的分析。大内径中心管用于低气溶胶线速度中，以增加分析物在高温区的滞留时间。雾化气和补充气的最佳总流量与中心管的口径相关，大内径中心管适合较大的气体流量。

1.2.2　等离子体进样方式

等离子体质谱仪器的常规进样方式是采用溶液进样方式，即固体样品被消解制备成溶液后直接进样分析，或者分析物被萃取后进样分析。样品溶液经过雾化器雾化形成气溶胶，然后被氩气载入等离子体炬。此时进入等离子体炬焰中心通道的是含水分或溶剂的湿气溶胶（wet aerosol）。

利用液相色谱（如高效液相色谱、离子色谱、凝胶色谱、毛细管电泳等）联用的方法分析元素形态（species）时，是把色谱柱后的 peek 连接管直接接在雾化器上，载有分析物的移动相或淋洗液由雾化器完成雾化，所以样品也以湿气溶胶形式输入等离子体炬。

采用激光剥蚀进样系统进样时，是利用激光轰击蒸发固体表面，再让载气把蒸发物引入等离子体炬，此时样品是以干气溶胶（dry aerosol）的形式输送到炬焰的。等离子体质谱与气相色谱仪器或氢化物发生器联用时，在炬管端口直接输入载有分析物的载气，不需要雾化器，这样样品也基本为干气溶胶输入的状态。

1.2.3　接口

等离子体质谱仪中一个重要的部件是接口（interface），它用于衔接大气压下的高温等离子体炬和高真空的质谱系统，接口的功能是将等离子体中的离子有效传输到质谱仪，同时最大限度地减少来自等离子体氩气炬焰和溶剂的中性分子进入质谱仪系统，减少离子在传输时与分子碰撞引起的各种化学反应。接口一般由二到三个锥口所组成。锥型接口的孔径比较小，由计算机控制的三个步进电机在三维方向自动调整等离子体炬箱，使炬的中心通道对准锥口，中心通道内的分析物离子通过锥口进入质谱仪系统。

接口通常由二个锥体组成即采样锥（sample cone）和截取锥（skimmer cone）。含有离子的气体通过采样锥进入由机械泵支持的第一级真空室，以超声速度仅在几微秒内就膨胀，在此室中形成了一个超声喷射流。喷射流的中心部分通过截取锥孔，见图 1.2 - 3。采样锥的孔径一般为 1mm～1.1mm，锥口对准等离子体炬焰的中心通道。采样锥可以阻挡约 95% 的气体分子，截取锥的孔径一般为 0.4mm～0.9mm，截取锥再阻挡大约 95% 气体分子，这样实际从锥口进入质谱仪系统的中性分子很少。锥体由于面对等离子体炬的高温，需要采用循环冷却水进行冷却，以免被烧毁。

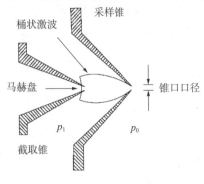

带正电离子向前运行的动能来自于等离子体炬焰氩气的携带，锥口内真空系统的吸力，以及离子提取透镜负电场的引力。

二个锥口之间是第一级真空区域，仪器工作时由机械泵维持真空状态。真空使二锥之间形成一个膨胀区（expanding region）。膨胀区真空一般被维持在 350Pa 左右（几个 mbar 或几个毛）。

等离子体气流通过采样锥进入一级真空室后由于压力差和锥形孔径自由膨胀形成被称作桶状激波（bar-

图 1.2 - 3　锥口结构图

rel shock）所包围的喷射柱，柱外称为背景区，柱内称静止区（zone of silence），柱下游称为马赫盘（mach disk）。马赫盘是由于喷射气流中快速运动的原子和背景气体之间的碰撞引起的原子再加热并发生发射，其特征是气体分子到此后运动速度忽然下降，气体再次被加热，于是温度回升（大约 2200K），这时各种反应又趋频繁。形成的桶状激波中，气体密度和动力学温度（kinetic temperature）降低，气体的焓（enthalpy）转成定向运动，气体温度也呈现下降，气体速度加快形成超声射流。超声射流的形状是锥形，其顶点在采样锥口。从采样锥到马赫盘之间的静寂区，几乎没有发生离子-电子的再复合或碰撞激发过程。因此，将截取锥口置于此区域，即可截取到基本保持"原始"状态的离子束，即被提取的离子基本上能代表等离子体中的离子。

1.2.4 离子动能

分析物离子由等离子体炬的氩气流输送，经锥口真空系统的抽提以及离子提取透镜的电场引力影响而具备一定的离子动能（ion kinetic energy）。如果等离子体炬的电位很低，则不存在等离子体炬对锥面的二次放电（secondary discharge），此时进入膨胀区的所有分析物离子与 Ar^+ 的速度是相似的，具有相同的速度。由于分析物离子的质荷比不同，它们具有不同的动能。此时离子能量分布是在 $5eV \sim 10eV$ 的数量级。如果等离子体炬出现二次放电时，离子的动能受到放电的强烈影响，其能量得到扩散，通常可达 $20eV \sim 40eV$，这将使得随后离子聚焦更为复杂。而且这种二次放电现象还会引起许多问题，比如二次电荷干扰离子的增加，采样锥离子的产生，锥的寿命减少等。因此，减少等离子体和采样锥间的放电很关键，必须采取一定措施以保持接口区域尽可能接近零电位。

1.2.5 空间电荷效应

从接口处采集到的离子束，因带有同等量的 M^+ 离子和电子整体呈电中性。当离子束离开截取锥进入提取透镜后，电子就被提取透镜上的强负电场排斥，电子离开离子束，此时离子束中以 M^+ 离子为主。同种电荷的离子以空间电荷力互相排斥，轻质量数离子受影响被偏转最大，甚至在聚焦透镜前就逃逸出去，所以容易造成轻质量数元素的灵敏度偏低。这种空间电荷排斥产生的仪器灵敏度变化被称为空间电荷效应（space charge effect）。

离子束里占主量的离子的构成决定了其他各种离子的传输效应，这些空间电荷效应是等离子体质谱法基体效应（matrix effect）的主要原因。采用含基体的样品溶液进行调试，可以获得最佳的分析物离子的灵敏度，可以减小基体效应。

聚焦离子透镜的正电压施加于不同质量数的离子上可以产生不同的效果，可以针对不同质量数的离子采用最佳的聚焦电压。

1.2.6 离子光学系统

离子光学系统（ion optics system）（或离子聚焦系统 ion focus system）位于截取锥和质谱分离装置之间。它有两个作用：一是聚集并引导待分析离子从接口区域到达质谱分离系统，二是阻止中性粒子和光子通过。离子聚集系统由一组静电控制的离子透镜组成，其原理是利用离子的带电性质，用电场聚集或偏转牵引离子。光子是以直线传播，所以离子以离轴方式偏转或采用光子挡板，就可以将其与非带电粒子（光子和中性粒子）分离。离子光学系统可以分为同轴（on axis）和离轴（off axis）二种结构，见图 1.2-4。同轴系统是采用光子挡板（photon stop）来阻挡来自等离子体炬焰的强烈的紫外光线和其他中性分子，避免它们被同轴传输进入检测系统，而产生较大的仪器背景噪声。光子挡板被施加偏转电压，让分析物离子180度偏转，但离子会有损失，灵敏度受到影响。等离子体质谱仪多采用离轴离子光学的设计，有效地降低了仪器背景噪声，同时保证了较高的灵敏度。

图 1.2-4 等离子体质谱仪的离子光学系统

离子光学系统主要由离子透镜（ion lens），如离子提取透镜（extraction lens）、聚焦透镜（focus lens）、偏转镜（deflect lens）、多极杆（multipole）、差压孔板（different pumping aperture）等组成。离子透镜常常由多个片状、筒状或复杂的组件所构成，现代等离子体质谱仪也有采用模块式构件，方便整体拆卸和调试。

1.2.7 离子提取模式

常规的离子提取模式（ion extraction mode）采用负电场离子提取模式。膨胀区马赫盘的底部是离子提取透镜，当在离子提取透镜上施加负电场时，带正电荷的分析物离子被提取进入质谱仪系统，而电子受到排斥，从而达到正离子与电子分离的目的。在离子提取透镜上采用较高的负电场可以提高离子提取效率，提高仪器灵敏度，但往往低质量数的背景信号也同时得到提升。原因之一是锥口直接接触样品的气溶胶，冷的锥面容易使分析物冷凝在锥口，一些低质量数的易挥发易电离元素可以重新进入质谱系统造成较高的背景，而高的负电场有助于这些离子的进入。

等离子体射频功率和提取电压对易挥发易电离元素的提取都有影响，如图1.2-5所示，图中存在三个信号响应突起的岛区，提取电压增加可以增加灵敏度，虽然对于低质量数元素采用低的等离子体射频功率可以获得一个高灵敏度的岛区，但第三个岛区显得更重要，它落在正电压提取，虽然灵敏度不及其他岛区，但背景信号很低，可极大地改善信背比，获得更好的背景等效浓度（BEC）。

在离子提取透镜上施加正电场，被命名为正提取模式，可以降低低质量数的背景。采用双离子提取透镜的正提取模式〔有商品名"软提取模式"（soft extraction mode）〕见图1.2-6，第一个离子提取透镜上采用几伏的正电场，而在第二个离子提取透镜采用负电场。离子电子分离是在二个提取透镜之间发生。有作者解释在正电场影响下，由于双极扩散（ambipolar diffusion）的原因，轻质量离子要比中质量离子和重质量离子更易扩散，所以轻离子密度下降，而中质量离子和重质量离子不受影响，从而轻质量易电离元素（如Li、Na、K）的仪器随机背景能有效地下降，改善了轻质量数离子的信背比。

双离子提取透镜的第一离子透镜也可以采用零电压的提取方式，效果与正电场的相似，同样可以降低轻质量离子的背景。

双离子提取透镜也可对两个离子提取透镜均施加正电场，称为隙透模式（effusion mode），可以进一步降低易电离元素的背景信号。

采用单离子提取透镜的正电场提取模式（如商品名"＋π提取模式"）见图1.2-7，也是在提取透镜上采用小至几伏的正电场，而随后的离子透镜采用负电场吸引分析物离子。这样对于来自等离子体炬动能较大的分析物离子可以通过这种正电场的排斥，而锥口上易挥发的沾污物离子动能较低，则不容易通过锥口，这样可以改善低质量离子的信背比。

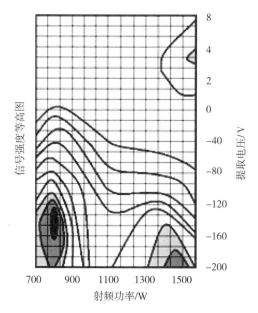

图 1.2-5 射频功率、提取电压与信号强度

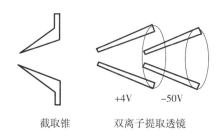

图 1.2-6 双离子提取透镜的正提取模式

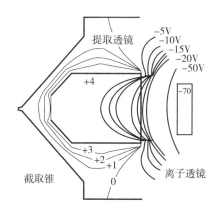

图 1.2-7 单离子提取透镜的正提取模式

1.2.8 四极杆质量分析器

四极杆质量分析器（quadrupole mass analyzer）也被称为四极杆滤质器（quadrupole mass filter）。

1.2.8.1 四极杆质谱分析器工作原理

四极杆质量分析器由 4 根圆柱形电极杆或双曲面电极杆所组成。双曲面四极杆有利于双曲面电场的形成，改善丰度灵敏度。极杆材料采用热膨胀系数较低的材料制成，如钼金属、镀金陶瓷材料等。

四极杆两两相应成对，每对极杆上被施加射频（RF）的交流电压（V）和直流电压（$\pm U$），施加的射频电压幅度可以相同，但相位则相差 180°，见图 1.2-8。一对极杆被称为正极杆，形成了 Y 轴平面电场，另一对极杆被称为负极杆，形成 X 轴平面电场。图 1.2-9 是四极杆质量分析器针对单个质量数离子扫描时交直流电场的变化，每对杆上的射频交流电场的振幅电势相同，但相位相差 180°。

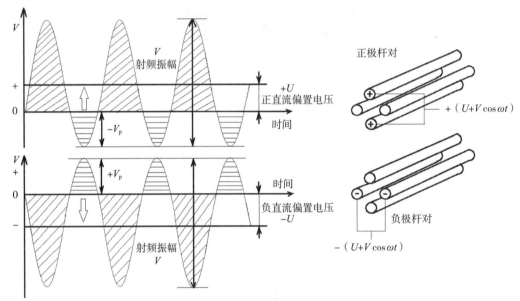

图 1.2-8 四极杆滤质器的工作原理图

在正极杆平面上，进入的离子（见图 1.2-10）同时受到直流正电场（$+U$）和射频交流电场（V）的叠加电场的影响，直流正电场（$+U$）的叠加使交流电场中心轴偏正方向移动（见图 1.2-9）。负交流电场（$-V_p$）向外拉正电荷离子的引力被减弱，轻质量离子仍受减弱的交流电场（$-V_p$）的影响被甩出中心轴而丢失，而重质量离子仍留在中心轴。在该平面上形成重质量离子的通过。在负极杆平面上，进入的离子也同时受到直流负电场（$-U$）和射频交流电场（$+V$）的叠加电场的影响，直流正电场（$-U$）使交流电场中心轴偏负方向移动。重质量离子容易被直流电场（$-U$）增强的射频交流电场（$-V$）所偏转离开中心轴而丢失，而尽管轻质量离子也容易被强的负电场拉离中心轴，但也容易被削弱的正射频交流电场（$+V_p$）推回中心轴，所以在该平面上形成轻质量离子的通过。

由于二轴平面的电场在物理空间上是叠加的，离子进入四极杆中心区域时将同时受到这二种平面交直流电场的共同影响，这种施加四极杆上的交直流电场对离子形成了一种带通，故称为四极杆滤质器。

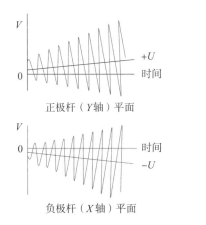

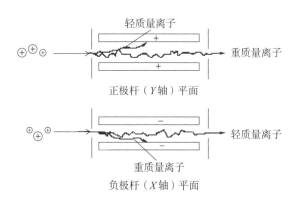

图 1.2-9 四极杆轴平面电场示意图　　　图 1.2-10 四极杆离子轨迹示意图

当四极杆滤质器对整个质谱范围扫描时，直流电场是线性变化的，同时交流射频与直流电场的比例（V/U）被保持在常数，这样形成的带通是随着单位时间变化的，在某单位时间里只有一种质量数的离子能够通过，在一定的时间范围内，形成对所有离子的扫描检测。图 1.2-11 中的扫描线就是实际 V、U 变化工作线。四极杆质量分析器扫描线与质谱图见图 1.2-12。

马邸方程（mathieu equation）是四极杆质量分析器功能的数学解释方式，图 1.2-13 为四极杆质量分析器的马邸方程图像表示，在第一象限里的稳定区与不稳定区的划分。

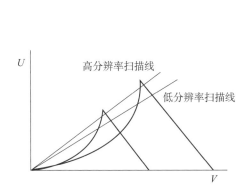

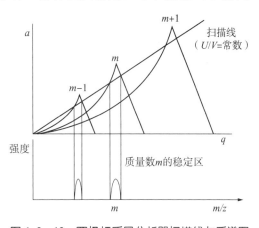

图 1.2-11 四极杆的高低分辨率扫描线　　　图 1.2-12 四极杆质量分析器扫描线与质谱图

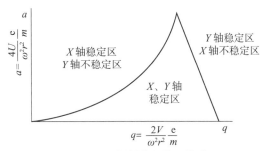

图 1.2-13 马绍方程的图像表示

11

$$a=\frac{8U}{(2\pi f)^2 r^2}\frac{e}{m}=\frac{4U}{\omega^2 r^2}\frac{e}{m},\ a\ \text{正比于}\ U/m$$

$$q=\frac{4V}{(2\pi f)^2 r^2}\frac{e}{m}=\frac{2V}{\omega^2 r^2}\frac{e}{m},\ q\ \text{正比于}\ V/m$$

r 为四极杆内切圆的半径；$\omega=(2\pi f)$ 为射频的角频率；U 为直流电压；V 为射频振幅；$\frac{e}{m}=\frac{1}{m/z}$ 为离子的质荷比。

1.2.8.2　四极杆质谱仪的信号采集参数

四极杆质谱仪的信号采集参数（acquisition parameters）有以下几个：

（1）回扫次数（sweep）：四极杆从低质量数到高质量数来回跳峰或连续扫描的次数，图 1.2－14。

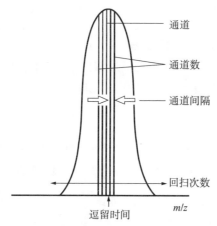

图 1.2－14　四极杆质量分析器的信号采集参数

（2）停留时间（dwell time）：四极杆在单次扫描单次跳峰中在每个通道采集信号时停留的时间（单位为 ms）。最小停留时间一般为 0.1ms，这与使用的检测器相关。瞬间信号的检测有时需要很短的停留时间，如采用激光剥蚀进样系统单点剥蚀地质样品时，整个检测时间为 1s～2s，却需要同时检测痕量和常量元素，这时的停留时间就很小。

（3）通道（channel）：跳峰检测时对每个同位素可以采用 1 个或几个通道进行检测，定量检测时也可采用 3 个通道，并取平均值可以减小峰漂移的影响。快速扫描时采用 10 个通道以上可以获得峰的大致轮廓线。采用峰面积定量可以在每个质量数采用 25 个以上的通道。

（4）通道间隔（channel space）：每个同位素采用 3 个通道检测时，通道间隔可设置在 0.02u，通道间隔乘上通道数，应小于 1u，否则临近质量数的信号峰会发生重叠。

（5）积分时间（integral time）：对每个同位素来说，积分时间（s）≈回扫次数×停留时间×通道数。

（6）总采集时间（acquisition time）$=\sum\limits_{i=1}^{n}$（回扫次数×停留时间×通道数），n 为重复次数。

（7）安全质量数（safety mass）或被称为四极杆静置质量数（quadruploe rest mass）：四极杆扫描时起始和终止时停留的质量数位置。在同位素比值分析时可以进行修改变换仪器的安全质量数的缺省值设置，缩短切换或跨峰的时间。

（8）四极杆设置时间（quad settle time）：四极杆在跨越不同质量数检测时所需要的设置稳定时间，通常最小的设置为 $100\mu s\sim200\mu s$。

1.2.8.3 等离子体质谱仪的信号采集方式

在等离子体质谱法中，定量分析基于分析物浓度与元素的同位素信号强度相关。信号强度通常以峰高表示，单位为每秒计数（counts per second，cps）。早期也有采用峰面积表示，峰面积采用峰谷对峰谷积分的方式或采用限定的峰中心区的积分方式，现在较少使用。

等离子体质谱法的常规分析是采用连续进样方式，被采集的每种同位素信号为平稳的连续信号（continuous signal）。在一定质量数范围内进行快速扫描（scan）可以获得各同位素信号强度与不同质荷比离子的连续质谱谱图。跳峰（peak jump）分析是针对某些被指定的同位素进行跳跃式的检测，产生不连续的棒状谱图，通常可以由每个同位素的一个通道的峰高来进行定量，也有对每个同位素采用多个通道峰高的平均值（average），或多个通道中的最高峰值（highest）、中心通道值（center）、各通道的加和值（intergral）来定量的。

另一种是以时间切片（times slices）方式来连续采集随时间波动的瞬间信号（transient signal），采集处理此类瞬间信号的方法通常被命名为时序分析或被称为时间分辨分析（time resolved analysis，TRA），通常被用于气相色谱液相色谱的联用中，或被应用于激光烧蚀进样系统，流动注射进样系统，以及电热石墨炉进样系统的联用中。

图 1.2 - 15 是各种进样系统产生的信号情况，它们有相似之处也有差异之处。

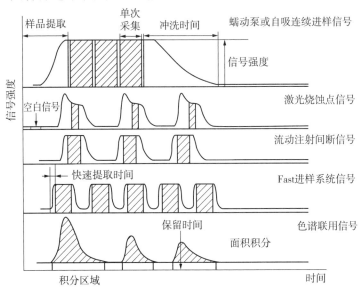

图 1.2 - 15　各种进样系统产生的信号情况

1.2.8.4 四极杆质量分析器的重要特性

（1）质量分辨率：质谱学中的质量分辨率（mass resolution）（也称为分辨能力（resolution power）定义为两个峰高相同相邻的质谱信号峰（m_1、m_2），两峰刚可以分开到两峰之间的峰谷为峰高的 10%，它们的质量数差值为 Δm，则质量分辨率：

$$R=\frac{m}{\Delta m}, \quad m=\frac{m_1+m_2}{2}, \quad \Delta m=|(m_1-m_2)|$$

（2）分辨率：四极杆等离子体质谱仪的分辨率（resolution）定义为 10% 峰高处的峰宽度，见图 1.2-16。一般仪器通过质量数校正（mass calibration）的调试把分辨率设定在 0.7u～0.8u 范围内。

有的商品仪器具备对每种或每组分析物分别设定不同的分辨率的设置功能，这样可以对较高浓度的分析物采用较高的分辨率（如 0.3u），适当地抑制信号来改善分析线性范围的上限。也可通过改变分辨率设置减少相邻同位素的强信号拖尾（丰度灵敏度）的干扰程度。

另外也有文献对分辨率采用 50% 峰高处的峰宽命名为半峰宽（full width half maximum，FWHM），这与光谱法中的定义相似，但二者的实际峰形是不同的。

（3）同位素丰度灵敏度：同位素丰度灵敏度（isotope abundance sensitivity）是质谱仪一个重要的特性，离子束中的离子在高真空系统中还是可以与残余气体分子发生碰撞，产生能量发散现象。而进一步的散射可以是由离子与管壁碰撞，或离子束离子之间的排斥或电荷效应引起的，这种过程增加了离子能量分布的扩散，造成同位素信号峰拖尾现象，使仪器的丰度灵敏度变得更差。其他影响丰度灵敏度的因素可以是四极杆质谱的设计，如四极杆的形状、四极杆射频发生器的频率。丰度灵敏度用于表达同位素 m 对相邻质量数离子（$m\pm1$）的影响，见图 1.2-17。

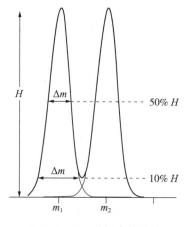

图 1.2-16　分辨率的计算

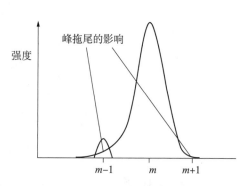

图 1.2-17　丰度灵敏度示意图

低质量数端的丰度灵敏度＝$H_{(m-1)}/H_m$　　　（H 为峰高，也有采用峰面积 $A_{(m-1)}/A_m$）

高质量数端的丰度灵敏度＝$H_{(m+1)}/H_m$　　　（H 为峰高，也有采用峰面积 $A_{(m+1)}/A_m$）

用于检测丰度灵敏度的同位素可以是高质量数的 ^{238}U，但在 239（u）位置上有 $^{238}U^1H$ 的影响。也有采用低中质量数检测如 ^{23}Na、^{133}Cs，但实际检测时都会遇到一些困难。如检测 133Cs 的丰度灵敏度时需要扣除空白溶液的来之氩气的 ^{132}Xe 背景信号和 ^{134}Xe 的背景信号。

由于被测同位素的信号与相邻背景信号相差 10^6 数量级以上，一般采用低浓度（10μg/L）同位素溶液检测被测同位素的信号，采用高浓度（如 10mg/L）同位素溶液检测相邻质量数的背景信号，然后按浓度单位换算，乘上相应倍数即得到该同位素的高低端丰度灵敏度。

（4）质量偏倚：质量偏倚（mass bias）被用于特指检测同位素比值时所观察到的同位素比值偏离真实的同位素比值的现象。这种现象主要是与空间电荷效应（space charge effect）相关，各种质量的离子具有不同的动能，在受到电荷效应相互排斥散射时表现也不一致，从而影响离子的传输过程。质量偏倚强烈地依赖于样品的基体效应，与分析物的浓度，基体种类，离子密度，离子动能相关。所以在同位素比值检测时需要利用标准物质进行质量偏倚的校正。

同位素比值（$R_{a/b}$）偏离真实值的程度与质量数差值的函数关系可简单用下式进行表达。

$$R_{a/b(检测值)} = R_{a/b(标准物真实值)} \ (1 + a \cdot n)$$

式中：a 是每个质量数的偏离值；n 是二个同位素相差的质量数差值。

（5）质量歧视：质量歧视（mass discrimination）效应泛指分析物离子因质量数不同，通过质谱仪时离子表现出不同的传输效应和响应效应。质量歧视效应可以是由不同的质谱仪器结构或者仪器的不同工作参数造成的，表现为同样浓度的不同质量数分析物溶液，它们的灵敏度响应不一样。

样品中基体存在同样也会引起的质量歧视效应，在离子束中占多数的基体离子可以产生的空间电荷效应，重质量离子也可以表现出对轻质量离子的碰撞排斥，造成轻离子发散。固体进样的分馏现象也可以表现为一种质量歧视效应。

1.2.9 检测器结构及基本工作原理

有二种不同形式的电子倍增器（electron mutiplier）常在质谱仪器中被用来作为检测器。

分列式打拿电极电子倍增器（discrete dynode electron mutiplier）和连续式打拿电极电子倍增器（continuous dynode electron multiplier）或者称为通道电子倍增器（channel electron multiplier，CEM）。现代四极杆等离子体质谱仪采用前者为多。

典型的电子倍增器常配有 20 多个打拿电极，电极上镀有活性薄膜（active film），当带电荷粒子、离子、电子撞击电极时，会使活性物质表面原子产生二次电子发射（secondary electron emission），见图 1.2-18、图 1.2-19，最早也称为二次电子倍增器（secondary electron multiplier，SEM）。二次电子再次撞击被放置在对面的打拿电极，再次产生二次电子，多次重复撞击后电子被逐级倍增放大，最终被接受电极接受，输出脉冲信号。检测器信号强度单位为每秒计数值（counts per second，cps）。

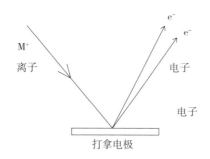

图 1.2-18 打拿电极上二次电子的产生

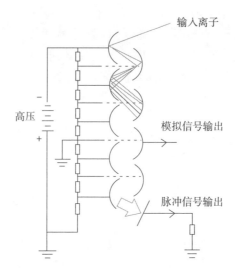

图 1.2-19　电子倍增器的结构示意图

1.2.10　等离子体质谱法中的干扰

等离子体质谱法中的干扰可分为两大类："质谱干扰"和"非质谱干扰"或称"基体效应"。第一类干扰可进一步分为四类：（1）同量异位素重叠干扰；（2）多原子离子干扰；（3）难熔氧化物干扰；（4）双电荷离子干扰。第二种类型的干扰大体上可分为：信号抑制或增强效应；由高盐含量引起的物理干扰效应。

1.2.10.1　同量异位素干扰

在周期表上可以发现大多数元素拥有多个同位素，有些不同元素的同位素质量相同，而在周期表上的位置不同，这些同位素被称为同量异位素（isobaric）。在质谱扫描谱图上可以清楚地看到这种干扰。只有一种同位素的常见元素仅 22 种，它们较少受到同量异位素的干扰（只有 ^{99}Tc 受到 ^{99}Ru 的同量异位素干扰），但还是可能相遇其他的多原子离子的干扰。

一般同量异位素的干扰程度可以从它们的丰度来判断。同位素自然丰度（natural isotope abundance），如 ^{94}Mo（0.092）、^{95}Mo（0.15920）、^{97}Mo（0.0955）、^{16}O（0.99757）、^{17}O（0.00038）、^{18}O（0.0025）。分子丰度（molecule abundance）的计算为原子丰度的乘积，如 ^{95}Mo^{16}O$=^{95}$Mo（0.15920）$\times^{16}$O（0.99757）$=0.15881$。

自然界里元素的同位素之间大多数存在着固定的丰度比值，所以根据同位素比值可以采用数学方法来校正干扰。数学校正公式如下：

$$I_a = I_{(a+b1)} - I_{b2}K, \quad K = \frac{I_{b1}}{I_{b2}}$$

式中：I_a 为分析物 a 的信号净强度；$I_{(a+b1)}$ 为没有扣除干扰前的分析物谱线强度，干扰物为 b，干扰物 b 有二个同位素 b1、b2。其中 b1 为同量异位素的干扰物，b2 没有收到其他同量异位素的干扰，K 为校正系数，数值上接近它们的同位素丰度比值。实际上由于仪器离子光学的不同设计，以及离子透镜系统设定的不同工作参数，形成不同的质量歧视效应会影响自然同位素丰度比值的变动，允许对这系数进行校正。I_{b1}、I_{b2} 分别为同位素 b1、b2 的信号强度。

同量异位素干扰的数学干扰校正方法，如：

$$^{56}Fe = I_{56} - 0.1500 \cdot {}^{43}Ca$$

$$^{60}Ni = I_{60} - 0.0020 \cdot {}^{43}Ca$$

$$^{114}Cd = I_{114} - 0.0270 \cdot {}^{118}Sn$$

$$^{115}In = I_{115} - 0.0140 \cdot {}^{118}Sn$$

$$^{123}Sb = I_{123} - 0.1240 \cdot {}^{125}Te$$

一些放射性同位素的最终脱变产物为某种铅稳定的同位素，所以自然环境样品中铅的自然同位素丰度容易发生变化，采用铅的各个同位素加和处理可以减少丰度变化造成的元素定量的误差。比如，美国环境保护公署EPA200.8标准方法采用了铅同位素加和数学校正方法：

$$^{208}Pb = I_{208} + 1 \cdot {}^{206}Pb + 1 \cdot {}^{207}Pb$$

1.2.10.2 多原子离子干扰

多原子离子干扰（polyatomic ion interference）是由两个或更多的原子结合而成的复合离子。广义上，除了同质异位素重叠干扰，其他以氧化物、氯化物、氢化物、氢氧化物等形式出现的干扰离子都应该归类于多原子离子。但由于这些干扰离子来源的不同说法，此类干扰往往又分为两种。一种是多原子离子或加合离子（polyatomic or adduct ion），即等离子体中主要成分之间的离子反应的产物，如氩基离子类型 ArO^+；另一种是被称为难熔氧化物离子（refractory oxide ion）的多原子离子干扰，即难熔元素与氧形成的氧化物离子，如 MO^+。

多原子离子的干扰程度可以从其组成的2个或多个原子的丰度来评估。如计算 $^{95}Mo^{16}O^+$、$^{94}Mo^{17}O^+$ 等对 ^{111}Cd 的干扰，$^{95}Mo^{16}O^+$ 的丰度为 $^{95}Mo(0.15920) \cdot {}^{16}O(0.99757) = 0.15881$，$^{94}Mo^{17}O^+$ 的丰度为 0.00004。同样也可算出 $^{97}Mo^{18}O^+$ 的丰度为 0.00020。

每种元素同位素之间具备恒定的丰度比例，而这些同位素与其他相同元素原子形成的多原子离子的丰度也成一定的比例。例如，在处理氧化钼对镉的干扰时，如果样品中不存在 ^{115}In，可以从 115u 处获得 $^{97}Mo^{18}O^+$ 的信号强度，由同位素丰度比值关系可以求出校正系数。

校正系数 $= [^{95}Mo^{16}O^+(0.15881) + {}^{94}Mo^{17}O^+(0.00004)] / {}^{97}Mo^{18}O^+(0.00020)$

利用 $^{97}Mo^{18}O^+$ 的信号强度乘上校正系数可以用来扣除 $^{95}Mo^{16}O^+$、$^{94}Mo^{17}O^+$ 对 ^{111}Cd 的总的干扰。值得注意，高的干扰校正系数只能适用于高浓度高信号强度的分析物（^{111}Cd）的干扰校正，否则容易引起过度校正。另外同位素丰度可参照最新发表的数据来进行计算。

其他多原子离子干扰的数学校正方法，如：

$^{38}Ar\,^{40}Ar$ 对 ^{78}Se 的干扰，$^{78}Se = I_{78} - 0.1869 \cdot {}^{76}Ar\,Ar$

多重干扰的数学校正方法，如：

$^{35}Cl\,^{16}O$ 对 ^{51}V 的干扰，$^{51}V = I_{51} - 3.127 \cdot {}^{53}Cl\,O$

$$^{53}Cl\,O = I_{53} - 0.113 \cdot {}^{52}Cr$$

$$^{52}Cr = I_{52} - 0.0050 \cdot {}^{13}C$$

$^{35}Cl\,^{40}Ar$ 对 ^{75}As 的干扰，$^{75}As = I_{75} - 3.127 \cdot {}^{77}Ar\,Cl$

$$^{77}Ar\,Cl = I_{77} - 0.815 \cdot {}^{82}Se$$

$$^{82}Se = I_{82} - 1.008696 \cdot {}^{83}Kr$$

另一种简单校正多原子离子干扰的数学方法是直接检测干扰物标准溶液的多原子离子的产率，利用这产率直接扣除干扰。如 $^{95}Mo^{16}O^+$ 和 $^{94}Mo^{17}O^+$ 对 $^{111}Cd^+$ 的干扰，可以用 Mo 的标准溶液测量 Mo^+ 的 100u 和 MoO^+ 的 116u 谱线，计算得出氧化物的产率，利用这个产率和 ^{95}Mo 的信号强度可以计算出 $^{95}Mo^{16}O^+$ 对 $^{111}Cd^+$ 的干扰份额，从而扣除之（而 $^{94}Mo^{17}O^+$ 的干扰可以忽略）。

值得注意的是这种氧化物离子的产率容易因仪器操作条件变化而变化，所以当无法实时监测氧化物离子的产率变化时，可以选用行为相近的内标元素，用它的氧化物产率来进行实时校正，如利用 ThO^+/Th^+ 来校正稀土元素分析时所受到的氧化物干扰。

1.2.10.3 双电荷离子干扰

双电荷离子，即失去两个电子的离子。因为检测器是基于 m/z（质荷比）进行检测，因此双电荷离子也能被检测到，检测结果只是同位素原来的质量数的一半。例如，88Sr 易成为双电荷离子，所测出的质量数为 44，与 44Ca 相同，造成双电荷离子干扰。也有人利用双电荷离子进行元素分析。现代商品仪器中双电荷离子产率一般大约在 1%～3%，双电荷离子的产率和仪器工作参数相关，因此可以通过仪器参数的调节控制其产率。

1.2.11 碰撞/反应池技术

分子离子之间相互碰撞后产生反应是碰撞/反应池技术（collision/reaction cell technology）的应用基础。这种技术通常以"碰撞/反应池"这种形式来命名，这实际上是提示反应池和碰撞池二者虽有差异又有联系。

反应池与碰撞池的差异不只是因为使用的气体不同（如反应气 NH_3、CH_4 等，碰撞气 He、Xe 等），而更重要的是池体结构引起的池压与池内热化（thermalization）程度存在差异。反应池为了促进气相平衡反应向产物方向进行，提高反应物气体浓度，从而采用较高的池压。对于碰撞池来说，它使用的池压就相对较低。

较高池压可以提升热化程度，而不同离子之间的动能差异则被降低，这样就无法使用动能歧视效应来排除一些干扰离子。反应池可以采用强反应气体，容易产生链反应，所以反应池内配置了具有质量歧视功能的四极杆系统，除去副反应离子。碰撞池一般配置六极杆八极杆系统，这些多极杆不具备很好的质量歧视效应，这样使用强反应气体的能力被减弱，主要利用多极杆的离子导向作用来减小碰撞反应后的发散现象，但碰撞池的动能歧视效应却得到开发和利用。

1.2.11.1 碰撞/反应池系统概述

20 世纪 80 年代初，碰撞/反应池技术出现在串联的四极杆 MS/MS 仪器中，使母体分子产生碎片离子，用于有机分子的研究。随后 Koppenaal 研究组的工作显示了氩基离子在离子阱中能被碰撞反应高效率地除去。1989 年 Rowan 和 Houk 的文章中描述了增压多极杆池内的离子分子化学反应，实验结果显示了这种装置具备巨大的抑制干扰的潜力。1997 年碰撞池首次出现在四极杆等离子体质谱商品仪器中。1999 年以后，多种改进的碰撞/反应池技术也相继出现在商品仪器中。

碰撞/反应池技术抑制干扰的方法有二种，一种是直接抑制干扰物的信号（包括离解或转移干扰物），另一种是把受干扰的分析物离子通过反应转化成不受干扰或受干扰程度较小的多原子离子，如，As^+ 受到 $ArCl^+$ 的严重干扰时，可以通入反应气体氧气使 As^+ 生成 AsO^+，在 91u 的谱线上进行检测。

1.2.11.2 碰撞反应原理

碰撞/反应池内发生的离子和分子之间的反应可以分成以下几种：电荷转移、质子转移、氢原子转移、缔合反应、碰撞诱导解离反应、缩合反应、碰撞诱导解离反应等。

池内的离子分子相互之间的反应可以从它们反应方程的动力学反应速率常数（kinetic rate constant）和反应焓（enthalpy of reaction，ΔH_r）来得知反应的速率和可能性，以及反应的性质如放热反应（exothermic reaction）或吸热反应（endothermic reaction）。

（1）电荷转移反应（charge transfer reaction）：离子与中性分子碰撞作用可产生电荷转移反应

$$A^+ + M \rightarrow A + M^+$$

如（$Ar^+ + NH_3 \rightarrow NH_3^+ + Ar$）Ar 的电离能为 15.76eV，而 NH_3 的电离能为 10.16eV，故反应是放热反应。其 $\Delta H = -5.6$（kJ/mol）（eV）。可以利用离子 A^+ 的中性分子 A 的电离能和分子 M 的电离能来判断反应的可进行情况。

又如（$Ca^+ + NH_3 \rightarrow$）Ca 的电离能为 6.11eV，而 NH_3 仍为 10.16eV，故反应是吸热反应。其 $\Delta H = +4.0eV$，则反应不易进行。所以可以使用 NH_3 气来抑制 Ar^+ 对 Ca^+ 的干扰。

再如（$Ar^+ + H_2 \rightarrow H_2^+ + Ar$）的反应焓 $\Delta H = -0.33eV$，所以反应也是可行的。

（2）氢原子转移反应（hydrogen atom transfer reaction）：中性分子 M 转移一个氢原子给离子 A^+ 形成氢原子转移反应

$$A^+ + MH \rightarrow AH^+ + M$$

如 $Ar^+ + H_2 \rightarrow ArH^+ + H$ 的动力学反应速率常数为 $0.86 \times 10^{-9} cm^3/mol/s$。

而 $Ca^+ + H_2 \rightarrow CaH^+ + H$ 的反应焓为 $+9.31273eV$ 为吸热反应。

（3）质子转移反应（proton transfer reaction）：质子给予体离子转移一个质子给中性分子，形成质子转移反应

$$AH^+ + M \rightarrow [A-H] + MH^+$$

如 $ArH^+ + H_2 \rightarrow Ar + H_3^+$ 的反应速率常数为 $0.89 \times 10^{-9} cm^3/mol/s$。

（4）缔合反应（association reaction）：缔合反应可以由离子和分子原子的加合形成

$$A^+ + M \rightarrow [M+A]^+$$

如 $Na^+ + Ar \rightarrow NaAr^+$ 一类的反应是缔合反应。

（5）缩合反应（condensation reaction）

$$AO^+ + O_2 \rightarrow AO_2^+ + O$$

如 $CeO^+ + O_2 \rightarrow CeO_2^+ + O$ 的反应是缩合反应。

此类反应有一些特殊应用，如当干扰离子是非反应性时，可以利用这反应把分析物离子转移到没有干扰的其他质量数位置上去。

（6）碰撞诱导解离反应（collisional induced dissociation（CID）reaction）：离子之间在简单机械碰撞中发生一种解离反应被命名为碰撞诱导解离反应。

如 $ArO^+ + He \rightarrow Ar + O^+ + He$，在这个 He 分子碰撞过程中，传递给多原子离子的部分动能可转变为热能，中间过程还可有不同的过渡能级，处在高能级激发态的多原子离子可以发生化学键解离。这一现象在碰撞反应（表 1.2-1）中比较常见。

对于弹性非反应性碰撞，质量数为 m_1、动能为 E_{lab} 的球体与质量数为 m_2 的停滞球体碰撞时，传递的碰撞能 E_{cm} 正比于 E_{lab}，为：

$$E_{cm} = \left[\frac{m_1}{m_1 + m_2}\right] \times E_{lab}$$

所以当碰撞气体的碰撞能大于多原子离子的键离解能（bond dissociation energy）时，碰撞诱导离解反应可以发生。表 1.2-1 是双原子离子（diatomic ion）与 He 气碰撞的情况。

表1.2-1 双原子离子的碰撞反应

分析物	质量数/u	干扰离子	离解能/eV	碰撞能（设定 $E_{lab}=17eV$）	CID 反应
Cr	52	ArC^+	0.75~0.93	1.21	可以
Fe	56	ArO^+	0.31~0.68	1.13	可以
Cu	63	$ArNa^+$	0.2	1.01	可以
Zn	64	$ArMg^+$	0.16	1	可以
Se	80	$ArCa^+$	0.1	0.81	可以
As	75	$ArCl^+$	0.72~2.2	0.86	不可以
Sm、Gd	154	BaO^+	4.1~5.6	0.43	不可以
Gd	156	CeO^+	8.3~8.5	0.43	不可以

1.2.11.3 强反应气体的链反应

强反应气体在增压（pressurized）的条件下，反应气体可与离子连续反应。除了反应物与反应物反应之外，反应物与产物，产物与产物之间都可以进行反应，从而产生大量的离子群簇（cluster），形成一种所谓链反应（chain reaction）过程，又被称为连续反应化学（sequential reaction chemistry）过程。

如 Ar^+ 与 CH_4 反应 $Ar^+ + CH_4 \rightarrow CH_2^+ + Ar + H$
$$\rightarrow CH_3^+ + Ar + H_2$$
$$\rightarrow CH_4^+ + Ar$$

其后，中间产物的反应 $CH_3^+ + CH_4 \rightarrow C_2H_3^+ + 2H_2$
$$\rightarrow C_2H_5^+ + H_2$$

而这些产物中，$C_2H_3^+$ 和 $C_2H_5^+$ 都是很好的质子给予体。如池体内有痕量级的丙酮（C_3H_6O）存在，则会产生以下反应：

$$C_2H_3^+ + C_3H_6O \rightarrow C_3H_7O^+ + C_2H_2$$
$$C_2H_5^+ + C_3H_6O \rightarrow C_3H_7O^+ + C_2H_4$$

如池体内有中性碳氢化物存在，则产生复杂的化学过程。

$$C_2H_5^+ + C_nH_x \rightarrow C_nH_{x+1}^+ + C_2H_4$$
$$\rightarrow C_nH_{x-1}^+ + C_2H_4 + H_2$$
$$\rightarrow C_nH_{x-3}^+ + C_2H_4 + 2H_2$$

这种连续化学反应过程会产生大量的的离子群簇，它们会散布在相当宽的质量数范围内，形成新的干扰。由于它们在池体内产生，又称为二次离子。

1.2.11.4 反应池中内置四极杆带通

通过改变四极杆的工作参数 a 和 q，可以影响质量数稳定区形成不同的带通（band pass），让一定质量数范围内的离子可以通过。反应池里的四极杆利用带通滤除强反应性气体产生大量的副反应群簇离子，阻止这些离子进入后面的四极杆滤质器。

带通的低质量数边限设定在分析物质量数以下，在四极杆其他物理参数不变的情况下，改变四极杆射频（RF）频率就改变了 q 值的，采用较高的 q 值可以使一定质量数以下的离子被剔除。而改变四极杆的直流偏置电压可以改变四极杆的 a 值，完成带通的高质量数边限的设定，过高质量数的离子被滤除，这样就形成了一种带通，见图 1.2-20。

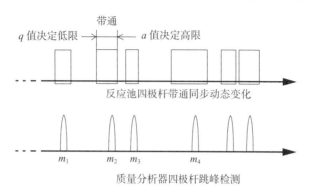

图 1.2-20 反应池中的四极杆带通

反应池里的四极杆带通的变化与后面的四极杆质量分析器的分析物离子跳锋扫描同步变化，按事先针对不同质量数的分析物和干扰物的估计设定了带通宽度，滤除不同质量数范围内的副反应离子，从而具备一种动态的响应特征。

反应池四极杆带通按具体样品的应用来进行设置，要求是能有效地传递分析物离子，有效地维持反应气体分子与干扰离子的反应，同时滤除新的副反应干扰物离子。

1.2.11.5 碰撞/反应池中内置四极杆的低质量数剔除效应

众多的低质量数离子（如 C、O_2、N_2、S、Cl、Ar、Ca 等）是形成各种多原子离子干扰的来源。四极杆也被应用于碰撞/反应池中，除了被用于形成一定质量数范围的带通外，还可剔除低质量数离子，如 ^{12}C、^{14}N 等，它们是形成各种多原子离子的源离子，低质量数离子剔除（low mass cut off）技术可以阻止它们进入池体的后部，从而抑制多原子离子的生成。

从前述的马绍方程可以了解到，如果四极杆的基本物理参数不变，而且四极杆的 RF 频率和振幅固定，则 a 值、q 值变化时可对某质量数离子或某个质量数范围内的离子形成一个稳定区域（见图 1.2-21）。

$$a=\frac{8U}{(2\pi f)^2 r^2}\frac{e}{m}=\frac{4U}{\omega^2 r^2}\frac{e}{m}，a 正比于 U/m$$

$$q=\frac{4V}{(2\pi f)^2 r^2}\frac{e}{m}=\frac{2V}{\omega^2 r^2}\frac{e}{m}，q 正比于 V/m$$

如果四极杆工作在仅有射频（RF）的模式时，a 值实际设置为 0，即 Y 轴为 0，而 q 值按射频（RF）振幅 V 变化形成稳定区（见图 1.2-22）。对于固定的 RF 频率，按照马绍方程 q 正比于 $1/m$，低质量数离子会使 q 值变大，如仍保持上述四极杆 RF 的参数设置，低质量数离子将不再留在稳定区域内。如 q 值固定为 0.47 时，质量数 24 离子落在稳定区里，而质量数为 12 的离子因高的 q 值出了稳定区，这形成低质量数离子被剔除。与四极杆滤质器工作原理的示意图 1.2-23 相比较，可容易理解四极杆剔除低质量数离子的原理。

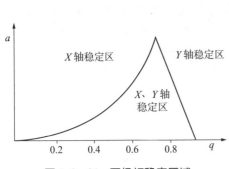

图 1.2-21 四极杆稳定区域

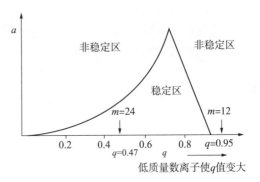

图 1.2-22 四极杆低质量数离子剔除原理

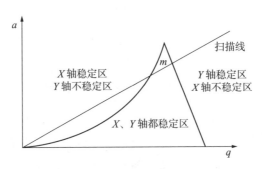

图 1.2-23 四极杆质量分析器的工作原理

1.2.11.6 与碰撞/反应池串联的前置四极杆工作原理

无论是碰撞/反应池内的，还是池前或池后的四极杆装置，其基本工作原理是相似的。四极杆的扫描线由 U 值（DC 电压）和 V 值（RF 电压）所决定的。改变扫描线的斜率可以影响四极杆的分辨率或者带通，采用较大斜率的扫描线，让带通为<1u 或分辨率为 0.7u～0.8u，则形成典型的四极杆滤质器。

如果四极杆扫描时因需随时改变四极杆的扫描线斜率，可以形成动态变化的带通。这被用于所谓"动态反应池（DRC）"装置中。

如果扫描线的斜率为零时（扫描线与 X 轴平行重叠），成为一种单射频（RF-only）四极杆，这与其他高级多极杆的作用相似，起离子引导（ion guide）作用。

如果四极杆工作在单射频状态，改变射频振幅 RF（V 值）可影响稳定区，可让低质量数离子被剔除，较高质量数离子通过，形成低质量数剔除效应。

强反应气体（如 NH_3、O_2）在反应池内容易产生大量簇反应离子或副反应离子，为了避免或抑制这种现象。如上所述，一种处理方法是在反应池内设内置四级杆装置，利用四极杆所形成较宽的带通（并非一定 1u 的带宽），可以剔除池内产生的不希望的簇反应离子。该带通随时按需求变化，形成所谓动态反应池。另一种的处理方法是在反应池前设前置四极杆，利用前置四极杆的带通（如 1u）限制进入碰撞/反应池的离子，事先滤去不必要的非目标离子（target ion），减少副反应离子和簇反应离子的产生。

2012 年 Agilent 公司推出 triple Quadrupole ICP-MS 型号 8800，称为三重四极杆等离子体质谱，简称 ICP-QQQ。由一个前置四极杆滤质器（Q1）、一个八极杆碰撞/反应池（ORS[3]）和一个四极杆滤质器（Q2）所组成。呈 MS/MS 结构。

8800 可以在单四极杆模式（single quad mode）下运行，此时 Q1 提供了离子导入的功能，使用传统单四极杆 ICP‐MS 的方法，应用于单四极杆 ICP‐MS 同样的应用领域。

8800 通常的工作模式是质谱/质谱模式（MS/MS mode），此时 8800 的 Q1 相当于一个带通为 1u 的质量过滤器，只允许单一质荷比（m/z）的离子进入碰撞/反应池，其他所有与带通设定值不同质荷比的基质离子以及干扰物离子都被 Q1 阻挡在池外。

8800 在质谱/质谱模式（MS/MS mode）下运行时，这系统的第三代碰撞/反应池（ORS³）使用 H_2、O_2、NH_3 等反应气体来有效地消除干扰。反应池工作模式比碰撞池工作模式能提供更佳的抑制干扰能力，但反应气体容易与反应物离子产生多种簇离子，容易产生新的不可预知的干扰。此时在 MS/MS 模式下，第一个四极杆（Q1）只允许单一特定质荷比的离子进入碰撞/反应池，阻止了不同质荷比的基质离子和干扰离子进入池内，特定质荷比的离子在与碰撞/反应池内反应气体反应后产生的分析物离子和新的干扰物离子，由第二个四极杆（Q2）进行删选，最终只允许单一特定质荷比的目标分析物离子通过。

Q1 和 Q2 的带通（1u）可以设定在相同的目标分析物离子的（m/z）位置上，也可按需要设定在不同（m/z）位置上。当 Q1 不作为滤质器使用时，前置四极杆只是起离子引导（ion guide）作用。整个系统与常规 ICP‐MS 仪器相同，形成所谓的单四级杆模式。

MS/MS 操作可以有两种不同的模式：

（1）原位质量模式（on mass mode）

Q1 与 Q2 的带通（1u）都设置在相同的目标分析物离子的（m/z）位置上。Q1 在反应池前可以滤除掉不需要的其他离子，再利用反应池抑制同时进入的干扰物离子。这种模式实际可利用的应用例子如下：

如在处理 $^{206}Pb^{++}$ 对 $^{103}Rh^{+}$ 的干扰中，（Q1）和（Q2）都设置在（m/z103），（Q1）让 $^{206}Pb^{++}$ 和 $^{103}Rh^{+}$ 都通过，在反应池中 $^{206}Pb^{++}$ 与 NH_3 产生电荷转移反应生成 $^{206}Pb^{+}$，而 $^{103}Rh^{+}$ 不易与 NH_3 反应，这样 Q2 的带通让 $^{103}Rh^{+}$ 通过，而 $^{206}Pb^{+}$ 被排除。

（2）质量转移模式（mass shift mode）

Q1 与 Q2 的带通（1u）分别设定在不同的（m/z）位置上。Q1 只让所有与分析物离子质荷比相同的离子（M^{+}）（或被称为前驱离子（precursor ion））通过，排除了其他质荷比的离子。M^{+} 离子进入反应池后与反应气体反应完成分析物离子的质量转移（mass shift），如加 O_2 生成 MO^{+} 离子，而 Q2 只让新的产物离子（product ion）（MO^{+}）通过。

例如，利用加氧质量数转移方法（O_2‐mass shift）处理 $^{59}Co^{16}O^{+}$ 对 $^{75}As^{+}$ 干扰：Q1 可以针对目标分析物 As 设置在（$m/z=75$），允许（$^{75}As^{+}$、$^{59}Co^{16}O^{+}$）通过进入碰撞/反应池，其他离子（如 $^{91}Zr^{+}$、$^{16}O^{+}$、$^{32}O_2^{+}$）被剔除，反应气（O_2）在池内使 $^{75}As^{+}$ 生成 $^{75}As^{16}O^{+}$，而 $^{59}Co^{16}O^{+}$ 因动力学反应速率常数（kinetic rate constant）低，不易与氧反应生成高级氧化物，而 Q2 只让 $^{75}As^{16}O^{+}$ 通过，而 $^{75}As^{+}$、$^{59}Co^{16}O_2^{+}$ 无法通过，从而排除干扰。

1.2.11.7 碰撞/反应池中的多极杆

六极杆和八极杆是属于高级多极杆（multipole）系统。高级多极杆在中心轴心附近拥有更宽的电势阱（potential well），靠近极杆处存在着一个更强的电场梯度，多极杆的 rf 电场可以抑制碰撞/反应池中离子与气体分子碰撞后产生的散射，获得很高的离子传输效率。高级多极杆的重要特征是对不同质量、不同能量、以及不同空间位置的离子提供高的离子引导（ion guide）效率。高级多极杆用 Mathieu 参数表示：

$$a = 2n(n-1)\frac{U}{(2\pi f)^2 r^2}\frac{e}{m}$$

$$q = n(n-1)\frac{V}{(2\pi f)^2 r^2}\frac{e}{m}$$

式中：n 是多极杆的级数；m 是离子质量；e 是离子电荷；$(2\pi f)$ 是射频（rf）的角频率（ω）；r 是多极杆内切场径；V 和 U 分别为极杆上的直流电压和射频电压。

对于四极杆而言，公式中四极杆的级数 $n=2$，所以 a 的常数项为 4，q 的常数项为 2；六极杆的级数为 3，这样 a 的常数项为 12，q 的常数项为 6；八极杆的级数为 4，故 a 的常数项为 24，q 的常数项为 12。相对于四极杆而言，高级多极杆轴向拥有更强的电势阱，很明显高极多极杆的传输特征优于低级多极杆，尤其是在低质量数范围。高级多极杆的稳定区域有更多不规则的扩散，随着极数增加稳定区变得模糊，从而失去有效的质量歧视效应（mass discrimination）和形成带通的能力。

图 1.2-24、图 1.2-25 中 I 为稳定区，II 为部分稳定区域，III 为不稳定区。可以看出高级多极杆有很宽的稳定区域，这意味很宽质量数范围内的离子都可以通过，尽管这没有形成很好的带通。图 1.2-24 和图 1.2-25 中 a_{3max}、a_{3min}、a_{4max}、a_{4min} 分别为三极、四极、多极杆中最大和最小的 a 值，q_{3max}、q_{4max} 分别为三极、四极、多极杆最大的 q 值。

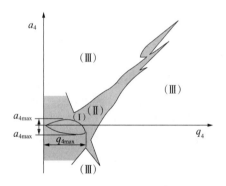

图 1.2-24　六极杆效果图

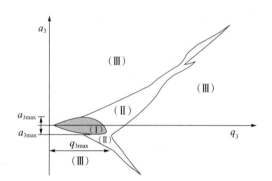

图 1.2-25　八极杆效果图

1.2.11.8　碰撞反应接口

除了采用池体结构的碰撞/反应池技术以外，另一种在锥口处引入碰撞反应气的方式也出现在商品仪器中，被称为碰撞反应接口（collision reaction interface，CRI）。该技术采用了开有夹缝口的采样锥和截取锥，见图 1.2-26，通过夹缝口输入流量较大（如××～1×× mL/L 的流量）的碰撞反应气体，在锥口中心区，两锥之间的超声膨胀区以及截取锥离子出口处形成碰撞/反应带，分析物离子与碰撞反应气体分子在带区发生碰撞。由于该带区处在低真空区域，常需要采用较高的气体流量来保持一定的带区碰撞反应气体分压，促进有效的碰撞反应发生，成为一种简洁的处理干扰方法。

1.2.12　记忆效应的来源及常用消除方法

1.2.12.1　记忆效应

样品溶液在通过等离子体质谱仪的进样系统时，容易在整个通道中留下分析物组分，影响随后的检测，该效应被称为记忆效应（memory effect）。等离子体质谱仪的进样系统管道一般比较长，包括蠕动泵进样管、雾化室、炬管中心管和连接管，以及锥口甚至离子

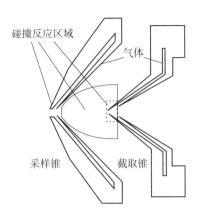

图 1.2-26　碰撞反应接口

透镜等。在整个管道中的一般元素残留可以在 30s 内被稀酸溶液冲洗到小于起始浓度的三个数量级以下。但有些元素如 B、Hg、Os 等，容易引起较强的记忆效应，常常造成较强的拖尾信号。

1.2.12.2　记忆效应的观察

美国 EPA 标准方法建议采用 10 倍于校准曲线的最高浓度标样溶液，按正常的分析程序执行一个分析过程，紧接着检测一个冲洗空白溶液（rinse blank），观察分析物信号下降至方法检出限的 10 倍水平所需要的时间，或者观察其 3 次的重复数据的下降，从观测数据的偏差值或相对偏差值上可以确认记忆效应的存在。

1.2.12.3　汞元素的记忆效应

检测 Hg 时常常采用 Au 溶液帮助进行清洗，Au 溶液可以加在空白溶液、标准溶液、样品溶液、内标溶液中，也可以单独作为清洗溶液使用。使用 Au 溶液的浓度视样品中的 Hg 浓度而定，Hg 溶液浓度高时，Au 溶液的浓度也应该高。一般进样 $5\mu g/L$ 的 Hg 溶液后需要用 $100\mu g/L$ 的 Au 溶液冲洗 2min 才能降低到原来背景水平。

有文献解释，Hg 的记忆效应是 Hg^{2+} 离子容易被还原成 Hg^0 价状态，而被容器吸附。加入 Au 使得 Hg 不易被还原：

$$Hg^{2+}（aq）+2e^- \rightleftharpoons Hg（L）　　E_{标准}=+0.85V$$
$$Au^{3+}+2e^- \rightleftharpoons Au^+（aq）　　E_{标准}=+1.36V$$

当溶液中存在高的氯化物时，$Au \rightleftharpoons AuCl_4^-$，这时 Hg 仍容易被氧化：

$$AuCl_4^-+2e^- \rightleftharpoons AuCl_2^-（aq）+2Cl^-（aq）　　E_{标准}=+0.93V$$

这比 $Hg^{2+}/Hg（L）$ 体系的电势更正，再者：

$$Cl_2（g）+2e^- \rightleftharpoons 2Cl^-（aq）　　E_{标准}=+1.36V$$

这也比 $Hg^{2+}/Hg（L）$ 体系的电势更正，从而促使 Hg^{2+} 被保留在溶液中。需要同时注意 Cl 离子形成 $ArCl^+$ 容易对 ^{75}Ar 或 ^{77}Se 造成干扰。

测 Hg 样品的消解需要硝酸和盐酸的混酸，当盐酸不存在时 Hg 容易丢失。

1.2.12.4　其他元素和试剂的记忆效应

碘离子在硝酸介质里表现为很强的记忆效应，这可能与碘离子被氧化成挥发性碘有关，而在氨水介质里清洗时间可以大大缩短。对于高记忆效应的锇元素，有文献采用酸溶液（如 HCl、HNO_3）、双氧水溶液、盐酸羟氨溶液（避免锇被氧化成挥发性 OsO_4）或酸和甲醇溶液进行交替清洗快速降低记忆效应。

硼的记忆效应有文献把它归因于在水中弱酸低离解性和高的挥发性。实际检测痕量硼时，环境、试剂、器皿（如玻璃石英）和整个进样系统都是容易被沾污的途径。去离子超纯水系统需要加配特种专用的去硼离子交换柱，可以降低空白水溶液的硼背景值。

高粘度有机试剂以及高浓度酸（如磷酸、硫酸）容易因为黏度大而在进样系统中残留，造成对后续进样样品分析产生记忆性干扰。另外激光剥蚀系统固体进样在进样系统的残留物也可以造成记忆效应。拆洗并用稀酸浸泡传输管或进样系统是减小记忆效应的通用办法。

1.3 等离子体质谱仪的常规技术指标

（1）灵敏度（sensitivity）

商品仪器的灵敏度性能一般分别以低质量数、中间质量数和高质量数的元素灵敏度来表示，表达中需要注明采用的同位素谱线。中间质量数元素常用^{89}Y、^{115}In 等，高质量数的元素有采用^{205}Tl、^{238}U、^{232}Th 等，这些元素的灵敏度在这些相属的质量数范围里有一定的代表性。低质量数的元素有^{7}Li、^{9}Be、^{24}Mg、^{59}Co，这些元素彼此的化学性质差异、质量数差异、电离势差异都比较大，所以灵敏度的表现也有很大差异。如 Li 元素的第一电离势（Ionisation potential）为 5.39eV，而 Be 元素的电离势为 9.32eV，再加上 Li 元素本身存在很大的背景信号，所以二者之间缺少可比性。

灵敏度的单位一般常用 Mcps/mg/L（＝10^6cps/mg/L）来表示。实际检测时常采用 $1\mu g/L$ 的标准元素溶液，结果乘上 1000 倍换算成 1mg/L 的信号强度值。

（2）背景噪声（background noise）

尽管等离子体质谱仪器采用了离子偏转或其他离子光路设计，但等离子体产生的分析物离子在传输过程中都不可避免地伴随着一些所谓的背景颗粒（background particles），包括：光子，中性粒子（neutral species）。还有来自等离子体的簇离子（cluster ion）或气溶胶离子（aerosol ion）（指气溶胶内各种离子的组合），这些离子在相互碰撞或与极杆碰撞，以及离子在高压区域内与背景气体碰撞产生电荷中和，也容易产生中性粒子，甚至进行能量释放产生光子。这些粒子如果通过仪器的离轴离子光路，则最终作用于检测器产生背景噪声信号，这些还只是仪器整体背景噪声的一部分。

表达仪器的背景水平有多种命名和方式，如背景（background）、背景信号（background signal）、背景噪声（background noise）、随机背景（random background）等。常用的仪器背景水平表达的单位为信号强度单位（cps）。仪器背景的检测计算方法有二种，一种是取多次检测背景信号的平均值，如背景（background）、背景信号（background signal）。另一种是从多次检测背景值求得它的偏差值（SD），如背景噪声（background noise）。仪器背景在不同的仪器工作模式里有不同的表现，一般在碰撞/反应池工作模式和等离子体冷焰屏蔽模式下仪器的背景相对更低。

由于等离子体质谱的灵敏度比较高，为了避开试剂空白沾污的影响，仪器背景噪声常常采用无分析物信号的谱线来检测，也避开多原子离子干扰背景的谱线，可以利用的谱线主要有质量数 5、8、101、220、245、260 等，也有的采用二个质量数中间的谱线来进一步降低试剂空白的影响，如 4.5、220.5u 等。在分析物同位素谱线上检测仪器背景时，一般采用试剂不易污染的同位素谱线，如^{9}Be。由于仪器结构设计上有所各自偏重的差异，仪器背景表现得不一致。综合评估仪器背景时，常常需要对低质量数和高质量数的背景一起进行检测。

实际样品分析时分析物谱线的背景可以包括分析物试剂空白背景、样品基体干扰背景，以及氩基多原子离子或其他多原子离子的背景，同时仪器背景也被叠加在内。分析物背景是痕量和微量元素分析中所关注的重要因素。分析方法中常涉及的信背比是指一定浓度的分析物信号与分析物谱线上的背景信号之比。分析物的信背比（S/B）或信噪比（S/N）直接影响分析方法的检出限。背景等效浓度（background equivalent concentration，BEC）是一种常用的评估分析方法检出能力的指标，用谱线校准曲线的灵敏度求出背景信号相当于分析物的浓度值。背景等效浓度在高纯物分析中有很好的实用价值。

（3）信噪比（signal noise ratio，S/N）

仪器灵敏度除以仪器背景噪声即为仪器的信噪比，这是分析仪器中常用的术语。评估仪器的信噪比都需要与具体采用的分析谱线联系在一起，一般采用高、中、低不同质量数范围里的谱线进行检测。

（4）仪器检出限（instrument detection limit，IDL）

仪器检出限是采用空白溶液 10 次重复检测的三倍标准偏差来换算得出的。需要注意的是每种元素的信号采集可能存在单点采集（1 point channel）和多点采集再取平均值的不同，每个元素使用的信号积分时间（integration time）也可能存在不尽相同。多元素分析时总的采集时间（acquisition time）是各元素的积分时间的总和。

（5）仪器稳定性（instrument stability）

仪器稳定性可以包括短期稳定性（short term stability）和长期稳定性（long term stability），一般采用 $1\mu g/L \sim 10\mu g/L$ 的多元素标准溶液来检测，检测元素为 3～5 种，选用的元素同位素谱线基本均匀分布在高低质量数范围内。短期稳定性检测时间一般为 10min～20min，长期稳定性时间一般为 2h～4h。仪器稳定性通常以标准工作模式来检验，也有检验有机试剂分析（organic analysis）时的稳定性。

（6）氧化物离子产率（oxide ion yield）

氧化物离子比率严格讲是指某种元素的氧化物离子与该元素离子的总浓度（$MO^+/(M^+ + MO^+)$）之比，但通常简单定义为（MO^+/M^+），因为与 M^+ 的浓度相比较，MO^+ 离子的浓度很小可忽略。检测的元素通常为 Ce，也有采用 Ba 元素的。高的等离子体射频功率，强的动能歧视设置，以及雾化室强的去溶效果都可以改善氧化物离子比例。该指标在检测时一般强调要采用与其他仪器指标检测时相同的工作参数进行检测。

（7）双电荷离子产率（doubly charged ion yield）

双电荷离子比率指某种元素的双电荷离子与该元素离子的总浓度之比，通常简单定义为（M^{++}/M^+）。检测元素通常为 Ba 或 Ce。采用较低的等离子体功率或较大的雾化气流量可以降低双电荷离子比率的水平。

（8）同位素比值精度（isotope ratio precision）

检测同位素比值精度时一般采用银的二个同位素 ^{107}Ag 和 ^{109}Ag，因为这二个同位素的丰度和质量数接近。同位素比值检测常用的元素浓度为 $10\mu g/L$。

（9）质量范围（mass range）

常规的分析物质量数范围在 2u～240u。一般仪器质量数范围的缺省值设置为 2u～260u，在这范围里存在一些强背景信号的谱线区域（如 33.40u～38.60u、39.40u～

42.60u 等区域），它们被限定只能在某些工作模式下使用。

商品仪器的低质量数起点的缺省值可以不同（如 2u、3u、4u、5u 等），高质量数终点的缺省值设定也不尽相同，如 255u、256u、260u、285u、290u 等。缺省值设置在有些仪器限定的范围里是可以修改的。

等离子体质谱检测同位素时事实采用的单位是质荷比（m/z）。但由于在等离子体炬焰内生成的离子绝大多数是一价离子，故常常对同位素谱线简化标明为原子质量单位（u）。

质谱学里原子质量单位（atomic mass unite）常采用道尔顿（Dalton，Da），以纪念英国化学家 John Dalton（1766—1844），有机质谱对大分子质量，如蛋白质，采用千道尔顿（kDa）。无机质谱采用原子质量单位（atomic mass unite（amu））的为多，现在采用国际标准单位定义原子质量的单位是 u，它们相互在数值相等。

（10）质量校准稳定性（mass calibration stability）

质量数校准稳定性用来表示等离子体质谱仪器经质量数校正后同位素谱线位置稳定的情况。实验室的环境温度和湿度的变化容易引起四级杆 RF 发生器的交流容感变化而产生谱线峰位漂移。一般质量数校正稳定性控制在 ±0.05u/day 和 ±0.1u/month 之内，新上市的商品仪器也有的可以稳定在 ±0.025u/day 以内。

1.4 等离子体扇形磁场质谱仪

等离子体扇形磁场质谱仪（sector field ICP - MS，ICP - SF - MS）又称为高分辨等离子体质谱仪（high resolution ICP - MS，HR - ICP - MS）。扇形磁场 ICP - MS 的离子源、采样接口以及后面的离子透镜系统与四极杆 ICP - MS 基本相同，但质谱分析器部分不同，两者分离质量的物理方法也不同。扇形磁场质谱仪利用两种质量分析器实现离子的分离。一种是扇形磁场分析器（magnetic sector analyzer，MSA），另一种是扇形静电分析器（electrostatic analyzer，ESA）。扇形磁场质谱仪有单聚焦扇形焦磁场质量分析器和双聚焦扇形磁场质量分析器两种。扇形磁场 ICP - MS 仪器主要有两种基本类型：一种是单接收器扇形磁场 ICP - MS，另一种是多接收器扇形磁场 ICP - MS。

1.4.1 单聚焦扇形焦磁场质量分析器

仅用一个扇形磁场，对进入的离子束按质荷比进行时空上的所谓质量分离（mass separation）的质谱仪被称为单聚焦质谱仪（single focusing magnetic sector mass analyser），单聚焦质谱仪可以对质荷比相同而入射方向不同的离子完成方向聚焦，但没有对各种离子进行能量聚焦（energy focusing）因而分辨率不是很好。

1996 年 GV 公司生产的 Isoprobe 仪器采用了单扇形磁场质量分析器，为了处理等离子体离子源所产生的离子能量发散问题（20eV），该仪器在扇形磁场质量分析器前串联了一个六极杆碰撞池，利用池内气体的碰撞把等离子体源产生的离子能量发散降低到最低几个 eV 以下，再利用扇形磁质量分析器完成对不同质荷比的离子分离，改善了分辨率。

1.4.2 双聚焦扇形磁场质量分析器

J. J. Thomson 在 1897 年利用磁场来测量离子的 m/z 值，他所设计的实验装置是后来磁场质量分析器的雏形。随后，在 1912 年，Thomson 和他的助手 Aston 诱导一束氖离子通过一个磁场和一个静电场，并利用感光板来测量其偏转路径；Thomson 所设计的实验设备是第一台质谱仪，后经 F. W. Aston 和 A. J. Dempster 改进和发展才成为我们现今使用的双聚焦扇形磁场质谱仪。双聚焦设计中，使"磁场"和"电场"这两种偏转元件结合起来。使二者都达到一致的能量（速度）分散，但方向（角度）相反。于是能量分散完全抵偿，使系统的速度色散等于零，因此质谱仪不受离子动能扩散的影响。这种扇形磁质谱仪就叫做双聚焦扇形磁场质量分析器（double focussing magnetic sector mass analyser），即方向聚焦和能量聚焦。

1.4.2.1 扇形磁场分析器

扇形磁场分析器（magnetic sector analyser）是根据离子的动能在磁场中分离离子的（如图 1.4-1）。在扇形磁场中，离子受磁场的控制沿着弯曲的路径运动。从接口采集的离子通过一个静电狭缝被加速和聚焦成密集的离子束，具有相同动能的不同离子其偏转的路径不同，较重离子的路径偏转要比较轻离子的小。也就是说，重离子前进，轻离子被磁场推向侧边。在通过磁场之后，离子得到了分离。假定离子从离子源出来时的初速度为 0，在 1~10kV 加速电压的作用下获得动能 $E_{kinetic}$ 而进入磁场作圆周运动，则有：

$$\frac{mv^2}{r} = Bzv$$

式中：z 为离子电荷量；B 为扇形磁场的场强；r 为圆周运动的半径；v 为初速度。

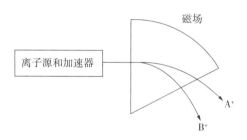

图 1.4-1　扇形磁场分析器（不同质荷比的 B⁺ 离子 A⁺ 离子在磁场中被分离）

显然，离子的动能 $E_{kinetic}$ 为加速电压 V 和离子电荷量 z 的乘积，那么，对于给定半径、磁场和加速电压的离子，其质荷比计算公式如下：

$$m/z = \frac{r^2 B^2}{2V}$$

从上式可以看出，具有不同 m/z 的离子具有不同的轨道半径；m/z 值越大，半径就越大，说明磁场具有质量色散能力，可作为质量分析器。通过改变扫描电压或改变磁场强度即可让不同质荷比（m/z）的离子通过，而得到随电压或磁场变化的质谱图。早期的扇形磁场质谱仪使用感光片来同时探测不同半径的离子，因为每个 m/z 的离子都有特定的半径，在感光片上有相应的响应位置。目前的扇形磁场质谱仪则可配置几种狭缝改变分辨率，离子束通过狭缝达到检测器。质谱仪的扫描是通过改变磁场强度或者加速电压，使选定 m/z 值的离子通过到达检测器。新开发的仪器也有采用多通道的二级管矩阵检测器，同时检测不同 m/z 的离子。

1.4.2.2 扇形静电分析器

扇形静电分析器（electrostatic sector analyser）由两块扇形导电板组成，外电极加载正电压，内电极为负电压，离子从导电板之间通过（如图 1.4-2）。与扇形磁场分析器类似，动能大的离子击打在外壁上，动能小的离子被吸附在内壁上，只有一定动能的离子才能通过导电板。

离子在电场中作圆周运动，则有：

$$zE = \frac{mv^2}{r_0}$$

式中：E 为电场强度；r_0 为离子在电场中作圆周运动的半径，即电场半径。

而离子动能为 $mv^2/2 = zV$，代入上式，可得：

$$r_0 = \frac{2V}{E}$$

显然，若扇形电场的 E 固定，则离子圆周运动的半径随加速电压的改变而改变，即与离子的动能成正比，因此扇形静电分析器是能量分析器。这也就是说，扇形静电分析器不能将两个具有相同动能的不同离子分离开。离子束的轨道半径不依赖于离子的质荷比，所以扇形静电分析器不能单独用作质量分析器，通常会与扇形磁场分析器联用。

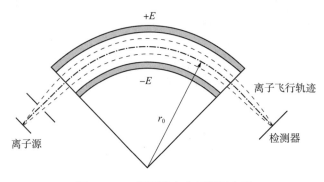

图 1.4-2　扇形静电分析器示意图

1.4.3　双聚焦扇形磁场质谱仪

扇形磁场对离子具有质量分离作用，依据其分离离子的原因，可称为动能分析器。相同质量和相同速度的离子，从同一点以不同角度入射到磁场中，在磁场中所运动得轨迹不同，但出磁场后会集聚于某一点，这一过程称为方向聚焦。

离子在离子源中的动能并不为零，而且各不相同，即离子的动能是分散的。所以，质量相同的两个离子，会因动能不同而在磁场中被分离，不能聚焦于一点，使仪器分辨率变差。为了克服离子的动能发散对分辨率的影响，通常在扇形磁场分析器的前面或者后面加一扇形静电分析器，实现"能量聚焦"。因而扇形静电场和扇形磁场两者的联合可以实现能量和方向的双聚焦。

在磁场分析器前面加静电分析器的结构，称为 Nier-Johnson 结构的双聚焦质谱仪（见图 1.4-3）。VG Elemental 公司 1992 年生产的 Plasma 54、Nu instrument 公司 1997 年生产的 Nu plasma 和 1999 年生产的 Nu 1700、Thermo Finnigan 公司 2000 年生产的 Neptune 都采用这种结构。在磁场分析器后面加静电分析器的结构称为反向 Nier-Johnson 结构的双聚焦质谱仪（见图 1.4-4），用于单接收器或多接收器的仪器中，如 VG elemental 公司 1998 年生产的 Axiom-MC、Thermo Electron 公司生产的 Elemental 和 Elemental 2。

反向 Nier-Johnson 结构比较适合于等离子体质谱仪，因为离子飞经质谱仪的最后阶段，可能会受到高真空室内剩余气体背景粒子的碰撞而产生能量损失。若扇形磁场分析器在后，则损失能量的离子会使其质谱峰在低质量处出现拖尾，影响其同位素丰度灵敏度。

如扇形静电分析器在后，那么损失能量的离子在扇形静电分析器的能量聚焦作用下，就减小拖尾现象，反向 Nier‐Johnson 结构比 Nier‐Johnson 结构的丰度灵敏度可以提高 100 倍以上。

　　早期磁场分析器和静电分析器的几何排布成 S 型（见图 1.4‐3），后来多数仪器采用排布更紧凑的 C 型结构（见图 1.4‐4）。

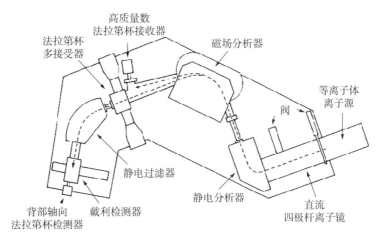

图 1.4‐3　S 型 Nier‐Johnson 结构示意图（Plasma 54）

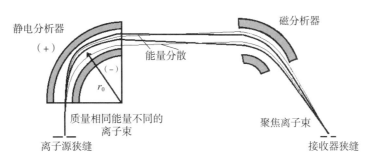

图 1.4‐4　C 型反向 Nier‐Johnson 结构的双聚焦质谱仪原理图

　　除了 Nier‐Johnson 结构之外，还有 Mattauch‐Herzog 结构的质量分析器。这种结构将具有宽质量范围内的离子聚焦到一个平面上，适用于火花离子源质谱仪，但灵敏度差，较少用于 ICP 离子源的质谱仪。2010 年德国 Spectro 公司出产的 Spectro MS 双聚焦扇形磁场质谱仪采用了这种 Mattauch‐Herzog 结构（如图 1.4‐5），在其焦平面上采用新颖的平面直接电荷检测器（direct charge detector，DCD），它拥有 4800 个通道可以同时记录很宽质谱范围内的信号（从 ^6Li 到 ^{238}U），尽管精度尚有待改善。而与之相比较，Nier‐Johnson 结构或反向 Nier‐Johnson 结构质量分析器工作时可同时覆盖检测的质量数范围则小得多。

　　双聚焦扇形磁场质谱仪可获得很高的分辨率，所以也被称为高分辨率磁质谱仪。商品高分辨等离子体质谱仪（HR‐ICP‐MS）的分辨率可以达到 10000，也可以通过离子光学狭缝设置的变化来改变仪器的分辨率。

　　高分辨等离子体质谱仪分辨率有时也被称为为质量分辨率（mass resolution），常用公式如下（其中 ΔM 在 10% 峰谷处测得，简单表示为 10% valley）：

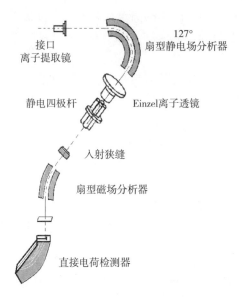

图 1.4 - 5　Mattauch - Herzog 结构的双聚焦扇形磁场 ICP - MS 示意图

$$R=\frac{m}{\Delta m},\ M=\frac{m_1+m_2}{2},\ \Delta m=|(m_1-m_2)|$$

多接收器等离子体质谱仪大多采用另外一种分辨率术语，即边沿分辨率（edge resolution）或虚高质量分辨率（pseudo - high mass resolution）。其中 Δm 被定义为高分辨质谱仪平顶峰（flat top peak）最大信号值 95% 和 5% 处的质量数差（见图 1.4 - 6），或简单表示为（5%～95%）。这种处理方法主要是针对高精度同位素比值检测，评估其合适的平顶信号峰轮廓形状，评估排除临近同位素信号干扰的能力。

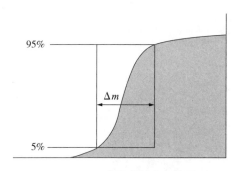

图 1.4 - 6　边沿分辨率示意图

1.4.4　单接收器扇形磁场等离子体质谱仪

单接收器的扇形磁场等离子体质谱仪（single collector SF - ICP - MS）通过改变磁场和电场的强度使不同离子按时间顺序到达单接收器进行检测，扫描时间较长。由于不能同时检测多种离子，同位素比值精度要比多接收器的仪器差一些。但因双聚焦扇场仪器采集的离子信号成平顶峰，所以尽管是单接收质谱仪仪，其同位素比值精度还是比四极杆质谱仪好不少。采用单接收器的商品仪器有 Thermo Fisher 公司的 Elememtal 2 等。

ElememtalXP 采用了双接收器［二次电子检测器（SEM）和法拉第杯检测器］的结构，以三种方式自动切换检测（脉冲计数检测、模拟检测、法拉第杯检测），扩大了检测范围。但由于是切换使用检测器，所以也被归纳为单接收器等离子体质谱仪。

1.4.5 多接收器等离子体质谱仪

多接收器双聚焦等离子体质谱仪［Multiple - Collector（MC）ICP - MS］是由 Walder 1993 年首先提出的，它在质谱焦平面上设置了多个接收器，从而实现了高精度同时测量多种同位素的目的。通常，多接收器质谱仪可以将同位素比值精度提高至 0.002%。

MC-ICP - MS 类的商品仪器有 VG elemental 公司 1998 年生产的 Axiom - MC、Thermo Finnigan 公司 2000 年生产的 Neptune、Nu instrument 公司 1997 年生产的 Nu plasma 和 1999 年生产的 Nu plasma 1700。

在磁场质量分析器中，将相邻质量之间所分开的最大距离称为质量色散 δ。其计算公式如下：

$$\delta = r_m \Delta m / m$$

式中：r_m 为离子在磁场中运动的轨道半径，一般情况下，它与磁场半径 r 相同；m 为通过接收器狭缝中心的离子质量；Δm 为离开狭缝中心的离子与 m 的差值。

显然，r_m 为固定值，若 Δm 为 1，m 减小，那么相邻的质量之间的距离就会增加，这说明在质谱仪焦平面上的质谱并不是按质量均匀排布的。所以，需要调整多接收器阵列中相邻接收器之间的距离，使之处于待测质谱的位置上。在一般情况下，由 9 个法拉第杯接收器构成的可调节接收器阵列（见图 1.4 - 7），其相对位置是由各自的伺服电机来调节的。

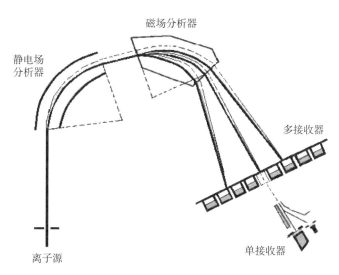

图 1.4 - 7 多接收器质谱仪的离子光学系统

随着离子光学技术的发展，一种可变色散（也称为变焦）离子透镜（variable dispersion zoom lens）开始应用于多接收器双聚焦等离子体质谱仪的质量色散调节（如图 1.4 - 8）。该系统是通过调节离子透镜上的电压来改变质量色散，使待测离子束能够较容易地对准固定接收器阵列中的法拉第杯。该设计避免了可调式接收器容易产生的震颤噪音和真空室外的伺服电机与真空室内法拉第杯接收器连接部位的真空密封问题。因此，仪器噪声信号降低，真空度提高，丰度灵敏度改善，而且可在多接收器工作时改变分辨率。

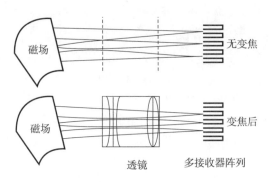

图 1.4 - 8　可变色散离子透镜的示意图

1.5　电感耦合等离子体飞行时间质谱仪

1.5.1　飞行时间质量分析器工作原理

1946 年 Sephens 提出离子飞行时间质谱仪（简称 TOF）分离离子的想法。1948 年 Cameron 和 Eggers 构建了第一台低分辨率 TOF 仪器。Hieftje 等率先开展 ICP 离子源与 TOF 相结合的研究工作，并于 1993 年在市场上首次推出商品等离子体飞行时间质谱仪器（ICP - TOF - MS）。

飞行时间质谱仪的工作原理较简单（如图 1.5 - 1），它主要是根据具有相同动能的离子通过一段相同距离的自由空间而到达检测器时，每个离子的飞行时间与其质荷比的平方根成正比的原理进行检测的。飞行时间质量分析器由一个离子加速电场和无场区域组成，离子源中的离子在加速电场的作用下，自由通过无场区域，并先后到达检测器，从而进行质量分离。

图 1.5 - 1　飞行时间质谱仪工作原理

在 TOF 的离子源处，一个离子脉冲（ns）会形成一团离子。这些离子在加载于加速底板和加速栅极之间的 2kV～25kV 电压作用下，被加速进入自由场空间。样品离子在加速电压 V 的作用下，得到一个恒定的动能 $E_{kinetic}$。根据牛顿物理学有以下简单的公式：

$$E_{kinetic} = \frac{1}{2}mv^2$$

而动能又是由加速电压和离子的电荷 z 所决定的。即有

$$E_{kinetic} = V \times z$$

那么将上面两式联立，可得：

$$v = \sqrt{\frac{2V}{m/z}}$$

离子被加速后，进入一个 1～2m 的飞行管，在各自的初速度 v 下自由漂移通过这段区

域，并最终击打在飞行管末端的检测器上。从离子形成到其到达检测器的延迟时间 t 与离子漂移区域的固定长度 L、离子的质荷比 m/z 和加速电压有关。

$$t = \frac{L}{\sqrt{2V}}\sqrt{m/z}$$

可以看出，在相同的离子动能下，离子通过飞行管中固定路程 L 所需的时间 t 与其质荷比的平方根成正比。因而，低 m/z 的离子将先到达检测器；m/z 愈大，到达检测器的时间就愈长。飞行时间质谱仪就是通过检测器信号与离子脉冲的时间之间的函数关系来检测的。

1.5.2 飞行时间质量分析器重要特点

飞行时间质量分析器的结构简单，只是一个简单的真空飞行管，仪器性能主要依靠调节有关栅极的电压来实现，不涉及机械调整方面，结构简单使用方便。所以 ToF 在早期的质谱中是很流行的。

飞行时间质谱仪中的检测在时间上是顺序的；而在采样上又是同时型的，或称为准同时型，即在同一时间对每一个离子进行采样，要解决这个矛盾，对检测器的要求相当得高。例如，对 1m 长的飞行管，整个质谱约需 $50\mu s$ 来收集，每 2ns 采集一个数据。完整的谱有 25000 个数值，每秒采集 20000 个完整的谱，这就需要收集 500000000 个数据。很显然，要实现这样的检测，就需要可快速运行的信号处理电子器件，这也是 ToF 只有最近这些年才发展较快的原因。

按飞行时间质谱仪的原理，此类仪器需要成团簇脉冲离子（就是对所有离子飞行需要一个统一的起步时间），所以对采用一般离子源产生的离子束需要进行脉冲调制。ICP 离子源产生的也是连续离子束，所以等离子体飞行时间质谱仪也必须采用脉冲调制器进行调制。脉冲的周期一般要大于一个脉冲离子束中所有离子到达检测器的时间，即上一个脉冲离子束中最大质荷比的离子要比下个脉冲离子束中最小质荷比的离子先到达检测器。

脉冲调制可以是轴向加速调制（axial acceleration，aa），也可以是直角加速调制（orthogonal acceleration，oa）。轴向脉冲调制是在 ICP 离子源和 ToF 之间加一个四极离子透镜，用于将连续离子束调制成脉冲信号。图 1.5 - 2 为美国 LECO 公司 1998 年推出的轴向等离子体飞行时间（axial fly of time）质谱商品仪器（型号 Renaissance）的结构示意图。直角反射式则是使用一个脉冲直角反射加速器（orthogonal accelerator）。在直角加速器上施加一个正高压脉冲，使离子束被分批垂直加速进入飞行管。澳大利亚 BGC 公司 1993 年推出直角加速调制器的等离子体飞行时间质谱商品仪器，图 1.5 - 3 为该公司 OptiMass 9500 的结构示意图。

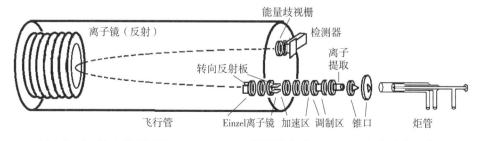

图 1.5 - 2　轴向加速调制 ICP - TOF - MS 商品仪器（Renaissance）的结构示意图

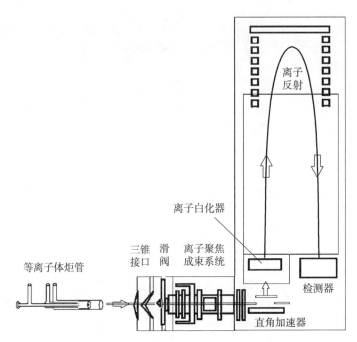

图 1.5-3 直角加速调制型 ICP-TOF-MS 商品仪器（OptiMass9500）的结构示意图

TOF 质谱仪最大的优点是具有较高的同位素比值精密度，一般可达到 0.05% RSD。它的质量分辨能力为 $500\sim2000$，优于四极杆质谱仪。分辨率取决于被检测的质量范围，低质量的分辨率低，高质量的分辨率高。对于质量相近的两个离子 m_1 和 m_2，则有：

$$\Delta t = \frac{L\ (\sqrt{m_1}-\sqrt{m_2})}{\sqrt{2zV}}$$

那么仪器的分辨率 $\dfrac{m}{\Delta m}$ 可近似为：

$$\frac{m}{\Delta m}\approx\frac{t}{2\Delta t}$$

由于离子激发源所产生的离子常常存在着空间、方向和能量上的发散，因此直接影响飞行时间质谱仪的分辨率。改善分辨率的重要技术有：Wiley-McLaren 聚焦（Wiley，1955）、垂直引入（Guilhaus，1989）和延时提取（Delay Extract）（Brown，1995），它们都用于修正和减少离子在其初始速度、空间和方向上的发散。反射器（Mamyrin，1973）用于增加飞行距离，补偿能量发散。

Wiley-McLaren 聚焦技术是采用二次加速方法，让离子在初次被加速飞行一段时间之后（此时离子都飞离二次加速栅极不远，但不同动能离子的飞行距离被拉开）再使用二次加速栅极来加速离子，此时动能大的离子飞离二次加速栅极较远，受电场影响较弱。而动能小的离子离二次加速栅极的距离近，受二次电场的力大一些，促使动能小的离子赶上动能大的离子。

垂直引入技术是指入射离子束与其后的离子飞行成直角，让被入射离子同时在一条起跑水平面上再被平面加速电极在与其垂直方向加速，减少入射时离子初始速度的影响。

延时提取技术是让离子自由飞行一段时间后再加加速电压，此时高动能离子已经离开加速栅极较远，受加速电场推力较小，低动能离子受电场推力较大，这样不同离子的动能差异被减小。

反射器技术的反射器可由一组环形薄板电极组成（20～30 个电极），离子经反射器反射后形成往返飞行轨迹。初速度快的离子，克服反射器电场阻力的动能大，入射反射器的深度大，返回则远；反之，慢速离子入射深度小，返回则近。这样从往返过程来看，离子的初速度差异所引起的飞行距离差异得到纠正，最终促使两者几乎同时到达检测器，提高了分辨率。另外由于反射器的电场不能反射中性分子，所以同时排除了等离子体离子源所引入的中性粒子，减小了仪器背景噪声。

等离子体飞行时间质谱商品仪器常组合使用到这些技术。目前等离子体飞行质谱仪器的检出限与大部分的四极杆等离子体质谱仪相当，质量歧视和低质量端丰度灵敏度也与四极杆 ICP 质谱仪相当，但高质量端的丰度灵敏度要差。

飞行时间质谱仪特别适用于瞬时信号的检测，如与激光剥蚀、毛细管电泳、气相或液相色谱等技术的联用。随着微电子技术的高速发展，仪器的设计也会相应不断地进步，结构简单的 TOF 仪器也会越来越满足各种检测的要求。

1.6　等离子体质谱分析方法

1.6.1　定性分析

1.6.1.1　定性分析与谱图扫描

等离子体质谱仪器可以在可利用的质量数范围内进行谱图扫描分析，获得每个同位素谱线的轮廓，进行元素和同位素的定性分析（qualitative analysis）。一些强信号区域或强信号谱线（如 39.40u～42.60u、28u 等）通常被软件的原始设置给予限制，以免损坏检测器。当采用不同的等离子体工作条件或不同的工作模式时（如冷焰工作条件、碰撞/反应池模式），或者采用不同的进样系统（如激光烧蚀系统、GC 联用装置、膜去溶装置等）时，也可以通过修改这些原始限定设置来获得相应区域内的谱图和数据，修改的前提是确保仪器不采集过强的离子信号。

等离子体质谱谱图要比等离子体光谱的谱图简单得多，常用同位素谱线在 200 条以下，所以定性比较方便，干扰也少。仪器的元素定性分析软件基于谱图中元素同位素丰度比值的判断，即对每种元素的各个同位素套用相应的同位素比值进行判断和定性，谱图上元素的同位素分布基本上符合自然同位素比值是定性某种元素的基本判据。有的仪器的定性软件可以对样品基体元素或试剂背景造成的干扰进行校正，这样可以提高定性判断的准确性。

1.6.1.2　质谱干扰判断

同量异位素干扰的判断比较简单，从元素的同位素自然丰度比值上可推算出一些可能存在的干扰。一般定性分析软件是在扫描图上根据同位素比值，直接在图上给出一些可能的提示。从扫描图上也可以辨别一些双电荷离子的干扰，双电荷离子峰落在两个信号峰之间的机会比较多，这种干扰很容易在扫描图上被发现（如稀土元素对 As、Se 的干扰），也有双电荷离子干扰峰正好与分析物离子峰重叠，这样就不容易被发现，如 $^{134}Ba^{++}$ 对 $^{67}Zn^+$、$^{136}Ba^{++}$ 对 $^{68}Zn^+$ 的干扰。

多原子离子干扰主要是由氩气、酸碱溶液、有机试剂，以及样品基体或基体的氧化物所引起的。常见的干扰离子主要是氩基离子（如 Ar^+、ArC^+、ArN^+、$ArCl^+$、$ArAr^+$、ArO^+ 等），溶剂离子（如 NN^+、NOH^+、OH^+、ClO^+、NO^+、SO^+、CO_2^+、CO_2H^+、CO^+ 等），基体离子（如 M^+、MO^+、MOH^+、M^{++} 等）。

背景干扰信号可以从扫描空白溶液的谱图中发现，一些低质量数的低温易电离元素（如 Li、Na、K 等）存在着较大的背景信号。

1.6.1.3 多原子离子组合丰度的计算

由于从同位素的自然丰度可推算可能的干扰信号强度，所以也可以从组合的同位素自然丰度计算出多原子离子可能存在的丰度，从而判断可能存在的干扰程度。

如从 ^{52}Cr 的丰度（83.76%）和 ^{12}C 的丰度（98.892%）判断 $^{12}C^{52}Cr^+$ 对 $^{64}Zn^+$ 的干扰程度。

多原子离子（$^{12}C^{52}Cr^+$）的组合丰度（%）=（83.76×98.892）=82.8

又如 $^{19}OH^{51}V^+$ 对 $^{70}Ge^+$ 的干扰，^{18}O（0.204%）、^1H（99.985%）、^{51}V（99.76%），则

多原子离子（$^{19}OH^{51}V^+$）的组合丰度（%）=（0.204×99.985×99.76）=0.2

1.6.2 半定量分析

各种元素主要同位素谱线的灵敏度和它们的质量数可绘出灵敏度分布曲线图，其纵坐标是灵敏度信号强度 I_i，横坐标采用质荷比 m/z 表示，见图 1.6-1。

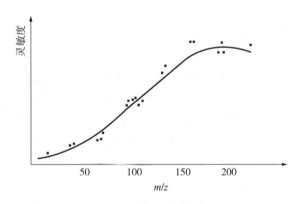

图 1.6-1 灵敏度分布曲线

由于灵敏度分布曲线是采用元素的同位素灵敏度来表示的，所以灵敏度分布曲线又被称为同位素灵敏度曲线（isotopic sensitivity curve）。各种同位素灵敏度形成的数据点可采用高次曲线进行拟合，回归成一条灵敏度响应分布曲线。灵敏度数据点通常散布在曲线周围，软件常采用一种相对灵敏度因子（relative sensitivity factor，RSF）来校正各数据点，获得相对灵敏度 S_i，以减小各同位素数据点偏离这条曲线的回归残值。相对灵敏度因子是综合考虑了当前的等离子体条件，分析物的电离势，样品的基体效应等因素。采用相对灵敏度因子校正后灵敏度分布曲线可以被用于半定量分析（semi-quantitative analysis）。

一般仪器系统软件已经存入了所有元素的相对灵敏度因子，由于仪器灵敏度会随仪器条件变化而变化，所以灵敏度分布曲线也会随之改变。因此，每次分析前都需要采用 4 种元素以上的标准溶液重新建立灵敏度分布曲线或修改相对灵敏度因子，选用的几种元素最好可以均匀覆盖整个质量数范围，内插的标样点越多曲线越接近真实情况。建立好灵敏度分布曲线后还需要对相对灵敏度因子进行校正，使每个相对灵敏度数据点尽可能落在该曲

线上。新的相对灵敏度因子被内存，并替换原来的数据，新的相对灵敏度因子也被用于校正下次建立新的灵敏度分布曲线。

利用灵敏度分布曲线的数学公式可以算出没有标样的元素的相对灵敏度 S_i。采用基体匹配和分析物浓度 c_i 接近实际样品的标准溶液来建立灵敏度分布曲线可以提高半定量结果的准确度。受干扰的元素需要采用常用的数学校正公式校正，强干扰元素的谱线可以剔除（如 Cl、Si、S 等）。建立半定量灵敏度分布曲线前需要先对模拟和脉冲检测器进行交叉校正，以减少误差。相对灵敏度：

$$S_i = \frac{c_i}{I_i}$$

智能化半定量软件中可增加一些判断算法，如判断同量异位素干扰，需要检查元素的所有同位素比值与理论值相差是否在 $\pm 10\%$ 之内。又如判断氧化物氢化物干扰，检查目标分析物在 $+16u$ 或 $+1u$ 位置的信号是否过高。再如判断双电荷离子干扰，需要检查目标分析物二分之一质量数位置的信号是否在目标分析物信号的 1% 之内。也有一些特定元素或区域被排除在判定条件之外，如 ^{56}Fe、$^{40}Ar^{16}O$ 与 ^{72}Ge 被设定不适合这种判据。

采用内标的半定量算法，由内标计算得出校正系数 $K = \dfrac{S_{实际}}{S_{理论}}$，则

$$实际分析物浓度\ c_i = I_i \times S_i \times K$$

另外多个定值的内标信号本身就可以用作半定量灵敏度分布曲线的校正。

半定量分析主要提供快速简单无标样或缺少标样的多元素快速分析，经严格校正后的半定量灵敏度分布曲线的测试误差范围一般介于 $30\% \sim 50\%$ 内。

1.6.3　定量分析

主要的定量分析（quatitative analysis）方法分为外标法、标准加入法、同位素稀释法。

1.6.3.1　外标法

常规 ICP - MS 的元素分析方法采用的是外标校准法（external calibration），是相对的分析方法，即未知样品与标准样品比较后计算出定量分析结果。外标法一般采用多元素混合标准溶液来建立一组不同浓度的校准曲线。

许多元素标准溶液在混合过程中容易发生沉淀或氧化还原反应，所以需要分组配制，如氢氟酸元素组，非金属元素组，贵金属元素组，稀土元素元素组等。Hg 因为不稳定，常常是单独配制。多校准曲线组块（multiple blocks）指重复使用多组的校准曲线组，来校正仪器长时间运行中的所谓外部漂移（external drift）。

校准曲线（calibration curve）一般是利用分析物信号强度（Y 轴）和分析物浓度（X 轴）通过最小二乘法线性回归建立的。针对不同浓度不同类型的样品分析可以采用不同的线性回归处理方法，如采用强制过空白点，强制过原点，或者空白数据点与其他标样数据点一起回归计算等方法来处理。也可以对数据点进行加权重（weight）（如对分析精度加权处理（标准偏差 SD 或相对标准偏差 RSD），对测试的浓度加权处理），提高分析结果的准确度。

内标法（internal standard）常被用来配合外标法的使用，用于校正等离子体质谱的锥口效应和样品溶液的基体效应。在建立校准曲线中，空白溶液的内标检测值或者几个平行空白溶液的内标平均检测值常作为内标起始计算点，即此时空白溶液的内标回收率为 100%。

1.6.3.2 标准加入法

标准加入法（standard addition）可以用于消除样品基体效应的影响，基体效应的影响包括二种：一种是基体抑制效应，另一种是基体增敏效应。标准加入法是在几份相同的样品溶液中采用加入不同等份标准溶液，样品溶液实际为零标样加入溶液（zero addition standard）。尽管在建立第一个标样点后（除样品溶液外），即可以得到样品的分析结果，但一般标样点仍需要 3 点以上，以减少单点标样检测时偏差的影响。多份标样回归的校准曲线可以提高分析结果的准确度。

标准加入法可以利用数轴移动的方式转化到外标法（称为扩展标准加入法），见图 1.6-2。数轴移动后，软件直接利用标准加入法校准曲线的灵敏度来计算未知样品的浓度。该方法适用于基体基本相似的样品，利用数轴移动后的校准曲线进行连续分析，可以避免一个样品需配置一系列加标溶液的繁琐过程。

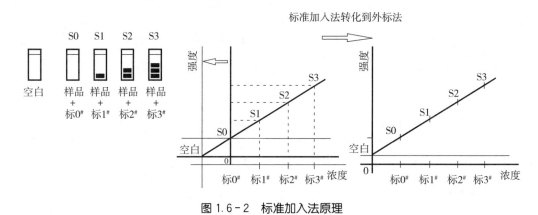

图 1.6-2　标准加入法原理

在标准加入法中，加标量要比样品的分析物元素含量适当高些，也就是标样浓度的增量与样品含量要相当，否则校准曲线会趋于平坦。样品中各种元素的含量常常高低不一致，当采用多元素混合标准溶液加标时会遇到一定困难。

标准加入法也可以同时采用内标来校正长时间测试时的锥口效应和仪器的漂移，如果样品量不多或者采用流动注射进样系统时也可以不采用内标。标准加入法中一般不使用试剂空白，也不进行试剂空白的扣除，因为试剂空白溶液中不存在着基体和基体效应，常常容易造成不恰当的过度扣除。当空白溶液和样品溶液中呈现恒定的背景干扰（如多原子离子干扰），它不因基体变化而变化时，可以尝试扣除空白。

标准加入法一般不适用于分析物谱线存在干扰（如多原子离子干扰、同量异位素干扰）的样品，而且实际应用时需要重视样品基体的背景干扰问题，除非样品中分析物的浓度远远大于纯基体溶液在分析物谱线上形成的背景等效浓度。原因是等离子体质谱与等离子体光谱不同，没法进行背景扣除，所有重叠在分析物谱线上的干扰信号都将被计算成分析物浓度输出，造成正误差。如果需要在干扰存在的谱线上使用标准加入法，则必须采用各种抑制干扰工作模式，把干扰信号抑制到与分析物信号相比可以忽视的程度。

1.6.3.3 同位素稀释法

同位素稀释法（isotope dilution）将在 1.6.8 节介绍。

1.6.4　内标法

内标法（internal standard）是指在等容积的空白溶液，标准溶液和样品溶液中分别等量加入（或利用三通接头通过蠕动泵在线恒速加入）2～3种（或更多种）元素标准混合溶液，这些加入的元素被称为内标元素，所有被测溶液中的内标元素浓度保持一致，这样内标元素的信号可被用来校正一些样品的基体效应（matrix effect）或仪器的漂移。

基体效应是指被测溶液之间所含基体的差异所导致的分析物信号强度的变化。基体效应可以是基体引起的空间电荷效应，影响离子的产生和传输，也可以是基体差异引起溶液物理性质变化（如黏度、表面张力、总溶解固体量（TDS）等），影响样品溶液的雾化效率变化。仪器的漂移包括进样系统、质谱仪系统、锥口效应（cone effect）等所引起的检测信号漂移。

内标元素选用的原则：

（1）选用样品中含量可以忽略的元素，可先扫描样品溶液获得全质量范围的谱图，了解样品中的元素分布，查找合适的内标元素。

（2）需要考虑内标元素与分析物元素在质量数（离子传输过程中的动力学相似性）、电离势（等离子体中电离行为的相似性）和化学性质（沸点、氧化物键能）的相似性，见表1.6-1。如质量数相近的^{209}Bi可以应用于^{208}Pb的分析，电离势相近的Zn（9.39eV）可应用于Cd（8.99eV）的分析。

（3）选用的元素应该不受同量异位素或其他多原子离子干扰。

（4）内标的选择还应该考虑不同的工作模式的需要，如在碰撞反应池工作模式下检测^{75}As、^{78}Se时，可以采用^{72}Ge。

内标元素和分析物元素需要在同种工作模式下被检测和使用，跨工作模式使用是不合适的。

内标方法可以改善检测结果的准确度和精密度。常用的内标元素有：^{6}Li、^{9}Be、^{45}Sc、^{59}Co、^{72}Ge、^{89}Y、^{103}Rh、^{115}In、^{159}Tb、^{165}Ho、^{185}Re、^{205}Tl、^{209}Bi等。

表1.6-1　代表性元素的同位素、电离势、沸点和氧化物键能

元素	质量数/u	电离势/eV	沸点/℃	氧化物键能/（kcal/mol）
Li	7	5.39	1327	81.4
Be	9	9.32	2399	105.4
In	115	5.785	2000	86
Ba	138	5.21	1639	130.4
W	184	7.98	5977	156
Pb	208	7.415	1750	90.3

内标法的校正工作曲线是建立在分析物信号与内标信号的比值基础上，见图1.6-3。在大多数软件的实际处理中，常以系列标准溶液中的一个空白溶液的内标检测值或几个空白溶液的平均内标值为起始点，定为100%的内标回收率（internal standard recovery）。随后的所有标样和样品的强度数据都采用实时的内标信号强度算出内标回收率，再利用该回收率进行校正原始的检测数据。

内标法可以根据分析物的质量数覆盖范围选用2个或2个以上的内标元素。每个分析

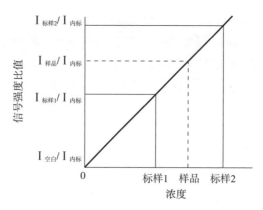

图 1.6-3　内标校正原理

物可采用指定的内标元素直接进行参比校正。也可以采用插值法或称内插法（interpolate）进行计算。

　　采用插值法计算时，如分析物离子的质量数落在二个不同内标质量数之间的，按临近的二个内标回收率形成梯形比例进行计算得出该分析物质量数位置上的回收率，见图 1.6-4。并用这个回收率进行该分析物分析结果的校正。落在二个或多个内标质量数区域外面的，按临近的二个内标回收率形成的延长线进行计算。

　　内标加入的方法可以是通过三通接口在线加入或制备样品溶液时直接加入。在线加入比较方便而且可以避免分别加标所引入的误差。在线内标常采用 Y 型或 T 型三通接头，内标管可以采用小口径蠕动泵管（如内径 0.19mm）与大口径进样管（如内径 1.02mm 的）配合，可以获得较小的稀释比，细的泵管采用的内标溶液浓度要比粗的内标泵管大一些，因为稀释比大。一般采用与进样管相同口径的内标泵管形成的稀释比为 1:1。

　　样品溶液中加入内标的量需要视实际形成内标元素信号强度而定，一般内标信号能达到稳定的几万或几十万（cps）以上的信号强度比较合适。

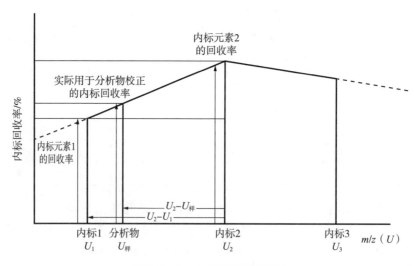

图 1.6-4　内标的插值计算法

1.6.5 与激光剥蚀系统联用的固体样品分析

激光剥蚀系统与等离子体质谱仪联用进行定量分析时需要基体相似的固体标样，这几乎是所有固体进样技术的弱点。采用基体匹配标样的校准方法被命名为 matrix matched calibration method。实验室也可采用其他分析手段检测并校正过的样品代替。非基体匹配标样的校准方法（non matrix matched calibration method）是采用基体完全不同的标样，如常见的 NIST 玻璃片标样。这时需要采用化学性质与分析物比较相似的内标来进行校正，如 Ca 与稀土元素比较相似可以做内标。又如，采用实验室制备的四硼酸锂玻璃片标样来进行定量校准时可以采用 Si、Li 等元素作为内标。

激光剥蚀系统也可以采用水溶液标样来进行校准，有两种引入水溶液的方式：一种是通过超声波雾化器雾化溶液标样后直接引入载气中送入激光烧蚀系统的样品池，称为单气路系统。另一种通过膜去溶装置由双通道进样系统与激光剥蚀输出管道合并后输入炬管，被称为双气路系统。他们的定量方法同样有外标法和标准加入法两种。

采用激光剥蚀系统联用进行样品成分分析时，可采用大的蚀坑（spot）采用连续点或非连续点的多点取平均值的方式来定量，多点采集信号是避免固体表面的元素分布不均匀，或合金表面元素偏析现象。常见样品有航天高温合金（Super metal）、难溶特种金属材料、耐高温非金属材料、公安证物、考古碎片、地质样品等。

微区分析可以采用分隔的点进行剖面分析、截面分析、表面分析、元素分布成像分析等。具体应用有：金属合金的表面镀层、地质样品（如包裹体、锆石）、环境样品（如鱼耳石的天轮线）。元素分布成像常需要采用第三方软件来制作物体表面元素分布图（如医学病理组织切片、植物根茎叶切面等等）。

1.6.6 与色谱仪器联用的元素形态分析

等离子体质谱仪与色谱仪联用时可以进行元素形态分析（speciation analysis），色谱可以包括液相色谱（高效液相色谱、离子色谱、毛细管电泳色谱、凝胶色谱）、气相色谱等。等离子体质谱仪在联用中是一种高灵敏度的检测器，当然在与色谱仪器联用时，对元素形态的不同分析物有一个基本要求，就是分析物中需要含有一种等离子体质谱法可以分析的元素同位素，以该同位素信号来表达分析物的含量。

通常液相色谱柱子的输出端用 peek 管可以直接与等离子体质谱仪的雾化器连接，见图 1.6-5。毛细管色谱则需要特殊的接口。为了达到二种仪器的联用同步检测，可以从色谱仪器的系统软件或色谱仪器进样系统通过触发板发出同步信号，等离子体质谱仪即开始同步检测，以便维持相同的分析物相同的保留时间。现代仪器常配置集成的联用软件可以直接分析。

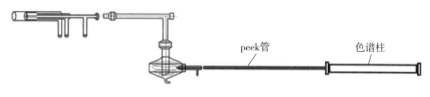

图 1.6-5 色谱联用的示意图

等离子体质谱一般配备时序分析软件或者被称为时间分辨分析（time resolved analysis, TRA）软件，时序分析是采用时间切片（times slices）的方式采集信号，软件带有瞬间信号采集和处理模块，时间切片分析时也可以采用等离子体质谱的内标进行瞬时内标（transient internal standard）（或 time slices internal standard）校正，内标的加入方式与常规连续进样方式相同，通过三通接头加入到雾化器前端的进样管里。

时序信号分析模式可以分成两种形式。

一种是对瞬间信号的时序分析（transient TRA），主要应用于色谱联用的分析模式，可以对信号峰标设分析物名，设定分析物的积分区域，积分处理可以采用自动积分方式。软件自动积分时可设定和修改峰判定所需要的制约条件，如最小峰高（minimum peak height）、最小峰宽（minimum peak width）、最小百分峰降（minimum peak drop，%）、最大百分峰延（maximum peak edge，%）等。

与色谱分析方法相同，也可设定色谱内标（在样品溶液中直接加入的色谱内标分析物，把该分析物的出峰设定为色谱方法内标，用于定量或校正样品基体对其他形态分析物的响应强度影响）。对于采集到的谱图，时序分析软件一般具备对谱图进行光滑（smoothing）处理功能（采用简单的平均值数学光滑处理模式），图 1.6-6 是采用等离子体质谱与色谱联用分析多种元素不同形态物质的时序信号示意图。

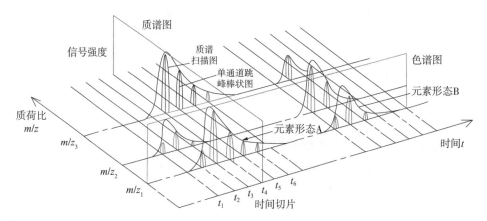

图 1.6-6　多种元素不同形态分析物的时序信号示意图

另一种被称为剖面时序分析（profile TRA）模式。该模式也是采集瞬间时间切片的信号，但不同的是响应于周期性分段的采集分析物信号，可应用于激光剥蚀系统联用时点信号的分析、剖面或层面分析以及与流动注射联用等方面的分析。

上述两种模式都可以采用内标来减小等离子体质谱的长时间漂移现象，在线加内标方法与常规定量分析一样，采用三通接头把内标溶液与液相色谱柱的输出管并合一起输到雾化器。内标可以对时间切片信号进行校正。气相色谱联用或者激光剥蚀系统联用时的溶液内标需要使用双通道进样系统的雾化器雾化室，在线加入到三臂炬管内。

1.6.7　同位素定量分析及同位素比值分析

1.6.7.1　同位素定量分析

光谱元素定量分析时，一般采用元素的光谱谱线强度来表达元素的含量，而等离子体质谱在元素定量分析时是采用同位素信号强度来表达该元素的含量。这样在等离子体质谱仪器上既可以利用同位素谱线来进行元素定量分析，也可以直接分析同位素含量。

与元素定量一样，同位素定量分析也是相对分析方法，同样需要稳定的同位素标准溶液，或采用具备稳定的自然同位素比值的标准元素溶液，但分析结果需要进行同位素浓度转换计算。具体应用在核环境污染的分析、临床医学的同位素示踪剂检测、生物医药学的新陈代谢研究、食品核污染安全等方面。

1.6.7.2　同位素比值分析

同位素比值分析（isotop ratio analysis）在许多学科领域里得到应用。环境科学中诸如大气粉尘中 Pb 污染源分析、核环境污染分析等；地球科学中的的同位素定年研究，如 Re - Os 定年法、Rb - Sr 定年法等；临床医学病理药理学的同位素示踪研究等；酒类、中草药等产地和真伪鉴别方面的研究等。

与多接收器的高分辨率等离子体质谱仪和等离子体飞行时间质谱仪相比较，一般四极杆等离子体质谱仪由于对二个同位素信号的采集并非同时进行，而是采用先后的跳峰检测，这样存在着时间差，容易受到仪器本身短周期噪声的影响，使它们的同位素比值精度（isotope ratio precision）变差。

四极杆等离子体质谱容易受到一些多原子离子、同量异位素以及背景信号的干扰，直接影响同位素比值的准确度。另外在相邻二个同位素浓度含量相差太大时，还容易受到同位素丰度灵敏度的影响，需要对同位素峰翼干扰进行校正。

同位素比值实际分析时还需要考虑其他众多的影响因素，如最佳信号采集时间的设置、四极杆安全质量数的设置、质量偏倚、死时间校正、仪器的低频高频噪声和波动、同位素污染风险等。

1.6.7.3　同位素比值精度

由于四极杆等离子体质谱仪是采用单检测器检测，属于顺序性的（sequential）检测方式。这与多检测器的同时（simultaneous）检测方式不同，其同位素比值分析精度受离子束传输的波动的影响较大，这与等离子体的震荡、进样系统的波动以及闪烁噪声（flick noise）等有关，也与四极杆质谱的尖峰形有关，跳峰检测时峰形的重现性受到影响。单检测器的高分辨等离子体质谱仪也具有相似的噪声特征，但高分辨率扇型磁场质谱仪的检测峰形是平坦的，所以同位素比值精度可以得到一些改善。多接收器等离子体质谱仪（MC-ICP - MS）是同时检测多个同位素信号，所以避免了短周期的噪声，同位素比值精度很好，可达万分之几和十万分之几，但受限于检测器的数量，不能提供更多元素的同时分析。

四极杆等离子体质谱仪进行同位素比值分析时，可采用短的停留时间（dwell time）、增加回扫次数（sweep times）和采用较长的总信号采集时间（acquisitiontime）等来提高同位素比值精度。早期也有采用峰面积积分的方法。

采用丰度相当的二个同位素，采用适当浓缩的分析物和选用合适的四极杆安全质量数（quadruploe safety mass）的设置（或被称为四极杆静置质量数（quadruploe rest mass））都可以改善同位素比值的分析精度。

1.6.7.4　同位素比值分析的多原子离子干扰问题

同位素比值检测时，选择同位素时需要避免多原子离子和同量异位素的干扰，或采用有效的碰撞/反应池技术、动能歧视效应、冷等离子体等工作模式，最大限度地降低同位素的质谱干扰以及背景信号。

1.6.7.5　同位素比值分析中的污染风险

同位素比值分析中污然现象是个不容忽视的问题。进行同位素比值分析时用的样品和标样中的同位素组成并不都符合自然的同位素丰度比值。而在常规元素定量分析时，进样系统中或容器中残留的同位素污染，容易改变实际样品中的真实同位素比值，特别值得注意的是个别元素（如 B）的环境污染相当严重。

1.6.7.6　质量歧视校正

理想的质谱仪器的离子传输效率与离子的质荷比无关，但实际情况是不同质荷比的离子的效果不一样，存在一种质量歧视效应（mass discrimination）。这种效应与原子的离子化过程、离子光学系统的离子传输、质谱系统的离子分离、检测器中不同离子检测响应等有关。比如常规的分列式打拿电极检测器，同样动能的轻质量离子可以产生更多的电子。而法拉第杯（Faraday cup）检测器却没有这种特性。又如四极杆质谱仪系统中重质量离子在四极场的散射区域可以呆更长的时间，显示出低的传输效率，当然这与在锥口区域和离子光学系统中空间电荷效应（space charge effect）相比较还是小的，空间电荷效应引起的质量歧视显得最为突出。质量歧视校正的基本公式为：

$$K = R_{真实} / R_{检测}$$

式中：K 为校正因子；$R_{真实}$ 为真实比值；$R_{检测}$ 为实际检测到的比值。

有三种最常见的校正方法：外部校正（external correction）、内部校正（internal correction）和绝对校正或校准方法（absolute or calibration）。

1.6.7.7　外部校正

同位素比值检测时采用较多的是外部校正法（external correction），它可提供足够的准确度。外部校正法采用已知同位素参比标准物质（如国际纯粹和应用化学联合会（IUPAC）认定的或 NIST 标样），用上述公式计算出校正因子 K。用这校正因子来校正样品的检测值，从而获得实际的同位素比值结果。实际使用时是在分析样品前和分析后均需要检测参比标准物质，用前后检测得到的平均校正因子 K 来校正样品的检测结果，减小仪器在此期间的漂移影响。

1.6.7.8　内部校正

内部校正（internal correction）是在样品中加入一种元素进行校正的方法。如在 Pb 同位素比值检测时在样品中滴加 Tl 元素进行校正。在一个较小的质量数范围里（如 <10u）进行同位素比值分析时，仍然可观察到等离子体质谱中的质量歧视效应。这时可以采用一种与分析物相邻的元素，具备已知恒定的同位素比值来算得 K 校正因子，这 K 校正因子可以被用来校正样品中分析物的同位素比值。如 Tl 有二种稳定的同位素（^{203}Tl 同位素丰度为 29.5%，^{205}Tl 为 70.5%），把 Tl 加入样品后计算出 K 校正因子，可用于校正 Pb 同位素比值的检测结果。

内部校正的数学公式如下：

$$K_{线性方程} = 1 + (\Delta m \, \varepsilon_{线性方程})$$

$$K_{幂律方程} = (1 + \varepsilon_{幂律方程})^{\Delta m}$$

$$K_{指数方程} = \exp(\Delta m \, \varepsilon_{指数方程})$$

式中：Δm 为两个同位素之间的质量数差；$\varepsilon_{线性方程}$、$\varepsilon_{幂律方程}$、$\varepsilon_{指数方程}$ 分别为线性校正模式（linear）、幂律校正模式（power law）、指数校正模式（exponential）中每个质量数的质量歧视。其中幂律分布类似于正态分布或指数分布，exp 是以自然对数 e 为底的指数函数，为指数曲线。$K_{\text{线性方程}}$、$K_{\text{幂律方程}}$、$K_{\text{指数方程}}$为不同数学模式的校正因子。

尽管有许多数学模式可以利用，然而对于四级杆质谱系统而言，线性校正模式已可以提供足够的准确性。

1.6.7.9　绝对校正方法

最少使用的校正方法是绝对校正方法（absolute calibration），在严格的重量计量控制下，采用高度提纯和富集的同位素配制混合同位素标准物质用于校正质量歧视。这种方法显然比较困难，仅应用于需要符合高度计量要求的同位素比值测定，如精确测定元素的原子量方面。

1.6.7.10　仪器噪声和仪器波动的影响

仪器的噪声包括低频噪声和高频噪声。低频噪声指低于10Hz的噪声，来自于进样系统如蠕动泵雾化过程。高于10Hz的噪声为高频噪声，与等离子体的气体动力学、去溶过程以及交流电源干扰有关。白噪声（white noise）是指所有频率的噪声振幅谱的背景噪声。整个系统的噪声对频率的噪声谱可以揭示噪声频率组成。自吸式雾化器可以降低低频噪声。冷却恒温的雾化室可以降低白噪声，双筒状雾化室（scott类型）可以进一步降低白噪声和低频噪声。选用的同位素积分时间小于噪声频率的倒数（f^{-1}）时，可以降低所有噪声。一般实践中，易采用小的四极杆设置时间（settling time）（如0.2ms），小的同位素积分时间（如10ms～20ms），同时限制一起检测的同位素的数量都可以降低噪声的影响。

仪器的波动（fluctuation）和漂移（drift）可以影响灵敏度和质量歧视效应。但除非波动漂移在短时间内呈现很大，一般灵敏度的漂移不会影响同位素比值检测。而质量歧视效应的波动漂移则必须被连续监测和考虑。另外在较长时间内的检测过程中，需要关注仪器波动漂移对空白溶液的检测结果的影响，此时空白扣除可能会成为影响分析结果的一个原因，采用平均空白可以是个好办法。

1.6.7.11　丰度灵敏度的影响

分析物离子具有初始的能量分布，由于离子在传输过程中与残余气体分子的碰撞也能引起能量分布的扩展，过度扩展的信号峰的拖尾会影响相邻同位素的检测。如样品中存在高浓度的相邻质量数的元素时（如高浓度^{12}C的拖尾对^{11}B的影响），或者当同位素比值处在极端值（如>100000）时（如U和Th的同位素比值），同位素丰度灵敏度的影响不可被忽视。然而在主量同位素的比值检测中，丰度灵敏度的影响还是很小的。

1.6.7.12　同位素丰度和摩尔质量的计算

在检测同位素比值时，常可从相关的数学公式中算得样品中该元素的一个同位素的实际丰度或者样品中分析物元素的摩尔质量（Molar mass）。即使仅希望计算该元素的一种同位素的丰度，计算时该元素的所有的同位素比值还是需要的。计算公式如下：

$$A_i = \frac{K_{i,b}R_{i,b}}{\sum K_{j,b}R_{j,b}} \quad m = \sum (a_i M_i)$$

式中：A_i为元素i的同位素所要计算的丰度；$K_{j,b}$为所有K校正因子；$R_{j,b}$为该元素的所有同位素对同位素b的同位素比值（也包括同位素b对自己的比值，b/b=1）。m为该元素的原子量（摩尔质量），m_i为该同位素的原子量（摩尔质量）。

1.6.8　同位素稀释法

1.6.8.1　同位素稀释法原理

在样品中添加（spike）某种精确称量的待测元素同位素稀释剂，利用添加前后的同位素比值的变化（见图1.6－7）来测得某元素的含量的方法称为同位素稀释法（isotope dilution method），由于采用质谱仪器检测又称为同位素稀释质谱（isotope dilution mass spectrometry，IDMS）法。添加到样品中去的同位素试剂也称为同位素稀释剂（isotopic spike），该方法通常应用于含二个以上稳定同位素的元素的定量分析。

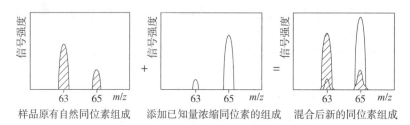

图1.6－7　同位素稀释分析原理示意图

等离子体质谱在同位素稀释分析时常把固体样品消解后再加入同位素稀释剂溶液，在溶液中各种同位素可以快速交换，容易达到平衡，同位素的交换平衡是同位素稀释分析要注意的最重要事项。采用固体同位素稀释剂直接加入的，需要在样品消解前加入。稀释剂加入量最好使样品在检测时二种同位素的比值接近1，这样可以提高分析精度。值得注意的是元素的不同化学形式或化学形态，非金属元素的不同状态，都可以减缓影响这种交换平衡的过程。在元素形态分析中添加元素形态必须与样品中的元素形态相同，以便快速达到平衡。

假设样品中某元素的二种同位素为 a 和 b，样品 x 中该元素的原子总数为 N_x，同位素稀释剂 y 中该元素的原子总数为 N_y，A_{x-a}、A_{x-b} 分别为样品中同位素 a、b 的丰度，A_{y-a}、A_{y-b} 分别为稀释剂中同位素 a、b 的丰度。

样品溶液添加稀释剂后形成的混合溶液中二种同位素 a、b 的比值（R_{x+y}）如下：

$$R_{x+y} = \frac{(N_x A_{x-a} + N_y A_{y-a})}{(N_x A_{x-b} + N_y A_{y-b})}$$

上式整理后，样品中该元素的原子总数 N_x 如下：

$$N_x = N_y \frac{(A_{y-a} - A_{y-b} R_{x+y})}{(A_{x-b} R_{x+y} - A_{x-a})}$$

$$R_x = \frac{A_{x-a}}{A_{x-b}}, \qquad R_y = \frac{A_{y-a}}{A_{y-b}}$$

则有：

$$N_x = N_y \frac{(R_y - R_{x+y})}{(R_{x+y} - R_x)} \frac{A_{y-b}}{A_{x-b}}$$

样品和稀释剂中的某元素原子数为：

$$N_x = \frac{w_x c_{x-e} N_A}{M_e} \times 10^{-3}$$

$$N_y = \frac{w_y c_{y-b} N_A}{M_b A_{y-b}} \times 10^{-3}$$

式中：w_x 为样品质量；w_y 为稀释剂质量；M_e 为该元素摩尔质量；M_b 为同位素 b 的摩尔质量；c_{x-e} 为样品中该元素的浓度；c_{y-b} 为稀释剂中同位素 b 的浓度，N_A 为阿伏伽德罗常量（Avogadro's constant）。

则有：

$$c_{x-e} = \frac{w_y}{w_x} \frac{M_e}{M_b} \frac{C_{y-b}}{A_{x-b}} \frac{(R_y - R_{x+y})}{(R_{x+y} - R_x)}$$

同位素比值测定时是必须用校正因子 K 消除质谱系统的质量歧视效应。但因为四个同位素比值测定是在相同条件下，所以应用以上公式计算时校正因子 K 实际被抵消了。当然长时间检测情况下仍需要注意校正因子 K 的漂移情况。

1.6.8.2 双重同位素稀释质谱方法

固体同位素标准物质很昂贵，在许多情况下还不容易买到实验所需元素的合适的富集同位素标准溶液。通常从实验室交流获得的富集同位素物质是固体的，但它们的同位素丰度不确定度很大，再加上需要稀释成溶液，这样制备成的同位素溶液的同位素组成必须被重新评估和标定。

在同位素稀释分析方法原理基础上，利用添加相同元素的同位素标准溶液来分析实验室自己配制的同位素稀释剂溶液，这称为双重同位素稀释质谱方法（double IDMS），通俗称为反标定。这种添加的同位素标准溶液称为标定物质（assay material）或返加标稀释剂（back‐spike）。

标定实验室配制的稀释剂溶液中同位素 b 浓度 C_{y-b} 时，加入一定量的标定物标准溶液。则，被标定的稀释剂中的同位素 b 浓度为：

$$c_{y-b} = A_{z-b} \frac{w_z}{w_y} \frac{M_b}{M_z} c_{z-e} \frac{(R_{y+z} - R_z)}{(R_y - R_{y+z})}$$

式中：z 为标定物；A_{z-b} 为标定物中同位素 b 丰度；$A_{y+z,b}$ 为被标定稀释剂加标定物后的同位素 b 丰度；c_{z-e} 为标定物中该元素浓度；w_z 为标定配制稀释剂的标定物的质量；M_z 为标定物中该元素的摩尔质量；M_b 为同位素 b 的摩尔质量；R 为同位素 a、b 比值；R_{y+z} 为标定物与稀释剂混合溶液中的同位素 a、b 比值；R_z 为标定物中的同位素 a、b 比值；R_y 为稀释剂中同位素 a、b 比值；w_y 为被标定的稀释剂溶液的质量。

样品中该元素的含量（经标定物校正后）为：

$$c_{x-e} = \frac{w_y}{w_x} \frac{M_e}{M_b} \frac{A_{y+z,b}}{A_{x-b}} \frac{w_z}{w_{y'}} \frac{M_{z-b}}{M_z} C_{z-e} \frac{(R_y - R_{x+y})}{(R_{x+y} - R_x)} \frac{(R_{y+z} - R_z)}{(R_y - R_{y+z})}$$

如果样品溶液和标定物中的该元素同位素组成相同（这可以从检测 R_x 与 R_z 是否相等来确认），则可以从公式的分子分母上消除 M_e、M_z、A_{x-b} 和 A_{z-b}。

样品中该元素含量的计算公式简化为：

$$c_{x-e} = c_{z-e} \frac{w_y}{w_x} \frac{w_z}{w_{y'}} \frac{(R_y - R_{x+y})}{(R_{x+y} - R_x)} \frac{(R_{y+z} - R_z)}{(R_y - R_{y+z})}$$

式中：c_{z-e} 为标定物中该元素浓度；R_z 为标定物溶液中的同位素 a、b 比值。

空白溶液中该元素浓度为：

$$c_{B-e} = \frac{c_{y-b}}{A_{z-b}} \frac{M_z}{M_b} \frac{w_{y-B}}{w_x} \left(\frac{R_y - R_B}{R_B - R_z} \right)$$

式中：c_{B-e} 为空白溶液中该元素含量；c_{y-b} 为稀释剂中同位素 b 的浓度；A_{z-b} 为标定物中的同位素 b 丰度；M_z 为标定物中该元素的摩尔质量；M_b 为同位素 b 的摩尔质量；R_B 为添加稀释剂后空白溶液中的同位素 a、b 比值；w_{y-B} 为用于测定空白溶液的稀释剂质量。

同位素稀释质谱法检测样品是建立在稀释剂或标定物的称重和同位素比值的测量上，所以同位素稀释质谱（IDMS）方法具备以下优点：

（1）分析结果的准确度不受分析物在样品处理过程中被丢失的影响。

（2）同位素稀释方法不受基体的抑制效应以及增敏效应的影响，因检测的是二个同位素的比值，二者受的影响是相同的。

（3）在等离子体质谱仪器上可以实现多元素同位素稀释方法。当然对于瞬间信号（transient signal）分析来说多元素分析的能力将被减弱，原因是对每种元素的分析必须检测二种同位素。

（4）虽然同位素稀释法原则上要求被测元素必须具备二个可测的同位素。但对于一些虽然只是单一同位素的元素（如碘），如具备长半衰期的放射性同位素（如^{129}I）时也是可以检测的。

（5）同位素稀释质谱法具有高的准确度和小的测量不确定度。

（6）全部实验过程的不确定度可以简单地计算。

1.6.9 有机试剂对信号的影响及消除方法

水溶液中加入一定量的可溶性有机试剂（如醇类、甲醇、乙醇）可以提升某些元素的灵敏度响应，这种现象被称为增敏效应。这种效应可以被用来提高某些特定痕量元素（如As、Se、I、Te等）的检出能力，但并不能提升所有分析物元素的检出能力。这种提升灵敏度的机理与有机试剂提升样品溶液的雾化效率和样品提升量有关。有作者提出更复杂的机理可能涉及到C^+离子的生成，以及C^+离子可以促进难离解原子（如As、Se）的离解，C^+离子在过程中起到过渡桥梁作用。这种机理也被用来解释在等离子体炬焰中引入甲烷，同样也可以观察到的增敏效应。增敏效应在实际应用时，常常是在空白溶液、标准溶液和样品溶液中加入同样比例的有机醇类试剂。

水溶液中加入有机试剂也可以观察到一些元素灵敏度下降的现象，这被称为抑制效应。这是有机试剂引入等离子体炬焰后，引起等离子体炬焰温度和电子密度的变化，过量的有机试剂的水溶液常常显示这种效应。

有机试剂被引入等离子体炬焰中后，有机分子键断裂可以产生游离碳，游离碳再电离，这个过程常常引起等离子体炬焰内过大的溶剂负载，早期晶体控制的自激RF发生器需要采用步进马达机械调谐空气电容来进行负载阻抗匹配，这种机械调谐匹配的速度比较慢，常因无法快速匹配引起等离子体炬熄灭。现在有采用频率调谐快速负载匹配的RF发生器可以减少这种现象的发生。

纯有机试剂进样时常常可以发现锥口积碳现象，积碳会造成检测信号不稳定，严重时会堵塞采样锥口、截取锥口以及中心管。积碳现象与有机试剂分子的含碳量和含氧量有关，含氧原子较多的有机试剂积碳较少，如有机醇类有机酸类的积碳现象要比烷烃类的要轻一些。碳链长的试剂分子要比碳链短的积碳严重一些。

积碳现象可以从等离子体炬焰的亮绿色内芯（由于C-C带和C-N带的激发光谱形成的）和锥口处亮红色的积碳中观察到。积碳问题可以通过雾化室端口加氧的方式解决，可以使用三通接头在雾化气管道加氧，也可以直接采用氩氧混合辅助气，也有使用三臂炬管上的接头直接加入氩氧混合气。加氧调试时需要控制加氧速率，使等离子体炬焰中的亮绿色内芯消失即可。过多地加氧也增加等离子体炬焰的负载，也容易影响信号的稳定性。

等离子体质谱与色谱联用时，采用的移动相或淋洗液中常含甲醇的缓冲溶液，含甲醇20%以下的水溶液一般不容易引起锥口积碳，从而不需要加氧，原因是水分子和醇类分子中含有足够的氧原子。

日常有机试剂分析时，需要进一步减少溶剂负载，半导体制冷恒温的雾化室可以减少进入等离子体炬焰的溶剂。一般有机试剂分析时雾化室被冷却到$-5°C$或$-10°C$左右。挥发性很强的有机试剂可以使用$-20°C$的雾化室。微流雾化器也被用来减少有机试剂的进样量，微流雾化器的实际进样量较少（$50\mu L/min$ 或 $100\mu L/min$ 的流量），但雾化效率较高。。中心管（Injector）可以采用小内径（如内径 1.0mm），用于加快气溶胶的线速度。另外也可以采用铂锥口来改善氧对锥口的腐蚀，蠕动泵管也改成耐有机试剂的蠕动泵泵管（如 Santoprene 管），普通的聚氯乙烯（PVC）泵管并不耐所有有机试剂。加氧需要配置 250mL/min 以上的加氧气体质量流量控制器（MFC）。

140°C 沸点以下的有机试剂可以使用膜去溶装置去溶剂，有机试剂在该装置里雾化，加热挥发处理，对流气体分子经过膜交换，可以除去大量溶剂分子，同时分析物得到很大的浓缩倍数，从而提高了分析检测的灵敏度。

有些有机试剂或有机样品（如血清，血浆）存在黏度的问题，有时在适当稀释后仍需要加入高纯表面活性剂（如曲通（Triton X-100），氮甲基三氟乙酸苯胺（TAMA）等）。

有机试剂检测在内标校正比较困难时也可使用标准加入法。在采用外标法时，也可以对空白溶液和标准溶液加入等量的醇类试剂进行碳量匹配和有机试剂的含量匹配。高粘度样品溶液可以采用平行通道的 Burgener Miramist 雾化器来改善分析精度。

高挥发性有机试剂（如汽油）的直接检测有一定的难度，容易引起等离子体熄灭。有文献采用三臂炬管，加入第四路大流量（250mL/min）的氧（20%）和氩混合气体，雾化室制冷到$-15°C$，采用微量（$20\mu L/min$）雾化器，仍可取得很好效果。

很明显有机试剂容易引入碳干扰。加氧处理积碳时也会增加氧化物干扰，这是有机试剂分析时需要注意的又一个问题，表 1.6-2 是列出了一些有机试剂和加氧处理后可能产生的干扰情况。

表 1.6-2 常见的有机试剂引起的多原子离子干扰

干扰物	m/z	被干扰元素
$^{12}C_2^+$	24	Mg
$^{12}C^{13}C^+$	25	Mg
$^{12}C^{14}N$	26	Mg
$^{40}Ar^{16}O^+$	56	Fe
$^{12}C^{16}O^+$	28	Si
$^{12}C^{16}O_2^+$	44	Ca
$^{12}CO_2H^+,^{13}CO_2^+$	45	Sc
$^{13}CO_2H^+$	46	Ti
$^{40}Ar^{12}C^+$	52	Cr
$^{40}Ar^{13}C^+$	53	Cr
$^{40}Ar^{12}C^{16}O^+$	68	Zn
$^{46}Ti^{16}O^+$	63	Cu
$^{143}Nd^{16}O^+$	159	Tb

1.7 ICP‑MS 分析方法的质量控制

1.7.1 仪器性能的质量控制

等离子体质谱仪器的分析性能在很大程度上取决于仪器的最佳化即调谐过程，因此需要经常对工作参数调谐（tune）来保证仪器的最佳性能指标。现代仪器的系统软件一般都带有自动调谐和仪器性能检测的程序，利用标准元素调谐溶液，仪器系统软件可以全自动完成测试，并生成标准的每日仪器性能试验报告（daily performance test report）。

仪器性能检测项目通常包括灵敏度（低、中和高质量数）、分辨率和信号峰位、仪器背景、氧化物离子产率、双电荷离子产率、以及短期稳定性等。

针对仪器的不同工作模式，许多仪器的系统软件也可以让操作者自己设定性能检测项目和检测项目的要求范围。仪器性能报告通常作为整个分析方法质量控制（quality control，QC）的基本文件，也日益成为对外实验结果报告的必要文件，符合良好实验室作业规范（good laboratory practice，GLP）的要求。

1.7.2 校准曲线的质控

1.7.2.1 校准曲线的线性回归

仪器定量分析大多是相对分析方法，需要使用系列浓度的分析物标准溶液组来建立浓度与信号强度关系的校准曲线（calibration curve）。多个标准溶液的校准曲线采用最小二乘法线性回归（linear regression），如标准溶液浓度为 x；分析物信号强度为 y；检测次数为 m。

一元线性回归校准曲线用 y 的平均状态为 $\hat{y}$ 的估计式，则 $\hat{y} = bx + a$

根据最小二乘法原理，最佳回归线是让 a 和 b 的估计值使 Q 值为最小。

$$Q = \sum_{i=1}^{m} (y_i - a - bx_i)^2$$

按数学分析对 a、b 求偏导并令其为零：

$$\frac{\partial Q}{\partial a} = -2 \sum_{i=1}^{m} (y_i - a - bx_i) = 0$$

$$\frac{\partial Q}{\partial b} = -2 \sum_{i=1}^{m} (y_i - a - bx_i)x_i = 0$$

解方程得：$\hat{a} = \overline{y} - \hat{b}\,\overline{x}$，$\hat{b} = \dfrac{\sum (x_i - \overline{x})(y_i - \overline{y})}{\sum (x_i - \overline{x})^2}$，其中：$\overline{x} = \dfrac{\sum x_i}{m}$，$\overline{y} = \dfrac{\sum y_i}{m}$，最终回归方程为：

$$\hat{y} = \hat{a} + \hat{b}\,x$$

一般线性回归的方法是假定在整个校准曲线浓度范围内，数据分析结果的精度是个恒定值，但在痕量分析时或在分析物浓度范围跨越较大时，可以在线性回归采用加权重处理方法来改善校准曲线性能。一般加权采用分析物浓度的标准偏差 SD 或相对标准偏差 RSD（如加权系数可以是 $w_i = 1/\delta$），偏差大的权重就考虑得较小。

设加权系数为 w_i，则

$$Q = \sum_{i=1}^{m} w_i (y_i - a - bx_i)^2$$

设 $\overline{x}_w = \dfrac{\sum w_i x_i}{m}$，$\overline{y}_w = \dfrac{\sum w_i y_i}{m}$，同样上述方程对 a、b 求偏导，并解方程得：

$$\hat{a} = \overline{y}_w - \hat{b}\,\overline{x}_w, \qquad \hat{b} = \frac{\sum w_i \, (x_i - \overline{x}) \, (y_i - \overline{y})}{\sum w_i \, (x_i - \overline{x})^2}$$

通常校准曲线采用强制过空白（blank）溶液数据点的方法，此时方程的常数项采用空白数据定值，空白数据点不参与回归处理。校准曲线也可以强制过原点（origin），此时回归计算时方程的常数项设定为零。空白数据点也可以被当作一般数据点处理一起回归，此时校准曲线不一定通过空白点。

1.7.2.2　相关系数

相关系数（correlation coefficient）是校准曲线的重要指标，等离子体质谱的分析物浓度 x 和信号强度 y 值被用于建立定量分析的二维线性校准曲线。相关系数 r 是用于表征 x 与 y 之间线性关系好坏的一个统计参数，可以下列公式来计算：

$$r = \pm \frac{\sum\limits_{i=1}^{n} (x_i - \overline{x})(y_i - \overline{y})}{\sqrt{\sum\limits_{i=1}^{n} (x_i - \overline{x})^2 * \sum\limits_{i=1}^{n} (y_i - \overline{y})^2}}$$

通常的分析方法要求校准曲线的相关系数 $r > 0.999$，痕量分析时因配制的标准溶液浓度偏低，相关系数的要求也可以降低至 $r > 0.99$。

1.7.2.3　线性校准范围

线性校准范围（linear calibration range，LCR）通常指仪器对某些分析物浓度的实际线性响应范围，以浓度为单位来表示，在同一台仪器同种工作模式上每种元素校准曲线的实际线性校准范围不一定相同。

检测器的线性动态范围（linear dynamic range，LDR）是单指检测器对分析物浓度的线性响应范围，一般以数量级来表示，如九个数量级。仪器校准曲线线性范围受到检测器线性动态范围的制约，但并不是说检测器线性动态范围就等同于仪器的线性校准曲线范围。

通常所说的仪器动态范围是笼统指仪器各种元素谱线线性校准曲线范围的浓度最大跨度范围，如 Na 元素谱线的高限响应可以至 1000mg/L，高灵敏度的 Tl 元素谱线最低检出限响应至 1ng/L，这时仪器的动态范围最大值被描述为 1ng/L 至 1000mg/L，被称跨度为 9 个数量级，但这并不等于说单种元素的响应一定能覆盖如此宽的线性浓度范围。

1.7.2.4　线性校准曲线的质控

线性校准曲线（linear calibration curve）一般要求除了空白标样点之外，最少采用 3 个不同浓度的标样点，线性范围经常关注到上限。美国 EPA200.8 规定：上限标样的实际浓度值与采用低浓度标样外推校准曲线的回读浓度值的相差应不超过 10%。另外被测样品浓度如大于上限值的 90% 时，则样品需要稀释后重新分析。

等离子体质谱在长时间内运行中，容易因各种原因，如锥口效应、峰位漂移（peak drift）发生信号漂移，所以需要经常进行校准曲线的质量鉴别。美国 EPA200.8 采用多种形式的标准溶液对校准曲线进行监测评估，如初始校准曲线鉴定标准溶液（initial calibration verification solution，ICV）（常采用校准曲线的中间浓度）、连续校准鉴定溶液（continuing calibration verification，CCV）、质量控制标样（quality control standard，QCS）、实验室控制标样（laboratory control standard，LCS）等。质控要求是这些标准溶液监测的结果落在标定值的±10％之内，否则需要重建校准曲线。

校准曲线质量鉴定时可以对标准溶液中的各种元素设定不同的限定值，也可以对全部元素设定一种相对百分比限值。在大批量样品分析时，如果校准曲线质量鉴别不能通过时，需要重新建立新的校准曲线组，长时间批量样品分析时可以建立多个校准曲线组（multiple calibration block）分段计算样品分析结果。

1.7.3　空白溶液的质控

空白溶液（blank）的质控非常重要。CNAS－CL10《检测和校准实验室能力认可准则在化学检验领域的应用说明》中指出每批次样品或每 20 个样品做一次空白质控，经实验验证试剂空白处于稳定水平时，可以减小空白试验次数。

平均空白（average blank）是指一个空白溶液多次检测的平均结果，或者是指多个空白溶液多次检测的平均结果。系统软件可自动计算这平均空白，用于校准曲线的建立，以及用于建立内标元素校准的起始点。同样对多个样品处理的试剂空白值也可以进行平均空白值的计算，同时对样品可完成平均试剂空白的扣除。采用平均空白可以最低限度地减小空白溶液在痕量元素分析时存在的较大信号波动。

美国 EPA 方法中对校准曲线进行质控所采用的空白溶液有：初始校准空白溶液（initial calibration blank，ICB）、连续校准空白溶液（continuing calibration blank，CCB）、实验室试剂空白溶液（laboratory reagent blank，LRB）、试剂空白（preparation blank，PB）（指样品制备时采用的试剂空白）。LRB 的检测浓度超过方法检出限（MDL）时，应该考虑实验室或试剂污染的存在。EPA6020 方法要求 ICB 的每种分析物结果应小于 3 倍的当时的仪器检出限（IDL），而 EPA200.8 方法要求 LRB 分析结果小于 2.2 倍的分析物 MDL，如果实验室连续发现空白溶液的检测结果偏大，则需要消除污染源和重新评估仪器检出限。

1.7.4　记忆效应的质控

记忆效应（memory effect）与整个进样系统上的样品残留有关，包括锥口、雾化器、雾化室、进样泵管、中心管、连接管接头等，甚至包括部分离子透镜如提取离子透镜。记忆效应的质控是采用记忆实验空白溶液（memory test blank，MTB）进行的，该空白溶液可含有一些日常样品的主量元素，检查在规定的冲洗时间里这些元素是否被过度检出。记忆效应主要是基体元素引起的，也有一些特殊的元素的记忆效应比较明显，如 B、I、Hg、Os 等。

1.7.5　干扰核查溶液

干扰核查溶液（interference check solution，ICS）是指该溶液中包含一些已知的对分析物干扰的元素。实际使用时用来考核对分析物谱线的干扰程度。环境类样品中可以采用氯化物来核查 $^{35}Cl^{16}O^+$ 对 $^{51}V^+$、$^{40}Ar^{35}Cl^+$ 对 $^{75}As^+$ 的干扰程度。用 Fe 元素来核查对同位素 ^{55}Mn 的干扰程度，确认合适的仪器分辨率。用 Mo、Zr、W 元素来核查它们的氧化物对 Cd、Hg 的干扰程度等。干扰核查溶液的配制可以按分析具体样品的类型和要求来选择不同的元素和浓度，并制定干扰限定值。当超过限定值时，应考虑是否采用合适的方法和不同的工作模式来抑制或校正干扰。

1.7.6　内标与内部稀释标样

内标（internal standard）信号用于监测仪器信号漂移的情况，同时补偿校正样品基体效应的影响。在样品中内标元素的信号强度如果下降到初始值的70%以下时，应该考虑样品的基体效应和锥口效应，如果是基体效应所致，则样品需要稀释5倍后再进行分析。如是锥口效应所致，除了样品稀释处理之外，还需要检查锥口情况，必要时可清洗锥口。如果质控分析中发现在空白或者标样溶液中发现内标元素的信号下降到70%以下，校准曲线组需要重新创建。EPA200.8则强调内标响应应在60%～125%之内。

内部稀释标样（internal dilution standard）可用来自动计算稀释校正因子，并用这因子来校正样品稀释的结果。内部稀释标样是在样品消化前加入某种元素标准溶液作为内标，消解定容后用水溶液标样测得其浓度，再与它的原始浓度相比较，可以计算出稀释因子。这稀释因子实际上考虑到了整个过程中的仪器的漂移情况，不是单纯的仪器方面回收率，是整个方法的回收率（method recovery）。与常规内标不同的是，常规内标是与工作曲线的第一个空白溶液进行比较的。而样品中的内部稀释标样一般是与第一个样品的内部稀释标样进行比较的。由于进行内部稀释标样校正前，首先是进行了普通内标校正，所以稀释校正与样品基体效应无关。内部稀释标样不能同时作普通内标使用。

1.7.7　内标回收率

在检测时，样品溶液中内标元素所产生的信号与原先系列标样中空白溶液内标元素所产生的信号的百分比称为内标回收率（internal standard recovery），又称为内标校正因子。内标回收率被用来表达和校正分析物信号受到样品基体效应，仪器锥口效应以及仪器漂移等等的影响。如果内标回收率降低至70%以下，同时仪器没有观察到谱线和信号的漂移，则需要检查样品的基体效应是否太强。值得注意的是在这状况下内标的校正不一定有效，另外分析方法的检出限也会变差。实际处理可按上述方法把样品稀释5倍（1＋4）重新分析，如果没有消除这问题，则需要再次重复稀释直至内标信号回收率恢复到70%以上。

1.7.8　分析方法的质量控制

1.7.8.1　检出限

IUPAC 把检出限（detection limit，DL）定义为某特定分析方法在给定的置信水平内从样品中可被检出分析物的最小浓度 c_L 或最小量 x_L。计算式如下：

$$x_L = \bar{x}_{bl} + K s_{bl}$$

等离子体质谱分析方法的校准曲线线性公式如下：

$$x_A = \bar{x}_{bl} + m c_A$$

又 $x_L = \bar{x}_{bl} + m c_L$，$\bar{x}_{bl} + m c_L = \bar{x}_{bl} + K s_{bl}$，如 $K = 3$

$$c_L = \frac{K s_{bl}}{m} = 3 \frac{s_{bl}}{m}$$

式中：$\bar{x}_{bl}$ 为空白平均值；s_{bl} 为空白值的标准偏差（standard deviation）；K 是置信因子，K 值由所希望的可置信水平所决定（通常取 $K=3$，置信水平为98%以上）；m 为在分析校准曲线低浓度范围内的斜率；c_L 为检测限；c_A 和 x_A 分别为分析物浓度和信号强度。

常用的浓度单位有：$1mg/L = 10^3 \mu g/L = 10^6 ng/L = 10^9 pg/L$。

早期惯用的浓度单位有：ppm（parts permillion）、ppb（parts perbillion）（1ppm＝

10^3 ppb＝10^6 ppt＝10^9 ppq）等，在国内正式文献中已经不允许作为分析化学的浓度单位使用。

1.7.8.2 仪器检出限

仪器检出限（instrument detection limit，IDL）一般被用来表示仪器具备最佳的检测能力，通常是采用空白水溶液或者稀的高纯硝酸空白溶液检测。仪器检出限在实际应用中，空白的测定次数以及日期等方面有所不同。如美国 EPA 200.8 标准方法指定采用建校准曲线用的空白溶液，测试次数是 10～11 次，取其 3 倍的标准偏差（standard deviation，SD）除以灵敏度，换算成浓度单位来表示。为了更准确地表达仪器检出限，提高检出限的重现性，美国 EPA 标准方法 6020A 采用了多日多次取平均值的方法。在 3 个不连续的工作日里，每天 7 次连续检测，每次 3 次重复检测空白溶液的标准偏差，每套标准偏差被用来求得平均值，最终以 3 倍平均标准偏差的浓度值为仪器检出限（IDL）。如果某些元素同位素采用了数学干扰校正公式，则在检测仪器检出限时要求同样被包括在内。美国 EPA6020 A 标准方法要求每 3 个月检测一次仪器检出限，以确保仪器性能。英国 DWI/NS30 饮用水水质标准则采用每批次随机检测的空白溶液标准偏差的 4.65 倍作为检出限。

1.7.8.3 方法检出限

方法检出限（method detection limit，MDL）应该是指特定分析方法中，分析物能够被识别和检测的最低浓度。目前方法检出限一般是采用样品全流程空白连续 10 次测定值的 3 倍标准偏差所相当的分析物浓度（常用 ng/L 表示），它和仪器检出限的不同之处在于测定溶液不一样，前者是分析方法流程空白，而后者是纯溶液的校准空白。对于流程空白值不高的情况来讲，方法检出限应该和仪器检出限差别不大。

在实际应用中，方法检出限也有采用方法定量限（method quantitation limit，MQL）或签约实验室要求检出限（contract required DL，CRDL）等表示，其计算方法也不太统一。比如方法检出限有用三倍的标准偏差表示，也有用十倍的标准偏差表示。方法定量限有用六倍或十倍的标准偏差表示。分析工作者应尽可能采用 ISO 规范或国际纯粹和应用化学联合会（IUPAC）所推荐的定义和命名法。

美国标准 EPA200.8 方法把方法检出限定义为在 99％可置信水平要求下的可识别、检测和报告的分析物最低浓度。采用实验室加标的空白溶液（laboratory fortified blank，LFB）来检测方法检出限。加标后空白溶液中分析物的浓度须为 2～5 倍于估计检出限（estimated detection limit）的浓度。加标空白溶液重复检测 7 次，按下式计算方法检出限：

$$MDL＝t×s$$

式中：s 为 7 次重复检测的标准偏差；t 为 99％可置信区内 $n-1$ 自由度的 student 值，7 次重复的 t 值为 3.14。

同时美国 EPA 标准方法提示，如采用上述方法需要进行不连续的多日（如 3 天）的检测，取其平均 MDL 值更为合适。另外，如果加标试剂空白溶液的检测结果的相对标准偏差＜10％，则视为加标过量，容易导致 MDL 结果偏低。

1.7.8.4 理论检出限

与等离子体光谱分析方法相似，等离子体质谱也可以计算理论检出限（theoretical detection limit），所谓理论检出限是在特定质量数位置上（如 50.5u、70.5u）检测空白溶液的标准偏差，再利用每种元素不同谱线的灵敏度来计算各元素的最佳检出限。这种理论检出限是用来估算仪器能达到的大致检测能力。

1.7.8.5 估计检出限

当空白背景信号不是很大时，标准偏差值大致等于背景信号的平方根值，这时可以用下式来计算估计检出限（estimated detection limit，EDL）。

$$EDL = \frac{3\sqrt{B}}{S}$$

式中：B 是空白溶液背景信号的平均计数值，在积分时间 1s 的情况下，此值等于每秒计数值；S 是灵敏度。

1.7.8.6 背景等效浓度

背景等效浓度（background equivalent concentration，BEC）是指空白溶液在待测元素质量处的背景绝对计数值相当的元素浓度值。

$$BEC = 待测元素的背景绝对计数值 / 方法灵敏度$$

背景等效浓度由于包含了方法的灵敏度因素，背景绝对计数值包含仪器本身的噪声信号背景，更重要的是包含空白样品溶液的污染背景、仪器的记忆效应背景、分子离子干扰背景等影响分析方法准确度的最重要因素，因此与仪器检出限相比较，它的多次检测的偏差较小，重现性好，可比较性强。而仪器检出限容易因实验条件不一致而变动较大，可比性较差。实验条件的变化包括仪器参数的设置或计算方法的不一致导致的灵敏度变化以及结果的不一致。

许多仪器软件在建校准曲线时，即以 y 轴的截距用灵敏度换算成截距浓度值（intercept concertration）来表达当前分析物谱线大致的 BEC 值。BEC 值也可以被用来估计检出限 DL：

$$DL = 3 \times RSD_{(空白溶液)} \cdot \frac{BEC}{100}$$

1.7.8.7 定量限

定量限［limit of quantitation，LOQ］是指特定分析方法中，分析物能够被识别、检测并报出数据的最低浓度，也就是说其置信度要比方法检出限更高。1984 年 IUPAC 对原子光谱中定量限的规定，是以 10 倍空白溶液信号值的标准偏差所对应的浓度值为定量限。有关 ICP-MS 专著也提议采用美国化学协会环境改善委员会 1980 提出的 10 倍的 SD 作为定量限。因此，目前一般是采用实验室全流程试剂空白连续 10 次测定值的 10 倍标准偏差所相当的分析物浓度为方法定量限。但也有采用不同的计算方法，比如，用空白溶液的 6 倍标准偏差对应的浓度值来表示。考虑到样品制备流程的不确定因素，方法定量限应采用 10 次独立空白溶液进行测定。BEC 较高的分析物应该将其加入到定量限更为合理。

在痕量分析中，也有采用系列稀释法判定分析方法的定量限，在多次稀释接近下限时，分析结果偏离标定值到限度（浓度值或偏差值）时就达到定量下限。

1.7.8.8 色谱联用检出限

等离子体质谱与色谱系统联用时，等离子体质谱仪相当于一个浓度检测器。如采用空白试剂溶液进样，其连续信号基本是带噪声的基线，故一般按色谱检测器的方法来计算检出限，常常采用 2~3 倍的信噪比（S/N）的浓度为检出限。

色谱联用分析的进样方法与原子吸收石墨炉的进样方法相似，是采用样品环或注射器定量注入样品溶液。所以与原子吸收石墨炉光谱的特征质量（characteristic mass）相似，色谱联用分析时也常采用最小检出量概念，数学表达式如下：

$$最小检出量（w）＝检出限（w/V）\times 进样体积（V）$$

常用的数量级单位有 $1g＝10^3mg＝10^6\mu g＝10^9ng＝10^{12}pg＝10^{15}fg$。

1.7.8.9 精密度

精密度（precision）是指在规定条件下，相互独立的测试结果之间的一致程度。

（1）平均值（mean，$\overline{x}$）是指 n 次检测结果的平均值。

$$\overline{x} = \dfrac{\sum\limits_{i=1}^{n} x}{n}$$

（2）标准偏差（standard deviation，SD）

$$SD = \sqrt{\dfrac{\sum\limits_{i=1}^{n}(x-\overline{x})^2}{n-1}}$$

（3）相对标准偏差（relative standard deviation，RSD，%）

$$RSD = \dfrac{SD}{\overline{x}}\times 100\%$$

（4）内精密度（internal precision）是指单次进样 n 次重复检测的标准偏差。相对内精密度指相对标准偏差。

（5）外精密度（eternal precision）是指 m 次进样、每次 n 次重复检测，外精密度 SD_E 采用各 n 次检测的每次平均值 $\overline{x}$ 来计算标准偏差。

$$SD_E = \sqrt{\dfrac{\sum\limits_{i=1}^{m}(\overline{x}-\overline{\overline{x}})^2}{m(m-1)}}$$

相对外精密度（RSD_E，%）　　　$RSD_E = \dfrac{(SD_E)}{\overline{\overline{x}}}\times 100\%$

1.7.8.10 准确度

准确度（accuracy）是指测试结果与被测量真值或约定真值间的一致程度。图 1.7-1 描绘了分析结果中常见的准确度与精密度的关系。值得注意的是等离子体质谱分析常常以正干扰为主，结果偏差也会是正偏离为主。另外含有机物的样品溶液可能引起部分元素的增敏效应（如 As、Se）也值得注意。

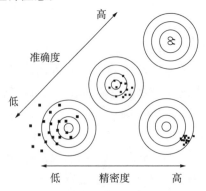

图 1.7-1　准确度与精密度常见的关系

1.7.9 实验室质量控制

实验室质量控制对于分析结果的可靠性非常重要，以下是基于EPA方法的质量控制措施。

1.7.9.1 加标回收验证

常用的分析方法质量控制是通过加标回收（spike recovery）实验来进行的所谓加标回收验证（spike recovery verification）。但加标回收实验的基础是分析物的分析谱线不存在质谱干扰，否则加标回收的实验结果无实际的验证意义。

加标回收实验的内容有多种：实验室加标试剂空白溶液（laboratory fortified blank，LFB）回收实验、实验室加标基体溶液（laboratory fortified matrix，LFM）回收实验、样品消解后加标回收实验（post digestion spike test，PDST）（after digestion spike test，ADST）等。

回收率计算公式为：

$$R = \frac{c_s - c}{s} \times 100$$

式中：R 为回收率，%；c_s 为加标后溶液中分析物浓度；c 为加标前分析物浓度；s 为分析物的加标量。

实际加标量视样品中的分析物含量而定，最新国家标准 CNAS-CL10：《检测和校准实验室能力认可准则在化学检验领域的应用说明》中指出，加标浓度应接近分析物浓度或在校准曲线中间范围，加标总量不应该显著改变样品基体。一般等离子体质谱进行微量和痕量分析时，加标量可以与样品中分析物含量接近或高于分析物含量（如 1~5 倍于分析物的含量），加标过高则无实际意义。当样品中的分析物含量接近方法定量限时，加标量也不宜太低。常量加标量可以是大于原分析物的 50%。

实际中如采用同一浓度的多元素混合标准溶液加标时，因各种元素的含量一致，而样品中各种分析物元素的含量常常高低不一致，这样并非所有元素的一次加标都能符合国家标准的要求，这样常常需要采用分组加标分组实验来检验加标回收率，但基本条件仍是分析物的分析谱线不存在质谱干扰。

美国 EPA200.8 和 EPA6020 规定，分析 20~30 种分析物时，LFB 溶液的加标实际回收率要求控制在 85%~115% 之间，对含基体的 LFM 溶液，回收率要求控制在 70%~130% 之内，而对 PDST（或 ADST）的回收率要求控制在 75%~125%。EPA200.8 规定，对于含基体的 LFM 加标实验，如实际加标量小于样品分析物的背景等效浓度的 30% 时，不需要计算回收率。

1.7.9.2 实验室重复样品

实验室重复样品（laboratory duplicates）是指采用二份同样样品，它们的样品采集存储是相同的，但分开进行检测分析，用于评估与实验室过程相关联的分析精密度。

重复性（repeatability）是指在重复性条件下（在同一实验室，由同一操作者使用相同设备，按相同的测试方法，并在短时间内从同一被测对象取得相互独立测试结果的条件），相互独立的测试结果之间的一致程度。

再现性（reproducibility）是指在再现条件下（在不同的实验室，由不同的操作者使用不同的设备，按相同的测试方法，从同一被测对象取得的测试结果的条件），测试结果之间的一致程度。

1.7.9.3 平行样品

平行样品（paired sample，PS）是用于评估分析方法的重现性（methods reproducibility）。平行样品一般采用二份或二份以上相同前处理的同一样品来评估重现性，平行样品的分析物浓度应该是检出限的数百倍以上，如 EPA 要求高于签约实验室检出限（CRDL）的200 倍。

1.7.9.4 相对百分差异

相对百分差异（relative percent difference，RPD）是美国 EPA6020A 推荐一种评估重复分析样品（duplicate sample）的质控要求指标。在同种基体同批次样品分析中，每分析 20 个样品后加入一个重复分析的样品。样品中分析物的浓度要求大于 100 倍的仪器检出限，则相对百分差异要求控制在 20％ 以内。

$$RPD = \frac{(D_1 - D_2)}{(D_1 - D_2)\ /2} \times 100$$

式中：D_1、D_2 分别为同一个样品的第一次和第二次重复分析的浓度结果。

1.7.9.5 系列稀释

系列稀释（serial dilution）实验被用于鉴别样品基体效应的影响。如果样品分析物的浓度是落在线性动态范围内，而且分析物浓度足够高（如最少 100 倍于试剂空白信号以上），则稀释 5 倍的分析结果应该落在原来测定值 1/5 的 ±10％之间。如果超标，则需要检查样品的基体效应或其他可能的干扰。美国 EPA 标准方法中的要求严格一些，要求同批次样品每 20 个同样基体的样品加测一个稀释样品。

稀释法也被用于鉴别分析方法的质量，样品溶液成倍系列稀释后分析物浓度应该成线性比例关系下降。这证明内标元素成功地校正了基体效应。

另外系列稀释法可以用于判断分析方法的定量下限，在多次稀释接近下限时，分析结果偏离标定值到限度（浓度值或偏差值）时就达到定量下限，这常被应用于痕量分析。另外也可以用于判断同量异位素和多原子离子的干扰。

1.7.9.6 标准参考物质

标准参考物质（standard reference materials，SRM）是指被公认的拥有证书值的标准样品，可以用于分析方法质量的评估，如中国的 GBW 标准参考物质、美国的 NIST 标准参考物质、欧盟的 BCR 和 ERM 标准物质等，这些物质的数据都经过了数个实验室数种不同分析手段的验证，均为有证书参考物质（certified reference materials，CRM）。

质控样品（quality control sample，QCS）或实验室质控样品（laboratory control sample，LCS）是指采用已知分析物浓度的加标试剂空白溶液或加标基体溶液，可以是从外部其他实验室获得的，用于实验室分析质量的控制或仪器性能控制。CNAS‐CL10《检测和校准实验室能力认可准则在化学检验领域的应用说明》中指出，可每批次样品或每 20 个样品做一次实验室质控样品。测定结果可建立质量控制图进行评估。经 LCS 实验证明检测稳定可靠的实验方法，可适当减小 LCS 的测试频率。

1.7.9.7 溯源性

实验室质控中涉及一个概念是溯源性（traceability），它是指一个实验结果的性质（property）可通过一些相连的检测比较环节（它们都拥有明确的不确定度），关联到一些颁布的参考标准，这些标准通常为国家或国际标准。

1.7.9.8 不确定度

不确定度（uncertainty）在分析检测的质控中起很重要的作用，在第 4 章中详细叙述。

1.7.9.9 实验室质量控制图

（1）实验室内部质量控制

实验室内部分析检测结果的质量控制常采用休哈特质量控制图（W. A. Shewhart，1924 年）来监控分析质量。分析实验室常用的质量控制图（quality control chart）是一种二维图，见图 1.7-2。与常规质量控制图相似，图中设定控制限（control limit，CL）或中心线（center line，CL），以及上、下警告限（up or low warn limit，UWL、LWL）和上、下控制限（up or low control limit，UCL、LCL）。分析质量控制的参数可以是样品总群分析结果的平均值，也可以是国家标准物质的标定值，它们的正负高低限可以分别是标准偏差 s 的几倍（如 $2s$、$3s$）。其他监控参数可以是样品的加标回收率、标准偏差和平行样品分析结果的差值等。

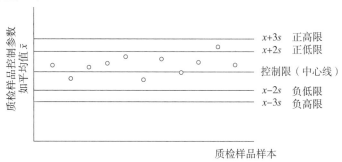

图 1.7-2 实验室检测质量控制

（2）实验室之间的质量控制

实验室之间的质量控制常采用尤登双样图（youden double samples chart）（1951），见图 1.7-3。主管中心实验室可以把二种分析物的浓度相近，样品性质组成和基体相同相似的质控样品 A、B 下发给下属 n 家实验室，各实验室可以采用相同仪器和相同方法检测质控样品。二种质控样品的分析物浓度相差不宜过大，以免样品基体引起质的变化；分析物浓度也不宜相差过小，以免受到分析方法和检测仪器所固有的分析精密度的影响。

用 A 样品浓度为纵坐标，B 样品浓度为横坐标作图。对各实验室 A 样品的检测结果 a_i 进行计算可获得总平均值 $\overline{x}_a$，同样通过 B 样品的结果 b_i 也可获得总平均值 $\overline{x}_b$，通过 $\overline{x}_a$ 点可以画出水平线，通过 $\overline{x}_b$ 点可以画出垂直线，二线相交成双样图的中心点。如果采用标准物质做质控样品，中心点就可以是二个样品真值的交叉点。通过中心点可以画出 45° 的交线。

通过中心点的二条相交水平垂直线把图分割成四个象限，各实验室提供的数据受随机误差的影响，其数据点可呈现均匀分布在四个象限内。如果实验室存在系统误差，一个质控样品的检测数据偏高或偏低时，另一个质控样品因为与前者样品的基体相同或相似，其含量也相近，也会出现结果偏高或偏低，数据点大多落在正正（＋＋）象限和负负（－－）象限内。而各实验室数据点靠近 45° 的对角斜线呈椭圆分布时，可提示系统误差分布的情况。

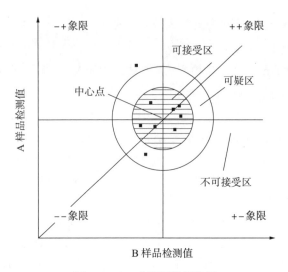

图 1.7-3 尤登双样质控图

在尤登双样图中每个数据点（如 A_i）到中心点的距离 A_iO 为该数据点的总误差，每个数据点到 45°对角线的垂直距离 A_iD 为实验室的随机误差，各数据点对 45°对角线的垂线交点到中心点的距离 DO 为系统误差。见图 1.7-4。

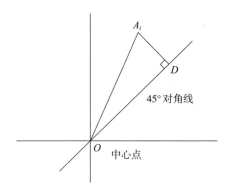

图 1.7-4 误差分析

各实验室检测结果汇总后获得二种样品各自的总平均值 $\overline{x}_a$、$\overline{x}_b$，以及各自的标准偏差 s_a 和 s_b。由于每个实验室的二种样品的浓度值接近，由于采用相同的测定方法和仪器，二种样品检测结果中的系统误差相同，故可以计算二个样品结果的差值 D_i，二个浓度结果相减时消除了系统误差，所以该差值 D_i 仅包括了检测时的随机误差。

$$D_i = |A_i - B_i|$$

利用差值可以计算 D_i 的标准偏差 s_d，这个标准偏差可以了解实验的精密度。

$$s_d = \sqrt{\frac{\sum_{i=1}^{n}(D_i - \frac{\sum_{i=1}^{n}D_i}{n})^2}{2(n-1)}} = \sqrt{\frac{\sum_{i=1}^{n}(D_i - \overline{D})^2}{2(n-1)}}$$

在圆心处以 1.1552 倍的 s_d 值为半径画圆，则各实验室数据点可以以 70% 的概率落在圆内，以 2.14488 倍的 s_d 值为半径画圆，则各实验室数据点可以以 95% 的概率落在圆内。用尤登双样图进行质量控制评估时，落在圆内的数据点为是可接受的，而落在圆外的测点认为是不可接受的，落在两圆之间的数据点则是可疑的（questionable），见图 1.7-4。

各实验室两个样品的结果 A_i 和 B_i 之和可表达为总结果值 T_i，总结果值包括了各实验室的系统误差和随机误差，可以利用总结果值计算总结果值的标准偏差值 s_w。

$$s_w = \sqrt{\frac{\sum_{i=1}^{n}(T_i - \overline{T})^2}{2(n-1)}}$$

则各实验室之间的系统误差 s_b 为：

$$s_w^2 = 2s_b^2 + s_d^2$$

$$s_b = \sqrt{\frac{(s_w^2 - s_d^2)}{2}}$$

双样质控图是以检测结果的浓度为评估的依据，图示可以比较直观地了解数据的质量，了解各个实验室的系统误差、随机误差状况，但进行准确的评估仍需要较多实验室的数据（如 20 个以上）。

参考文献

［1］Edmond de Hoffmann and Vincent Stoobant. Mass spectrometry principles and applications. third edition，Jonn Wiley & Sons，ltd.，2007.

［2］Johanna Sabine Becker. Inorganic Mass Spectrometry Principles and Applications. Jonn Wiley & Sons，ltd.，2007.

［3］Sleve J. Hill. Inductively Coupled Plasma Spectrometry and its Applications. Blackwell Pulishing，2006.

［4］Simon M. Nelms. Inductively Coupled Plasma Mass Spectrometry Handbook. Elakwell Publisng，2005.

［5］Grenville. Hollend，Dmitry Bandura. Plasma Source Mass Spectrometry Current trends and future Developments. RSC Publishing，2004.

［6］Robert Thomas. Practical Guide to ICP-MS. Marcel Dekker. Inc. 2004.

［7］Grenville Holland，Scott D. Tanner. Plasma source Mass spectrometry - application and emerging. Royal Society of Chemistry，2003 RS. C advancing the chemical sciences.

［8］Howard E. Taylor. Inductively Coupled Plasma - Mass Spectrometry，Practices and techniques. Academic Press，2001.

［9］Grenville Holland，Scott D. Tanner. Plasma source Mass spectrometry - new development and applications. Royal Society of Chemistry，1999.

［10］Akbar Montaser，Viley. Inductively Couple Plasma Mass Spectrometry. John & Sons，Incorporated. 1997.

［11］Akbar Montaser and D. W. Golightly. Inductively coupled plasmas in analytical atomic spectrometry. VCH Publishers，New York，1987.

［12］K. E. 贾维斯等著. 尹明，李冰译，殷宁万校. 电感耦合等离子体质谱手册［英］. 北京：原子能出版社，1997.

[13] 李冰，杨红霞编著. 电感耦合等离子体质谱原理和应用. 北京：地质出版社，2005.

[14] EPA Method 200.8，Revision 5.4（1994）.

[15] CNAS-CL10 检测和校准实验室能力认可准则在化学检验领域的应用说明

思考题

（1）作为离子源的等离子体炬焰具有哪些特点？

（2）等离子体质谱仪由哪几个大的部分所组成？各部分的作用是什么？

（3）等离子体质谱分析中常遇到的干扰有哪几类？常用的解决干扰的方法又有哪些？

（4）四极杆滤质器的重要特性有哪些？

（5）等离子体质谱的定量分析方法有哪几种？

（6）为什么等离子体质谱分析方法需要采用内标？

（7）选择内标元素有哪几个原则？

（8）什么样品需要使用标准加入法？标准加入法需要注意什么问题？

（9）同位素稀释法的原理是什么？

（10）什么是碰撞/反应池技术？

（11）什么是动能歧视功能？它如何才能实现。

（12）等离子体质谱仪的技术指标有哪些？其中哪些指标最重要？

（13）等离子体质谱分析方法中几种检出限定义之间有什么差异？

（14）含有机试剂的样品溶液分析时有哪些问题需要注意？

（15）飞行时间质谱仪的工作原理是什么？

（16）高分辨率扇形磁场质谱仪的工作原理是什么？

（17）等离子体质谱分析方法的质量控制包括那些方面？

（18）内精密度与外精密度有什么区别？

（19）重复性与再现性有什么区别？

（20）等离子体质谱分析方法的主要验证手段有哪些？

ICP-MS仪器设备与操作

2.1 ICP‑MS 仪器基本结构

等离子体质谱仪器基本结构（见图 2.1‑1）包括进样系统、离子源、接口、离子透镜、碰撞/反应池、四极杆滤质器、检测器、计算机数据处理系统。辅助系统包括真空系统、循环冷却水系统。

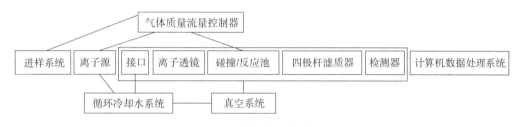

图 2.1‑1 等离子体质谱仪基本结构

2.1.1 进样系统

2.1.1.1 雾化器

ICP‑MS 常规溶液进样系统（sampling system）的前端由雾化器（nebulizer）、蠕动泵、进样管、内标管和排液管等组成。雾化器类型主要是气动雾化器，而样品溶液的提升方式有两种：一种是靠蠕动泵输送样品溶液的方式；另一种是自吸雾化器利用气体流动产生的文丘里效应（Venturi effect）自行提升溶液的方式。各种雾化器的结构示意图见图 2.1‑2。

（1）同心雾化器

ICP‑MS 中常用的是同心雾化器（concentric nebulizer）。同心雾化器以 Meinhard 雾化器为代表，由二个同心管组成，内管进样品溶液，外管进雾化气。它有 A、C、K 三种类型。A 型雾化器端口外管与内管切平（lapped），口端为平切口，适合常规应用。C 型为内管回缩，二个端口为光滑玻璃熔状（vitreous），适合于高盐基样品。K 型为外管内管分别都是平切，但内管回缩，适合低的氩气雾化气流的应用。此类雾化器有硼硅玻璃材料的，也有采用高分子材料的。早期设计的 Meinhard 雾化器的中心毛细管为长锥形，适合于大体积高速冲洗，对强记忆效应的元素的冲洗有利。

对于 ICP‑MS 来说，典型玻璃同心雾化器的雾化气流速为 $0.75L/min \sim 1.0L/min$，气流产生大约 165 kPa 的线压力。气流与毛细管平行，气流迅速通过毛细管末端，溶液由毛细管引入低压区，低压与高速气流共同将溶液破碎成气溶胶。与其他雾化器相比，同心雾化器

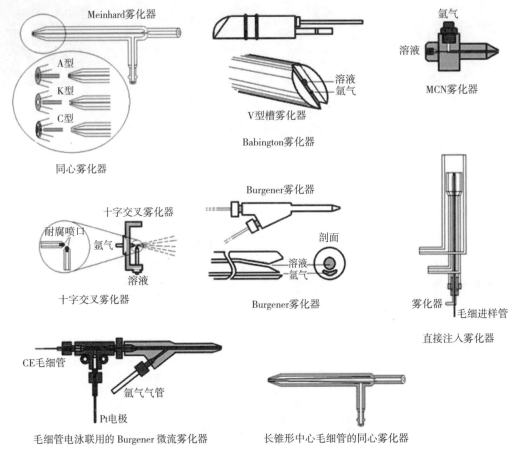

图2.1-2 各种类型雾化器

的文丘里效应较强,除了常见的蠕动泵进样外还经常被用于自吸进样,应用于高纯物的分析。

同心雾化器具有灵敏度高、稳定性好的优点,但是易堵塞、更换成本高、玻璃材质不耐氢氟酸。也有高分子材料做成的同心雾化器,可以耐氢氟酸,如 PFA 材质和聚胺(polyimide)材质的雾化器。

(2)巴比顿雾化器

巴比顿雾化器(Babington nebulizer)属于耐高盐雾化器,它是基于巴比顿效应即溶液在物体表面形成的液面被小孔气流吹散成雾状的雾化器。巴比顿雾化器有各种类型,常见的商品雾化器是由 Suddendorf 等提出的 V 型槽雾化器(V groove nebulizer),利用 V 型槽限制液体流动区域。V 型槽底开有二孔,上端较大的小孔引入样品溶液,溶液下淌在槽面形成液面,雾化气则从下端的小孔引入,气体把液面吹散成气溶胶,溶剂挥发和溶质结晶时在槽面而不在进样口,而且进样通道和进样孔的口径均较大,所以不容易堵塞进样通道。这适合于含固体量较高的样品溶液,但巴比顿雾化器的雾化效率较低,在 ICP - MS仪器中应用较少。

(3)交叉流雾化器

交叉流雾化器(cross flow nebulizer)也属于耐高盐雾化器。它是采用高分子材料制成,二个气液进管,气管水平轴向放置,样品溶液管垂直放置于气管端头下方。尽管也采用蠕动泵进样，但文丘里效应也帮助了溶液提升和雾化过程。二个进管通常在座上固定不变，进管端头采用蓝宝石材料的喷口（tips），增强耐酸碱的能力，优点是不易堵塞，缺点是雾化效率比同心雾化器的低。

（4）伯格纳雾化器

伯格纳雾化器（burgener nebulizer）是一种平行通道雾化器（parallel path nebulizer）。这类雾化器可以耐高盐溶液或浆类（slurries）样品，如黏度较大的血清血浆稀释溶液。常见的有 Mira mist 与 Ari mist 二种类型雾化器，前者进样量为 0.4mL/min～2.0mL/min，后者可微流进样，流量范围为 0.2mL/min～2.0mL/min（或更低 0.05mL/min～1.0mL/min）。这类雾化器可以由二种不同材料制成，一种是采用 Peek 材料，但不耐硫酸和 5% 以上的氢氟酸。另一种是采用 Teflon 材料可以耐高浓度的酸。

（5）微流雾化器

微流雾化器（microflow nebulizer）也称微量雾化器，其优点是雾化效率比较高，进样流量小，可以适用于一些特殊应用，缺点是容易堵塞。商品微流雾化器有 HEN（high efficiency nebulizer）、MCN（microconcentric nebulizer）、MM（micro mist）等。材质有玻璃的，主要用于有机试剂的分析，如 100μL/min。也有 PFA（perfluroalkoxy）材质的微流雾化器，大量应用于高纯微电子材料的分析中。PFA 微流雾化器流量有 20μL/min、50μL/min、100μL/min、400μL/min 几种，采用最小的死体积连接接头，连接的毛细管有多种选择，如 100μL/min、400μL/min、700μL/min 的毛细管并带接头。常规 PFA 微流雾化器的外径与常流量的 Meinhard 雾化器的外径相同，可以互换，可以适应于自吸或者用蠕动泵泵入样品溶液。可与毛细管电泳（CE）联用的 Burgener 微流雾化器（mira mist-CE），配有可与毛细管电泳的三通接口，拥有最小的死体积，带有电极，与毛细管电泳联用时可以接阳极电源。对于酒精流量可以小到 0.001mL/min。

MCN 雾化器也常采用 PFA 材质，MCN 雾化器因为流量小，雾化效率高，可无雾化室无排液，通过套筒管直接与等离子体炬管连接。直接注入雾化器（direct injection nebulizer，DIN）：1990 年出现直接注入雾化器，可用于微量样品直接注入进行分析，如毛细管电泳等联用方面的应用。

（6）超声波雾化器

超声波雾化器（ultrasonic nebulizer）见图 2.1-3，其工作原理与家用的超声波加湿机相同，高频电源施加到晶体上，产生超声波高频机械震荡，当样品溶液滴加到晶片上就被雾化，利用氩气载气把湿气溶胶引入等离子体炬焰中。超声波雾化器可以后接一级或二级去溶装置，一种是冷凝去溶装置，另一种是膜去溶装置。超声波雾化器提高了雾化效率，而去溶装置是促进去溶作用，浓缩分析物，所以二者的结合可进一步改善仪器的检出限。缺点是对溶解固体总量（total dissolved solids，TDS）太高的样品溶液不是很合适。

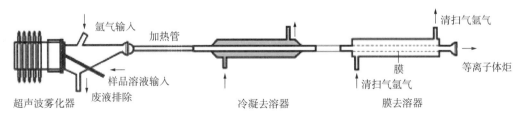

图 2.1-3　带二级去溶装置的超声波雾化器

2.1.1.2 蠕动泵

常规等离子体质谱仪器的标准配置是采用蠕动泵（peristaltic pump）恒速输送样品溶液或内标溶液，减小因样品溶液的物理性质不同（如黏度、表面张力、含盐量等）而引起的进样量的差异。蠕动泵同时也担负了废液的恒速排出。蠕动泵一般装有 8～12 个滚柱，采用较多的滚柱可以降低输液的脉动性。观察雾化室内气溶胶的传输（雾状）可以了解滚柱造成气溶胶的脉动现象。

蠕动泵管主要用于引进样品和内标溶液，同时排出废液。选用不同内径的蠕动泵泵管和在线的内标泵管也可以改变样品溶液的稀释比。

常用的泵管型号不同，采用的材料有区别，如比较常见的 Tygon 泵管，是没添加剂（additives）和增塑剂（plasticizer）的高纯热塑型塑料（thermoplastic），可以耐多种类型的酸，包括氢氟酸，但对部分有机试剂并不是很合适。PVC 泵管为热塑型塑料管，可以在一般实验室里运用。Silicone 泵管不适合盐酸和部分有机试剂，如煤油（kerosene）、二甲苯（xylene），但适合于 MIBK 试剂。Solvent Flex 泵管为热塑类塑料，采用 PVC 材料并加了增塑剂，可以适合煤油和二甲苯等石化产品。同时因含杂质很少，可应用于微电子级的试剂分析。Viton 泵管为 Fluorpolymerelastomer 材料，耐大部分腐蚀性有机溶剂和强酸强碱。Ismaprene 泵管含杂质多，不适合做进样管，但耐磨性好可以用作排废液管。Santoprene 泵管是三元乙丙橡胶链接聚丙烯的热塑性橡胶胶管，耐磨性特好。

商品蠕动泵泵管内径尺寸不同，用于配合不同的雾化器，不同的流速和不同的试剂。由于内标溶液是采用三通接头与样品溶液在线混合的，所以采用不同内径的泵管也可改变样品内标的混合稀释比。

微流雾化器除了自吸进样外，也可以采用蠕动泵和合适的泵管进样，降低堵塞现象。

2.1.1.3 雾化与传输

样品提升率（uptake rate）由蠕动泵速和蠕动泵泵管的内径所控制，常规样品提升率在 $100\mu L$～$1mL/min$ 左右，微量雾化器提升率可低到 $20\mu L/min$。

样品溶液传输效率（transport efficiency）指样品溶液在进样系统中被传输到等离子体的效率，传输效率包括雾化器雾化效率和雾化室的传递效率。许多实验室采用进样量与废液排出量来计算整个进样系统的传输效率。不过，虽然样品提升率增加后，仪器常表现出信号增强，但有实验表明，提升率增加 100 倍（如 $0.01mL/min$～$1mL/min$）而传输效率只增加 5 倍，这说明提升率增加时传输效率在下降。

气动雾化器产生的气溶胶液滴的大小变化范围很大，直径从亚微米到 30 微米。液滴颗粒在雾化室里由载气传递，液滴在传输中容易发生液滴聚集，液滴蒸发成小颗粒，大液滴碰撞雾化室壁或撞击球而丢失等过程，见图 2.1-4。在大的样品溶液提升率下，单位体积里的大液滴颗粒数增加，碰撞机会增加，所以传输效率并不增加。

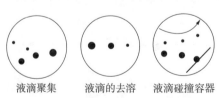

液滴聚集　　液滴的去溶　　液滴碰撞容器

图 2.1-4 液滴在传输过程中的变化

2.1.1.4　雾化器保养

同心雾化器容易被颗粒堵住，通常可用合适的酸浸泡（玻璃雾化器用浓硝酸浸泡。如果是耐HF的高分子材料雾化器，而堵塞的颗粒是含硅铝酸盐的，则可以用氢氟酸浸泡），然后再用去离子水冲洗，再用针筒注射器用导管连接雾化器，反向推水溶液，可以排除堵塞。简单排除堵塞的方法是直接利用仪器上的雾化气管道套在雾化器上进行反吹。值得注意的是同心雾化器（无论是玻璃材质、高分子材质或PFA材质）都不宜采用任何金属丝去捅。

交叉雾化器的喷嘴内径较大，而且耐较大的机械力，堵塞时可采用一头用酸腐蚀过，内径变细的金属丝去捅开，捅时仍需要注意对准兰宝石喷口（tips）的中心轴位置，以免把兰宝石喷口捅出塑料底座。

2.1.1.5　雾化室

早期商品仪器采用的雾化室（spray chamber）多数是双筒状雾化室（double pass spray chamber，Sccot类型），也有采用梨形带撞击球（impact bead或baffles）的单通道雾化室（single pass spray chamber）。现在有小体积的旋流雾化室（cyclonic spray chamber）。各种雾化室见图2.1-5。雾化室材质可以是石英玻璃、普通高分子材料或PFA材料等。双筒雾化室与旋流雾化室的组合雾化室被称为稳定进样雾化器（staber sample introduction spray chamber），一方面增加雾化效率，另一方面尽可能排除大的液滴，减小进样系统的噪声。比较适合高精度同位素比值分析，但在四极杆等离子体质谱仪中应用较少。

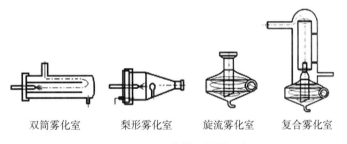

双筒雾化室　　　　梨形雾化室　　　　旋流雾化室　　　复合雾化室

图2.1-5　各种类型的雾化室

雾化室为了制冷去溶（desolvation），最早采用夹套水冷式雾化室。现代仪器大多数采用半导体制冷雾化室（peltier cooled spray chamber）。1821年德国科学家Thomass Seeback发现了珀耳帖效应（peltier effect），其原理见图2.1-6。电子从负极出发经过P型半导体材料，产生吸热现象，再到N型半导体释放热量。多个N和P电极串联使用，就可以在制冷面产生较大的制冷效应，这种半导体制冷元件加上测温热电偶和电子控温电路组成了珀耳帖制冷控温装置。该装置在实际应用中，在水溶液进样时，雾化室通常恒温控制在2℃～3℃，对于一般有机试剂可以恒温制冷到－10℃，对于挥发性极强的有机试剂需要冷却到－20℃。该装置的散热端可以使用循环水冷却或者简单风扇空气冷却。

半导体制冷雾化室实际达到二种目的，一种是制冷去溶，让更多溶剂冷凝下来，提高分析物的相对浓度，减少等离子体炬焰的溶剂负载，减少溶剂容易引起的多原子离子的干扰程度。另一种是保持恒定的雾化室温度和雾化效率，减小由仪器进样系统所引起的漂移。

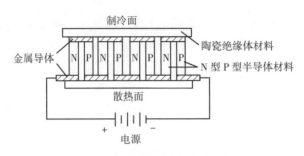

图 2.1-6　半导体制冷原理示意图

2.1.2　等离子体炬

2.1.2.1　等离子体炬管

等离子体炬管（plasma torch）有两种类型，分别以两位等离子体先驱者名字命名（Greenfield torch 和 Fassel torch）。目前被商品仪器采用的大多是基于 Fassel 类型的炬管，如图 2.1-7。

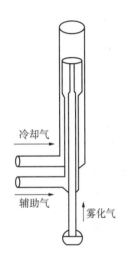

图 2.1-7　Fassel 类型的炬管

当前炬管大多采用三种气体：冷却气（cool gas）、辅助气（auxiliary gas）、雾化气或称载气（nebulizer gas, carrier gas）。冷却气体是在圆柱形炬管内的外切线方向输入，主要作用是冷却石英炬管，维持等离子体，并形成涡流以限制等离子体炬焰形状。该气体流量最大，基本设置在 12L/min～15L/min 左右，实际的气体流量设置与使用的等离子体 RF 功率有关，功率大时冷却气体也需要增加。辅助气是沿着炬管切线方向输入，平行地把炬焰底部推离中心管和中间管平面，保证高温等离子体与中心管喷口脱离，以避免中心管顶端熔化。雾化气（或载气）是供给雾化器完成样品溶液雾化并携带到等离子体的气体，雾化气的流量和压力与采用的雾化器类型有关，流量一般在 1mL/min 左右，压力一般在 1bar～4bar 水平，微量雾化器会出现压力较大一些的现象，超过平时正常的压力常意味着雾化器可能被堵塞了。载气也是打通等离子体炬焰中心通道的保证。有些进样系统使用补充气（make up gas），补充气可以在中心管（injector），炬座连接管或在雾化室的单独端口内引入，这常被用于微流雾化器系统，弥补低流量雾化气不足以打通等离子体炬的中心通道，也被用于冷等离子体炬焰的工作模式，进一步降低炬温。等离子体质谱与气相色谱联用时，在气相色谱上也有使用补充气的情况（也命名为 make up gas），用于补充气相毛细管柱子内的气体流量，起载气作用。另外还有一种起气溶胶稀释（aerosol dilution）作用的气体，被称为稀释气（dilution gas），这气体的输入端口往往可以与补充气的相同。

炬管有一体型炬管和可拆卸炬管两类。材料主要是石英玻璃，也有陶瓷材料的。可拆卸管主要配合耐氢氟酸中心管的使用。耐氢氟酸的中心管材料有铂材料、蓝宝石（sapphire）和普通氧化铝材料的，前两种用于特殊要求的高纯材料分析，如微电子材料。后者应用于一般性环境样品或者高温合金之类的样品。炬管基座也有 PFA 材料和普通高分子材料类型。屏蔽圈常用材料是金属镍，抗腐蚀性强的材料有 Ag、Pt 或铑铱合金。屏蔽圈上套有石英护套（quartz bonnet），用来防止接地的金属屏蔽圈与等离子体射频线圈短路，石英护套容易因等离子体炬不正常放电产生的金属溅射而污染，注意经常采用王水浸泡清洗，防止污染物导致的屏蔽圈短路。

2.1.2.2 二次射频放电

1982 年，Douglas 采用静电探测仪检测到等离子体对接地锥面的放电现象，被称为二次射频放电（secondary RF discharge）。射频（RF）线圈与等离子体之间存在着耦合电容，高电位的射频源（RF source）通过电容耦合可以使等离子体产生较高的电位（被估计在数伏数量级），这是引起对地（接地的锥口）放电的主要原因。

二次放电可以引起多种干扰现象：①产生的光子、亚稳态原子、快电子（fast electron）在质谱中造成非常高的连续背景；②产生更多来之锥口材料的锥口离子（orifice Ione，如 Ni^+），使该离子的背景信号增加；③加速锥口损耗；④提高了双电荷离子产率；⑤放电使得离子动量增加和离子能量分布的发散，造成四极杆滤质器的分辨率下降，丰度灵敏度变差；⑥造成高水平噪声。

锥室区内采样锥和截取锥之间也可发生小的晕光放电现象，它曾被设想是一些离子之间发生再结合的表现，这种锥间放电现象会随着二次射频放电现象的消除而消失。一般锥室内的离子-离子及离子-分子反应发生的机会较小，而锥口增压是另外一种碰撞反应应用的设计。

2.1.2.3 平衡射频驱动系统与非平衡射频驱动系统

为了消除等离子体的高电位以及二次放电现象，早期仪器设计利用了一种低电位水平的平衡射频源（balanced RF source）。平衡射频源指仪器采用了"中性射频线圈"，射频线圈中间接地，这又被称为中心接地线圈（center ground coil），线圈的二端输入 RF 振幅相同，但相位相差 180 度的射频源，这被称为平衡射频源，见图 2.1 - 8，也被称为中性射频源（有的商品命名为 Plasmalok 技术）。当振幅相同相位相反的射频在线圈中间相遇时，电势可以为 0 V，这被称为虚拟接地（Virtual ground）。这种射频源在相同时间段里，相位相反的正负交流电压相减的结果使等离子体耦合的平均电势降低，这样可消除等离子体的二次放电现象。

而非平衡射频源（unbalanced RF source）系统是指采用一端接地射频线圈的射频源。RF 线圈一端接射频源，而另一端接地，这样等离子体炬耦合产生的平均电势比较高。如果线圈的接地端靠近锥口的，被命名为前端接地线圈（front ground coil）。如果线圈的接射频源端靠近锥口，被命名为后端接地线圈（rear ground coil）。这两种射频线圈都归类于非平衡 RF 射频源（unbalanced RF source）。

1993 年，出现双电感耦合线圈系统（dual induction coil system），商品名为旋转交叉线圈（turner interlaced coils），见图 2.1 - 9。该装置是由一个前端接地的线圈和一个后端接地的线圈所组成，二个线圈几何安装上交互重叠，并采用平衡射频源驱动，二路相位相反的射频源振幅上相互抵消，同样可以减小等离子体的电势，抑制二次放电。另外采用这种交叉 RF 线圈的等离子体炬的紫外光发射强度试验，证明这种功率耦合传递效率比一端接地的 RF 线圈的高。

2.1.2.4 等离子体屏蔽系统

等离子体可以采用屏蔽圈（screen coil）对射频源的射频线圈（RF coil）进行屏蔽，

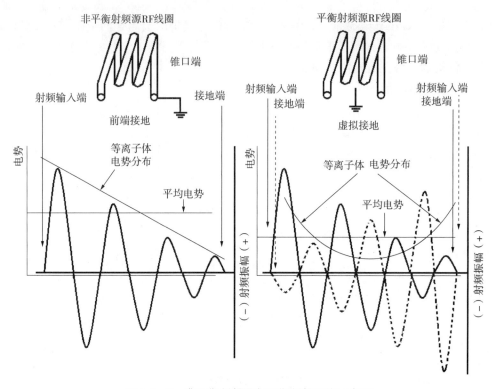

图 2.1-8 非平衡射频源与平衡射频源的示意图

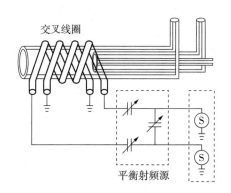

图 2.1-9 双电感耦合线圈系统

用于消除射频源通过电容耦合对等离子体炬产生的高电位，同时消除二次放电现象。

等离子体屏蔽（plasma screen）有两种工作模式：一种是在低的 RF 功率下采用屏蔽圈，所谓冷等离子体屏蔽（cool plasma screen）工作模式，用于改善低质量范围里的一些分析物离子的信背比。另一种是在常规的高 RF 功率下采用屏蔽，所谓等离子体焰屏蔽（hot plasma screen）工作模式。等离子体在屏蔽圈接地的屏蔽状态下处于低电势，产生的离子动能较低（可在 2eV～4eV），动能分布也狭窄（可控制在 0.5eV），这有利于随后离子光学系统中的离子聚焦和传输，可以获得很高的灵敏度，称为高灵敏度工作模式。

屏蔽圈是一种不封闭的金属圈，安置在炬管和射频线圈之间，见图 2.1-10。早期等离子体的屏蔽圈装置采用气动或手动插入屏蔽圈的二种方式，后期的设计则为永久性安装，采用接地（ground）和不接地（floating）方式进行切换使用。屏蔽圈工作在高温区域，因为等离子体的二次放电，容易受到侵蚀，常用的材料为镍或更耐腐蚀的贵金属，如银和铂。为了防止接地的屏蔽圈与 RF 线圈接触而短路和放电，通常在屏蔽圈与 RF 线圈之间加入石英护套（quartz Bonnet）。

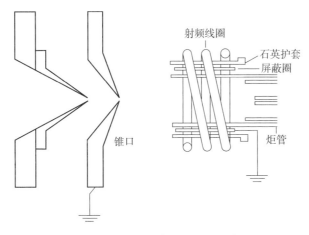

图 2.1 - 10　等离子体屏蔽系统

2.1.2.5　冷等离子体工作模式

采用低射频功率（450～600W 左右）的工作模式被称为冷等离子体（cold plasma，cool plasma）工作模式。在常规的高射频功率下，等离子体中存在大量的氩亚稳态离子（Ar^+），氩基多原子离子（$^{40}Ar^{16}O^+$、$^{40}Ar^1H^+$、$^{40}Ar^{12}C^+$ 等），它们在低质量数范围内形成很大的干扰背景。而在冷焰工作模式下，取代氩亚稳态离子和氩基多原子离子的是一些 H_3O^+、NO^+、O_2^+ 离子，这使背景干扰剧烈下降，极大地改善了一些分析物离子（如 $^{56}Fe^+$、$^{40}Ca^+$、$^{52}Cr^+$ 等）的信背比。同时在低的射频功率下，炬温度可以降低到 3000K 以下，此时低温也抑制了一些易电离低温元素（如 Li、Na、K 等）的背景信号，改善了信背比。

2.1.3　等离子体射频发生器

等离子体射频发生器（radiofrequency（RF）generator）分两种：一种是自激式射频发生器（free running RF generator）；另一种是晶体控制式发生器（crystal - controlled generator），也称他激式射频发生器。

2.1.3.1　自激式射频发生器

自激式射频发生器常使用的频率是 40.68MHz，发生器在震荡器部分使用一个反馈圈从 L - C 震荡回路中采集反馈信号，供给功放管的栅极，经功率放大后再输回给 L - C 震荡回路维持持续的震荡，见图 2.1 - 11，震荡回路除了小部分射频被反馈外，大部分射频采用电感耦合的方式输出到等离子体炬。自激式射频发生器对震荡和输出的二部分回路调试在稍不同的频率上工作，图 2.1 - 12 中是两种频率的状态，中间重叠部分是直接输出的实际功率。震荡器部分的频率由 L - C 震荡回路的电感电容所决定，而输出回路的共振频率除了有电路的电感电容所决定之外，还部分地受等离子体炬内的阻抗变化影响，如有机化合物进入等离子体，RF 线圈的负载增加，会引起输出部分的共振频率下降（向左移动），促使二个峰叠加得更多，使输出功率增加，从而维持等离体不熄灭。

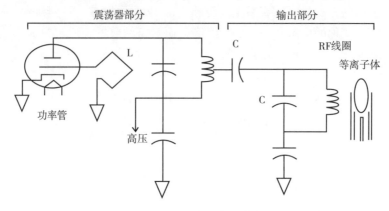

图 2.1-11 自激式射频发生器

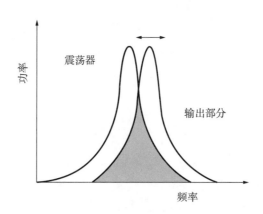

图 2.1-12 自激式射频发生器的功率输出

2.1.3.2 晶体控制式发生器

晶体控制式发生器又称为他激式发生器，其激励信号是取之晶体震荡回路。而自激式发生器是取出部分自己输出的信号反馈到输入端来循环维持震荡，见图 2.1-13。

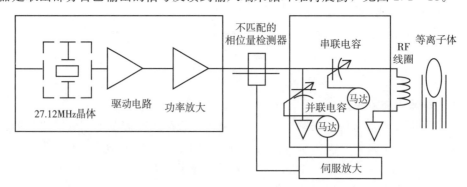

图 2.1-13 晶体控制式射频发生器

当交流电场加入石英薄片晶体二面的电极板上时，晶体因压电效应产生谐振，外加交流电场频率与石英晶体的固有自然频率一致时，谐振最大，信号很容易通过，而其他频率的信号被衰减。所以当石英晶体被串联在震荡器回路中就形成了晶体振荡器，晶体起了稳频的效果。典型石英晶体振荡器工作频率是在 13.56MHz，末端输出的信号被倍频器倍频后得到规定的频率 27.12MHz。

晶体震荡器结合驱动电路来产生一个高频信号，然后被功放电路放大，最后用低阻抗的射频电缆输出到等离子体 RF 线圈。这种发生器常采用机械装置来进行阻抗匹配，即采用二个伺服电机调谐二个电容来匹配等离子体的阻抗变化。等离子体炬的阻抗因某种情况（如负载）发生变化，这种不匹配的变化立即被相位或量的检测器探测出来，并被伺服放大器放大再驱动伺服马达调谐匹配电容，直到重新恢复阻抗匹配，如果不能及时匹配，等离子体炬焰将会被熄灭。

2.1.3.3　固态电路发生器

随着大功率的晶体管和场效应管的发展，1984 年固态 RF 发生器（solid - state RF generator）被推向等离子体质谱仪器市场。固态电路主要是指电路中采用晶体管和场效应管代替了电子管，晶体管激发模块的输出高频震荡信号，通过连续几级推动放大，最终被多个大功率场效应管并联完成功放后输出到等离子体炬。

全固态电路采用低压直流电源，不需要像电子管那样配置几千伏的阴极直流高压电源，没有电子管灯丝寿命的问题，功耗较小，价格也便宜，RF 发生器的体积由此也急剧减小，所以目前全固态电路 RF 发生器已经被广泛应用于等离子体质谱仪器上。由于 RF 发生器的功放系统不是具备百分之百效率的，仍有相当一部分功率以废热形式释放，所以固态电路仍需要有效地进行水冷却或者风冷却。

2.1.3.4　固态电路发生器的变频阻抗匹配

近期一种锁相环电路（phase lock loop，PLL）被等离子体 RF 发生器的震荡器和驱动电路部分所采用，形成固态电路发生器的变频阻抗匹配（frequency impedance matching）见图 2.1 - 14。等离子体 RF 线圈前端是匹配网络，匹配网络的输入与输出信号的信号相位相差 90 度，任何等离子体 RF 线圈负载变化引起的阻抗变化，会产生一个输入输出信号的相位变化，它被反馈到相位检测器，从而改变振荡器的输出频率，频率摇曳（swing frequency）变化在 ±1MHz 内，这样可以快速维持稳定的 RF 功率以适应负载的变化，这种方式被称为变频阻抗匹配。这种匹配方式没有采用机械伺服电机改变空气电容的机械机械过程，所以可以快速适应等离子体炬负载的急剧变化（如有机试剂与水溶液之间的切换）。

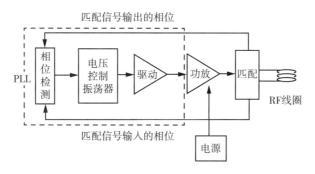

图 2.1 - 14　变频阻抗匹配原理图

这种电路与变频（variable frequency）电机采用变频器（inverter）改变频率和电压的调速方法有很大的差别。

各种射频发生器必须符合联邦通讯委员会（federal communications commission，FCC）法规的要求，拥有良好的辐射屏蔽装置和单独的地线接地。

2.1.4 等离子体质谱仪的接口

等离子体质谱仪的接口（interface）是等离子体源和质谱仪的连接部件，接口包括采样锥（sample cone）和截取锥（skimmer cone）两种，见图2.1-15。接口锥处在高温区域，需要循环水系统进行冷却。由于锥体直接接触高温、腐蚀性试剂及气体，所以是消耗品。

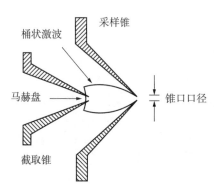

图2.1-15　锥体结构

锥体设计关键参数是孔径与形状，主要考虑在等离子体炬焰中离子采集的位置和聚集离子效率，减少冷锥面上多原子离子的形成和进入，以及减少锥口的积盐现象和减小样品基体的进入。锥孔设计有所不同，它与离子透镜系统的设计和真空系统的配置相关，曾一度形成小锥孔和大锥孔的二种类型的仪器，这种分类当时主要指截取锥的孔径。

锥体和工作模式的设计也与一些应用领域的国际标准和要求相关。如国际环境分析标准要求在常规标准模式下降低 ArO^+ 离子的干扰，保证^{56}Fe 的较低的检出限，由此一些特殊锥口和工作模式先后问世，如 Xi、Xt 截取锥口的设计和特殊 T 模式锥口再加机械真空泵的工作模式。另一种 S - Option 工作模式的设计也与响应于高纯试剂高纯物的高灵敏度痕量分析要求有关。

锥体有以下不同的设计，见图2.1-16。

（1）单角度与双角度的采样锥，主要考虑采集离子效果的不同。

（2）采用铜质底盘的采样锥与强调散热有关。

（3）采用长通道的锥尖，命名为 T 模式的截取锥，在锥尖口长通道内有离子反应，配合 T 模式可以改善^{56}Fe 的背景等效浓度。

（4）三锥接口（triplecone interface，TCI），在三锥接口中增加的截取锥称为超截取锥（hyper skimmer cone），三锥系统采用二步压降，采用二步的锐角度进行离子截取。第三个锥的锥角更小，可有效地减小锥后离子束的发散，减少锥后的质谱系统的污染。

（5）带基座的更尖锐截取锥口的设计与提高锥尖温度，降低锥口分析物的堆积，降低低质量数的背景，以及增加耐盐度有关。而一般锥口的基座是采用普通合金材料制成而非高纯镍，这与制造成本方面的考虑有关。也有的基座采用铜合金材料来增强散热效应。

（6）带开旁孔的嵌片（insert）的截取锥锥口，影响气溶胶的传输途径，改善锥口的积盐现象。同时对嵌片中心通道可采用不同厚度的设计，直接影响离子的汇聚，改善离子传输，提高仪器灵敏度。

（7）开狭缝的采样锥和截取锥锥口，是一种特殊设计的锥口，狭缝用于输入碰撞/反应气体。

由于锥口在采集样品气溶胶时，样品盐分容易沾污锥口，严重时堆积到锥口，沾污物中易电离元素容易再次电离进入质谱系统引起高的背景。抑制这种现象的方法是提高锥口温度，见图 2.1-17，更尖锐而且突出的锥尖显然是有利的。另外一种方法是采用正电场离子提取模式，减小锥口堆积物产生的低动能离子进入质谱系统的可能。

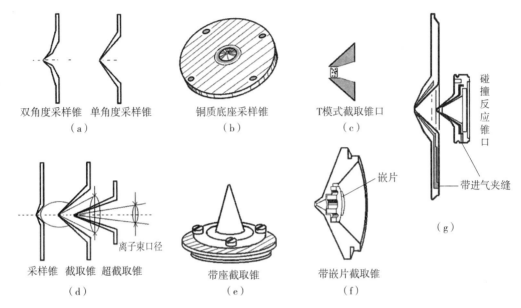

双角度采样锥 单角度采样锥
（a）

铜质底座采样锥
（b）

T模式截取锥口
（c）

碰撞反应锥口
带进气夹缝
（g）

采样锥 截取锥 超截取锥
离子束口径
（d）

带座截取锥
（e）

嵌片
带嵌片截取锥
（f）

图 2.1-16　各种锥体结构示意图

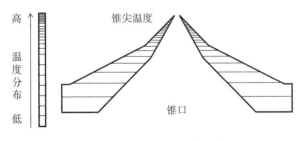

高
温度分布
低

锥尖温度

锥口

图 2.1-17　锥尖的温度分布

常规锥体是采用高纯镍材料制成的，铂金材料的锥口具有较低的 Ni 离子背景，主要用于高纯物质痕量分析。另外铂金的高度惰性也被应用于耐 HF 进样系统、硫酸磷酸试剂的分析，以及需要加氧的有机试剂分析。采样锥一般采用石墨垫片密封和导电接地。

样品溶液（含盐）经过高温等离子体后，容易在锥口冷界面上形成氧化物的堆积，即积盐现象（如 Ca、Al、Si、稀土以及其他金属元素的氧化物）。也有形成的是盐，如海水溶液引起的 NaCl 堆积。积盐现象会造成分析物信号和内标信号逐渐下降，但在一定时间后可以得到平缓，这种现象是盐分堆积与挥发达到平衡的表现。实际分析高盐溶液时可先吸喷一定时间的高盐溶液，如 NaCl（而对一般应用可采用 $300\mu g/L$ 的 Ca 溶液），让盐分的堆积蒸发达到一定的平衡，再进行实际分析，这被称为锥口脱敏，钝化或调理（condi-tioned）。

接口锥的清洗可根据实际需要而定，即依据不同批次的样品种类和分析元素而定看。接口锥的清洗方法分两种：一种是采用湿棉花蘸氧化铝抛光粉或者抛光细沙纸擦洗，擦洗时要小心锥尖，保持锥尖形状，特别是铂金锥，然后用去离子水超声波清洗，最后电吹风吹干或自然干即可。另一种是常用的酸洗（或水洗），锥口朝上放入装有2%～5% HNO_3溶液（或去离子水）的烧杯里，再放入超声波水浴锅里，超声5min左右即可拿出，再用去离子水超声水洗，然后电吹风吹干或自然干备用。镍锥面上的暗黑色是金属镍在高温下形成的致密氧化物，可不清除。国外许多实验室常采用温和的清洗剂，如2%的Citranox溶液洗锥。铂锥比较软，锥尖变形后可用适合的锥形模具进行修整。

2.1.5　离子透镜

2.1.5.1　提取透镜

离子提取透镜（extraction lens）位于截取锥后面，是离子束最先接触的离子透镜（ion lens）部件。离子提取透镜有单离子透镜和双离子提取透镜，双离子提取透镜可以采用组合式提取电压，如一个采用零电压另一个采用负电压提取离子。离子提取有多种提取模式，如前面叙述过的负提取模式、正提取模式或零电场提取模式。

虽然各种离子提取透镜的孔径设计不同，易沾污程度可以不同，但长时间高基体样品溶液的运用下都需要清洗，所以离子提取透镜一般装在常压区里方便拆卸，平时被滑阀（slide valve）隔离在真空室外。

2.1.5.2　聚焦透镜

离子束在传输的过程中离子因相互碰撞容易产生发散，聚焦离子透镜（focusing lens）用于抑制离子发散，改善离子动能的分布。聚焦离子透镜可以是单个离子透镜或多个离子透镜的组合（iens stack）。

单离子透镜的质谱仪系统可不采用离子提取透镜，单个离子透镜实际为聚焦透镜，配合接地的挡光板，针对不同质量的分析物离子，动态地选择不同的正电场进行聚焦，这个过程由软件自动执行，施加的电压也由软件自动优化，特点是对全质量范围内的离子采用最佳聚焦电场，简单有效，而对基体离子适当可以降低其进入的量。这类透镜被命名为自动透镜（autolens）。图2.1-18是离子聚焦透镜的电压与离子信号关系的示意图，其中离子信号强度归一化处理。图中可以看出不同质量数离子聚焦效果与离子透镜上施加的电压有关。

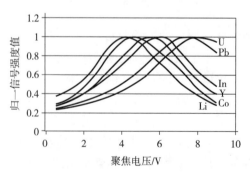

图2.1-18　离子聚焦电压与离子信号强度的关系

离子透镜组通常由多个片状或筒状离子透镜组成，他们可以被施加负电场。如水向低处流动一样，负电场引导正离子顺电势低的方向飞行，使离子具备向前运行的动能。两个被施加不同负电场离子透镜之间可以形成弧型的电势等位线（curved equipotential contours），在两个施加负电场的离子透镜之间，弧形电势表面形成离子聚焦，见图2.1-19。

与单个施加正电场的离子透镜相似，离子透镜组中的个别透镜也可被施加正电场，正电场直接压挤发散的正离子回到离子光学的中心轴，完成聚焦。尤其在碰撞/反应池内离子束受到碰撞反应气体碰撞时发生发散，施加正电场的离子透镜可以明显促使离子聚焦，改善离子传递效率和离子动能分布。

与单离子透镜相似，质量数不同的离子在相同离子透镜组的条件下可有不同的传输效果，这是引起质量歧视效应（mass discrimination）的原因之一。在多个离子透镜工作参数调试（tune）过程中，一般对轻中重质量的元素常采用折中条件来适应于多元素同时分析。也可针对个别困难的元素进行特别优化，单独采用个性化参数。

电势等位线

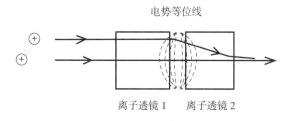

离子透镜1　　离子透镜2

图2.1-19　离子透镜的电势等位线

2.1.5.3　差压孔板或小孔板

在离子光学系统中差压孔板（differential pumping aperture）起到类似光谱狭缝的作用，差压孔板是接地的，聚焦镜把离子聚焦后通过到差压孔板中的小孔，而散射离子和中性分子被最大限度地挡在外面，避免它们撞击极杆产生背景噪声。另外小孔板（aperture）把真空室隔成第二级真空与第三级真空，故命名为差压孔板。差压孔板前面为第二级真空区，板后面的真空区为第三级最高真空区，这样有利于四极杆和检测器的工作。小孔板也可与偏转镜和聚焦镜等一起组合形成组件。

2.1.5.4　光子挡板

早期等离子体质谱仪采用同轴离子光学系统时，使用光子挡板（photon stop）或影子挡板（shadow stop）阻挡光子和中性分子通过，降低噪声，离子受电场引导绕过挡板后前行，但离子损失50%以上。图2.1-20中，离子光学系统，前端采用了光子挡板，随后是Einzel离子透镜组（Einzel lens）与Bessel盒（Bessel box）的组合结构，其中Bessel box中间也采用了光子挡板。

2.1.5.5　离子偏转镜

离子偏转镜（deflect lens，deflector）主要作用是让离子束偏离入射中心轴，让光子和其他中性分子仍按入射的中心轴飞行，但最终被离子偏转镜或小孔板所反射或阻挡，这样达到了离子与光子和中性分子的分离。图2.1-21是两种典型的偏转镜示意图（如商品名Omega lens和Chicane lens）。

2.1.5.6　90°离子偏转光学系统

运用圆弧形离子透镜（cylindrical condenser）的静电场可以使离子偏转（见图2.1-

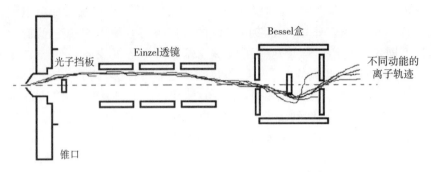

图 2.1-20　离子透镜系统中的光子挡板

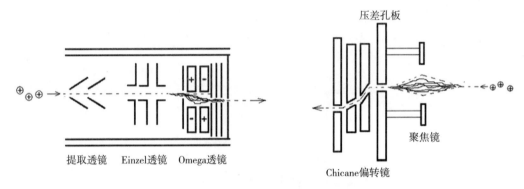

图 2.1-21　两种典型的离子偏转透镜系统

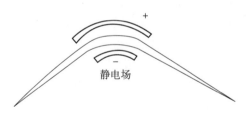

图 2.1-22　圆弧形离子偏转透镜

22)，高分辨扇场磁质谱仪中利用其作为离子动能分析器（kinetic energy analyser）。适当地进行通道几何设计也可以完成方向聚焦（direction Focusing）。在圆弧形离子透镜上施加静电场时，离子在静电场 E 中将按半径 r 的轨迹运行。

如果离子电荷 $z=1$，$zE=\dfrac{mv^2}{r}$，则离子偏转半径 $r=\dfrac{mv^2}{E}$。

由于引入的离子动能 $E_{动能}=\dfrac{1}{2}mv^2$，所以离子偏转半径 $r=2E_{动能}/E$。

这种离子透镜系统被四极杆等离子体质谱仪用来促使离子偏转，让中性分子和光子偏离离子光学的中心轴，降低仪器背景噪声和降低中性分子对离子透镜系统的污染程度。

为了降低噪声，同时保证离子传输效率，现代商品仪器的设计都逐步开始采用90°偏转的离子光学系统。1996年和1998年，四极离子反射镜（quadrupole ion deflector）的美国专利报告相续问世，见图 2.1-23，四个极杆被施加直流电场后可以促使离子90°偏转。

2003年，90°离子镜（90°ion mirror）的美国专利报告问世，90°离子偏转镜是由 4 个相互隔离的圆弧状电极组成环状偏转镜，见图2.1-24，形成的曲面电场可以让离子束90°偏转同时被聚焦，光子和中性分子直接通过环中心，减少对随后质谱系统的污染。2004年，出现弯曲的离子导向杆（curved fringing rods）专利见图2.1-24，而后二者被结合应用，完成高效率离子引导偏转和汇聚。2005年这种结构出现在90°偏转的商品仪器（Varian 800系列）中。

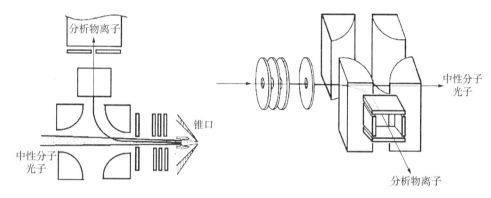

图2.1-23　四极杆离子反射镜的平面图和实体图

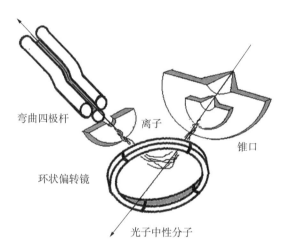

图2.1-24　环状的四极离子偏转镜和弯曲型四极离子导向杆

2010年，四极离子偏转镜（quadrupole ion deflector，QTI）与一种复合型的四极杆通用池（universal cell）并联结合，出现在PE Nexion300系列商品仪器中，见图2.1-25。

2012年，另一种采用高负偏压的90°离子偏转镜，其商品名为整体直角离子偏转镜（one piece RAPID lens）见图2.1-26，它与平板四极杆碰撞/反应池串联使用，出现在Thermo iCAPQ系列商品仪器中，促使离子90°偏转和三维聚焦，在获得高灵敏度的同时保持低的背景噪声。

2.1.5.7　多极杆离子传输系统

多极杆（multipole）也被应用于离子的传输中，单独施加射频的多极杆可以促进离子的飞行，同时促使发散的离子束聚焦，并起离子导向的作用。实际应用时，被加上一定的偏置直流电压。

四极杆预杆常被加在四极杆滤质器的前端，有的在后端也加，有助于离子束在进出四

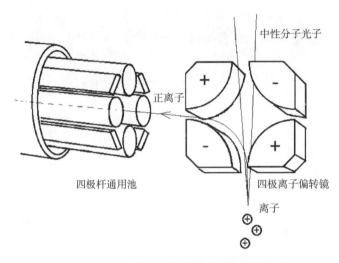

图 2.1 - 25　四极离子偏转镜和四极杆通用池

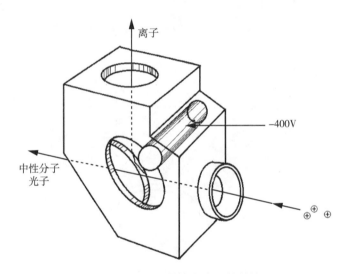

图 2.1 - 26　整体直角离子偏转镜

极杆滤质器的前后被重新聚焦。

　　其他多极杆（如六极杆或八极杆），见图 2.1 - 27，被应用于碰撞/反应池中，同样起离子导向作用，促使被碰撞/反应气体撞散的离子重新聚焦。多极杆指由二二相对的极杆所组成的装置，如六极杆、八极杆和四极杆。碰撞/反应池内用的四极杆可以是平板面的，也可以是圆柱面的，它们形成的电场势基本相似。

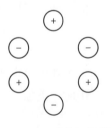

图 2.1 - 27　多极杆示意图

　　多极杆单独加上交流射频电场后可以帮助所有离子的传输，使离子在极杆内震荡向前运动，减少离子间因碰撞而造成的发散现象，确保离子在较低的真空区域内（常常是在碰撞/反应池内）得到较好地聚焦。这样有助于提高离子传输效率，因此被称为离子导向器（ion guide），也称为射频离子镜。但实际处理时都被加上小幅度固定不变的直流偏置电压，这种电压形成了一种场轴电势（field axis potential），它是对射频电源振幅的一种补偿，是沿着多极杆中心轴的，它与交流射频电场一起对离子束中的所有离子起一种缓冲作用，使动能大的离子减速，动能小的离子加速，从而完成对离子束的聚焦和引导作用。有的四极杆反应池也采用附加的极板形成场轴电势，称为轴场技术（Axial Field Technology，AFT）。

也有采用弯曲的多极杆进行离子导向，不带电的中性粒子和光子不能进行偏转而被排除。

2.1.6 碰撞/反应池

2.1.6.1 碰撞/反应池的池体结构

碰撞/反应池（collision/reaction cell）基本上由桶状的池体构成，二端留有小孔让离子进出，池体安装在四极杆质量分析器之前。池体壁上通入池气体，维持比池外真空压力稍高的增压状态。池体内装有多极杆和离子透镜。

高级多极杆（六极杆、八极杆）上单独施加射频电场后，在轴向拥有更宽的稳定区，传输质量范围较宽的离子，在碰撞/反应池里被用于减小离子碰撞后的散射，完成离子引导过程。四极杆被施加射频电场和直流电场，可以形成不同的较宽的质量数带通，在反应池中被用于滤去强反应气体产生的大量副反应簇离子。

1997年，商品等离子体质谱仪器中最早出现的是离轴型的（off axis）六级杆碰撞池（CC）（Micromass公司），见图2.1-28（a）。

1999年，出现的四极杆动态反应池（DRC）（Perkin Elmer公司的Elan 6100 DRC）保持为原同轴离子光学系统，见图2.1-28（b）。2001年出现轴场技术（Axial Field Technology，AFT）的四极杆反应池，（Perkin Elmer公司的Elan DRC plus）见图2.1-28（k）。

1999年，出现的六极杆碰撞反应池技术（CCT）（Thermo Elemental公司的PQ excel）采用池后的偏转镜（命名为Chicane deflector），故整个离子光学系统为离轴型，图2.1-28（c）。

2001年，出现离轴型（off axis）八极杆碰撞反应池（ORS），同时采用池前的离轴型Einzel离子透镜（Agilent公司的7500C），图2.1-28（d）。2002年同样采用池前的离轴型Einzel离子透镜，但八极杆碰撞池为同轴（on axis）的仪器上市（Agilent公司的7500Cs，7500Ce），图2.1-28（e）。

2004年，出现双轴（dual axis）六极杆碰撞池（GV公司的Platform XS），除了双轴的特殊设计外，还采用了戴利检测器（Daly detector），图2.1-28（f）。

2005年，出现了采用碰撞反应接口（collision reaction interface，CRS）的仪器（Varian公司820），图2.1-28（g）。

2010年，出现四极杆通用池技术（universal Cell Technology，UCT），同时采用了四极杆90°离子偏转系统（Perkin Elmer公司的NexION 300系列），图2.1-28（h）。

2012年，出现采用平板四极杆技术（flatapole technology）的碰撞反应池（Q Cell），也采用了90°离子偏转系统（Thermo Fisher公司的iCAP Q系列），图2.1-28（i）。

2012年，出现二个四极杆系统中间串联碰撞池的仪器（Agilent公司的8800系列），图2.1-28（j）。

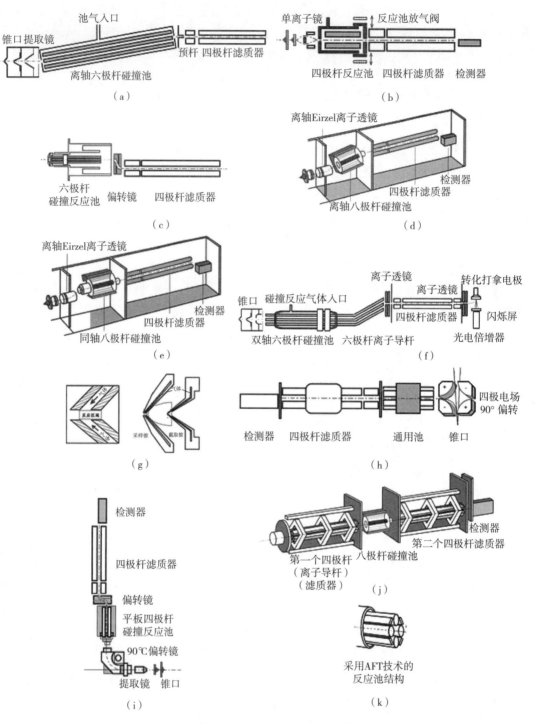

图2.1-28 各种碰撞/反应池的结构示意图

2.1.6.2 碰撞池与反应池的区别

　　早期反应池与碰撞池有较大的差异，它们的区分可以建立在池的工作热特征上，而不是简单地区别于使用气体的不同。在反应池内，由于近热化（thermalized）的离子动能分布，分析物干扰物与反应气体的反应速率相应于热平衡系统所测量的值，反应池常采用较高的池压，碰撞机会更多，离子动能差异减小，高的反应气体压力促使平衡反应向产物方向进行。而碰撞池通常工作在非热化系统中，池压较低，离子可以保持较高的动能和动能差异，反应是以简单机械碰撞所产生的碰撞诱导解离反应（CID）为主。故二者的差异主要可以归结为池体操作压力。反应池为了不同工作模式之间的切换，增加了放气阀的设计，以便快速排气。

现代的碰撞/反应池设计趋向于灵活性和多元化，可以分别采用反应气体、碰撞气体或者混合气体，根据实际需要灵活地改变池工作模式和工作参数。反应气体主要有 NH_3、CH_4、H_2、O_2 等，碰撞气体有 He、Xe、Ne 等。混合气体（如 H_2/He、NH_3/He、O_2/He）中的 He 气为缓冲气体（buffer gas），在加压池系统中缓冲气体与离子多次碰撞，对离子束中的离子起到一定程度的热化（thermalization）作用。

商品仪器的碰撞/反应池的命名有强调技术特点的，如动态反应池（dynamic reaction cell，DRC）、碰撞池技术（collision cell technology，CCT）、八极杆反应系统（octopole reaction system，ORS）。也有简单命名，如采用平板四极杆的碰撞/反应池（Q cell）。还有无池体结构的命名，如碰撞反应接口（collision reaction interface，CRI）。

2.1.6.3 碰撞/反应池的机理

（1）动能歧视效应

动能歧视（kinetic energy discrimination）与质量歧视（mass discrimination）是质谱学里常见的二种不同效应。质量歧视效应被四极杆滤质系统中用来鉴别具有不同质荷比的离子，而动能歧视效应常被用于在四极杆与多极杆串联的系统中，用于区分具有同样质量而动能有差别的离子。

相同质量的多原子离子与分析物离子的动能常常存在差异，这与离子的传输和生成有关。一般在等离子体炬中生成的多原子离子，因其体积较大与低真空区域中的残余气体分子碰撞机会较多，或者在碰撞/反应工作模式下与碰撞/反应气体的碰撞机会较多，离子动能容易减弱，造成与分析物离子的动能差异。离子动能差异也与离子的生成有关。分析物离子在等离子体中生成，然后经氩气载送并被真空系统抽取，再经离子透镜系统提取，因此动能一般稍大。而在池体内因反应气体的碰撞反应或在传输过程中不同离子因碰撞生成的多原子离子的动能比较小，体积比较大，再受进一步受气体的碰撞，因而动能进一步减小。

在多极杆（包括低级多极杆，如四极杆）与四极杆串联的系统中，前后端极杆上分别被施加不同的极偏置电压时，会有不同的离子输出效果。当后端四极杆上的偏置电压（pole bias）比前端多极杆偏置电压（multi pole bias）稍负一些时，可以促使离子通过，这与水向地势较低的方向流动相似。当后端四极杆上的偏置电压比前端多极杆上的偏置电压稍正一些时，可以发现只有具备一定动能的离子才能通过。这好像筑成了一个能量栅栏（见图 2.1-29），阻挡了低动能的离子通过，实现了一种动能歧视效应。

动能歧视效应可以运用在碰撞/反应池模式也可以运用在正常工作模式中，动能歧视效应可以通过改变多极杆与四极杆滤质器的偏置电压差，来抑制多原子离子的干扰，改善分析物的信背比。在等离子体质谱仪器中，离子传输过程中的动能变化见图 2.1-30。

动能歧视效应与碰撞/反应池内的真空程度有关。当池体输入气体较多而处在低真空度时，也就是处于热力学的热化（thermalization）条件下时，离子因过多的碰撞使离子动能均化，不再呈现动能的差异。另一方面过多的碰撞也容易导致强的发散效应，使离子的传输效率降低，所以保持相对较低的池压这对动能歧视效应是重要的。在强调气相化学平衡反应的反应池内，为了促使平衡反应向生成物方向进行，反应气体一般采用较高的流

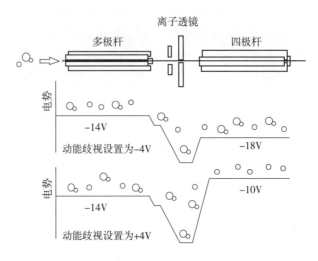

○○ 动能较低的多原子离子；○ 动能较高的分析物离子

图 2.1-29　动能歧视原理图

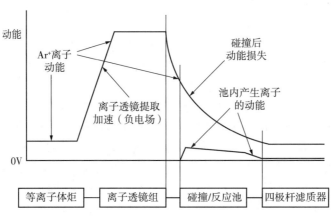

图 2.1-30　离子在传输过程中的动能变化

量，使池压增加，此时局部真空度变差，离子的动能差异显著减小。

仪器工作模式分两种模式。碰撞/反应池中输入低流量的碰撞或反应气体，池压较小，各种离子的动能差异仍然存在，故可以利用动能歧视效应，被命名为动能歧视工作模式。当碰撞/反应池中输入高流量的碰撞或反应气体时，池压升高，离子的动能差异丧失，被命名为反应池工作模式。

（2）碰撞聚焦效应

碰撞/反应池技术的主要附带特征是碰撞聚焦（collision focusing），包括能量聚焦，空间聚焦。分析物离子在传输过程中，容易因空间电荷效应造成离子发散。能量聚焦是由于进入池体的分析物离子与气体碰撞产生能量均化引起，离子能量分布宽度降低。能量聚焦与每次射频 RF 循环的碰撞数，离子中性粒子质量以及多极杆的工作参数等有关。能量聚焦可以改善仪器的分辨率和同位素丰度灵敏度。与能量聚焦一致，离子因碰撞移向多极杆轴心形成空间聚焦。碰撞聚焦的效果是灵敏度明显提高。随着池体内气体的进一步加入，分析物离子信号虽然会较快下降，但背景干扰信号下降得更快，从而改善了分析物的信背比。

（3）轴向电场技术

四极杆反应池使用一种轴向电场技术（axial field technology，AFT），在反应池内配置宽度轴向变化的 4 个电极板（见图 2.1-31），分别被加上轴向线性加速的正电场（linear accelerating field），这种技术形成一种轴向加速电场效应。在近乎于热平衡的反应池内，被传递的离子与进入池内的反应气体分子多次碰撞后容易产生大的发散，而轴向正电场可以抑制这种发散，这种电场参数与动态变化的四极杆带通设置进行组合调谐，可有效地控制池内的反应，降低基体效应，提高灵敏度同时改善信号稳定性。

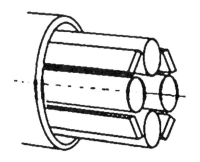

图 2.1-31   采用 AFT 技术的反应池

2.1.7   四极杆滤质器

四极杆杆的切面可以是正圆形，也可以是双曲面型。双曲面制作较困难，但有利于形成更完整的双曲面电场，而双曲面电场影响四极杆滤质器效果的主要参数是同位素丰度灵敏度。

四极杆被安装在绝缘的瓷质材料架子上，以方便导入和隔离射频电源和直流电源，也让四极杆对热变化容易保持高度的空间稳定性。四极杆的制作材料也通常采用热稳定性较好的材料，如纯 Mo 材料或外层镀金的陶瓷材料。早期四极杆滤质器在前后端都加置四极杆预杆，是为了让分析物离子进出时进一步聚焦，现在基本上只采用前端加四极杆预杆。

2.1.8   检测器

2.1.8.1   电子倍增检测器

典型的电子倍增检测器（electron mutiplier detector）拥有 20 多个打拿电极，并被前后分成两组，见图 2.1-32，形成两种检测模式：一种是脉冲计数检测（pulse counting detection）或离子计数检测（ion counting detection），另一种是模拟检测（analog detection）。二组打拿电极的中间端被抽头输出一个鉴别信号，当遇到高计数信号时（如 $>10^6$ cps）检测器自动切换到模拟检测模式，随后电极被接地，阻挡电子进入下一组电极，中间电极产生的电流在电阻上生成电压信号输出，继续通过电压频率转换器（V/F converter）转化成脉冲信号，再经脉冲/模拟信号校正因子（P/A factor）转换后输出。当信号较小时电子继续进入随后的打拿电极继续被倍增放大，最终被收集电极采集，再经过斩波器去掉本底噪声后输出。信号强度以每秒计数值的单位（counts per second，cps）输出。

在保持输入同等浓度的分析物离子达到电子倍增器的情况下，改变施加的电压，检测器呈现不同信号响应，随着施加的电压上升信号也上升，最终达到一个平台（plateau），见模拟图 2.1-33，其拐点（knee point）常被定为检测器电压的最佳设定值。随着使用时间的推移，图中信号响应曲线也向右移动，造成检测器灵敏度下降，所以常常需要重新设

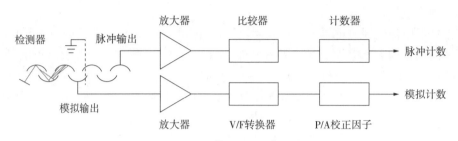

图 2.1 - 32　电子倍增检测器的示意图

定，以获得最佳灵敏度。

　　双模式的电子倍增器，因为二种模式的信号线性响应不一致，所以需要对二种模式进行交叉校正（cross calibration），也称其为脉冲/模拟因子调谐（P/A factor tuning），或外部校正（extrenal calibration）。

　　二种模式的信号交叉区域是指在某种浓度范围内，检测器产生的信号是二种模式可以同时检测的重叠区域。这样检测器进行交叉校正时需要采用较浓的多元素标准溶液（如 $50\mu g/L\sim100\mu g/L$ 的浓度），以便产生较大的检测信号进入模拟和脉冲二种模式的交叉区域内。

　　软件采集各个元素在二种模式的不同信号响应值，二者的比值即为交叉校正因子，见图 2.1 - 34。经交叉校正后检测器二种模式各元素信号响应的线性校准曲线应该重叠。

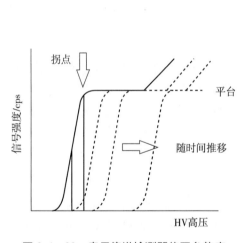

图 2.1 - 33　电子倍增检测器的平台效应

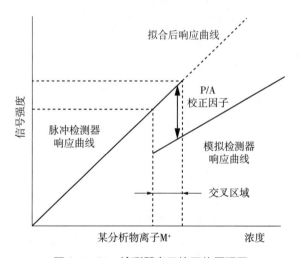

图 2.1 - 34　检测器交叉校正的原理图

　　交叉校正使用的元素溶液的元素种类一般是有限的，为了获得整个周期表中所有元素的校正因子，仪器软件需要对已获得的一些元素交叉校正因子，按元素质量数分布后，进行高次曲线的拟合，利用拟合生成的曲线［见图 2.1 - 35（a）］可以计算出没有参与检测的元素在相应质量数位置上的校正因子。也有采用插值法［见图 2.1 - 35（b）］计算相邻数据点之间的不同质量数元素的交叉校正因子，减小拟合所产生的误差。这些曲线图中的各个数据点可以被有选择性舍去或利用，曲线被重新计算，这样可以影响不同质量数位置上的校正因子，改善分析结果的准确度。

　　也有的软件在实际做样品时，利用实验结果中样品在这二种检测器上面的不同数据，获得所谓内部校正（internal calibration）的校正因子，这类校正因子是对检测器外部校正的补充，但不能代替外部校正，这校正因子也可以临时被套用在其他实验的结果中进行直接计算，可以改善校准曲线的线性和分析结果的误差。

电子倍增检测器通常不推荐自己清洗，但有时候遇到因真空系统问题某种污染出现时（如真空泵油，很脏的空气），可以尝试清洗来改善性能。拆洗需要在干净的实验室里戴手套头套等，防止真空系统部件的再次污染。检测器可以使用 AR 级或 HPLC 级以上的庚烷溶剂（heptane），超声清洗 10min，更换溶剂后重复清洗二次。室温干燥后，在大气压下100℃烘烤 3h，温度必须控制在小于 120℃。

检测器因关闭真空系统或者其他原因没有得到干燥的氩气回充，可以因潮气或空气颗粒物（air borne）沾污而产生背景噪声过大灵敏度降低时，可以进行除气（out gassing）过程，就是在真空系统开启后达到规定真空度后，再过 24h 后，逐渐增加检测器的电压，逐渐增加电压的过程时间控制在 30min 以上。

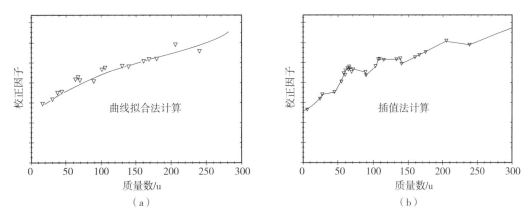

图 2.1-35　检测器交叉校正因子的不同计算方法

2.1.8.2　扫描脉冲计数检测器

2001 年出现了扫描脉冲计数检测器（scanling pulse - counting detector），见图 2.1-36，被称为全数字脉冲计数检测器（all digital pulse - counting detector）。这种检测器扩展了脉冲检测器的动态响应上限，使之超过 10^{10} cps。

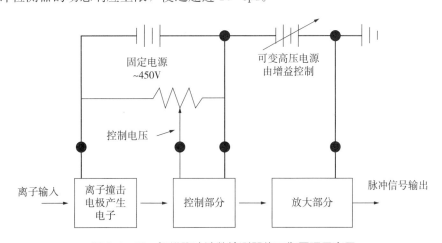

图 2.1-36　扫描脉冲计数检测器的工作原理示意图

检测器的第一部分是离子在打拿电极上产生离子与电子之间的转化，电子再经几级打拿电极的倍增放大，确保离子的输入与信号衰减过程有个完全分离，这是减小与离子质量数关联影响（mass dependence effect）的基础。扫描脉冲计数检测器的控制部分是采用一个特殊电极，这个电极上面施加一定的电压可以影响电子到后级放大部分的传输效率。当电压动态变化时，检测器的有效离子检测效率（ion detection efficiency）从 90％（用于低的离子通量到 0.01％（用于高离子通量）相应变化。

这种扫描脉冲计数检测器在输入 10^{10} cps 的高离子流通量情况下，只产生 10^6 cps 脉冲计数，这种检测器的有效计数率超过传统脉冲计数倍增检测器的 10000 倍。也就是说检测器经衰减后仍工作在传统倍增检测器的脉冲计数的范围内，但工作动态范围扩大了。

2.1.8.3　戴利检测器

戴利检测器（Daly detector 或称 Dynolite detector）是一种基于光电倍增管的检测器，这种检测器使用寿命长，而且没有脉冲模拟二种模式之间的转换因此不需要交叉校正，见图 2.1－37。戴利检测器采用镀铝的阴电极吸引离子，离子撞击电极后溅射出电子，电子接着撞击闪烁屏（scintillator）转化成光子，被光电倍增管检出放大输出。但使用戴利检测器的等离子体质谱仪器并不多见（如 GV 公司的仪器 Platform XS）。

2.1.8.4　死时间及校正

在脉冲计数检测系统中，能被区分并记录的二个脉冲信号的最小时间间隔，称为死时间（dead time），见图 2.1－38。检测器系统的死时间受到电子倍增器的脉

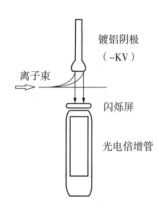

图 2.1－37　戴利检测器

冲宽度和脉冲计数电子数据系统的复位时间两种因数的制约。从电路上分析，当脉冲信号水平跌至鉴别器限定水平以下时，比较器再进行复位来迎接第二次脉冲信号，这样检测系统产生了死时间。

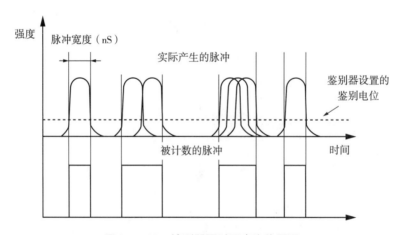

图 2.1－38　检测器死时间产生的原理

脉冲计数检测系统分二种类型：可崩溃（paralyzable）系统和不可崩溃（nonparalyzable）系统。可崩溃系统中在前次离子撞击产生的死时间内，随后第二个离子撞击不能被

计数，并再次产生它自己的死时间，这样扩展了可被观察到的整个死时间。不可崩溃系统离子的撞击直接产生死时间，再次进入离子的撞击不被计数，也没有产生新的死时间。

在高浓度分析物情况下检测器系统的死时间特性可产生计数信号的丢失，所以需要对检测器系统进行校正，在等离子体质谱仪中检测器系统采用的死时间校正公式如下：

$$I_\tau = \frac{I_o}{(1 - I_o \cdot \tau)}$$

式中：I_τ 为真实的离子计数值；I_o 为实测计数值，τ 为死时间。

一般元素定量分析时，可直接使用仪器死时间的缺省值（如 30ns），在需要同时检测高低浓度的同位素时（如同位素比值分析、同位素稀释分析），需要对死时间设定值进行校正，通过实验确定最佳死时间设定值。

校正时可采用混合的二种同位素标准母液配制成系列不同浓度的溶液，检测观察不同浓度溶液的同位素比值变化，改变仪器上的死时间设定，直至同位素比值不再随浓度变化而变化时，这死时间设置即为校正后的最佳死时间。

2.1.9 真空系统、气体控制系统、循环冷却水系统

等离子体质谱仪器的真空系统由分子涡轮泵和机械真空泵所组成。所有的质量分析器都必须在高真空状态下操作，真空泵是所有质谱仪的"核心"部件。质谱技术要求离子具有较长的平均自由程，以便离子在通过仪器的途径中与另外的离子、分子或原子碰撞的几率最低，真空度直接影响离子传输效率、质谱波形及检测器寿命。真空度越高，待测离子受到干扰越少，仪器灵敏度越高。

在一个大气压下，离子的平均自由程仅有 0.0000001m，这样的平均自由程离子是不能走远的。而真空度在 10^{-6}Pa 时，平均自由程为 5000m，因此，质谱仪必须置于一个真空系统中。一般 ICP-MS 仪器的真空度在 10^{-4}Pa 时，离子的平均自由程为 50m。

ICP-MS 采用的是三级动态真空系统，使真空逐级达到要求值：

（1）采样锥与截取锥之间的第一级真空约 10^{-2}Pa，由机械泵维持；

（2）离子透镜区为第二级真空（10^{-4}Pa），由扩散泵或涡轮分子泵实现；

（3）四极杆和检测器部分为第三级真空（10^{-6}Pa 以上），由扩散泵或涡轮分子泵实现。

2.1.9.1 分子涡轮泵

分子涡轮泵（turbomolecular pump）（见图 2.1-39）的工作原理是高速运转的叶轮将动量传给气体分子，使气体产生定向流动而产生抽气效应。高速运转的分子涡轮的泵轴处在悬浮状态，所以仪器平时不使用时尽量仍保持真空系统的正常运行。分子涡轮泵的转速一般被设定为恒速（如设置在 1000Hz）来维持一定的真空度，如真空系统因阀门的开闭或碰撞/反应池的进气量的变化而引起系统的负载变化，此时系统的监测和控制电路可提升或降低电机的供电电流来维持泵速。

2.1.9.2 旋片机械真空泵

旋片机械真空泵（rotary pump）（见图 2.1-40）主要由定子、旋片、转子组成。在泵腔内偏心地装有转子，转子槽中装有两块旋片，由于弹簧弹力作用而紧贴于缸壁。转子和旋片将定子腔分成吸气和排气两部分。

当转子在定子腔内旋转时，周期性地将进气口方面容积逐渐扩大而吸入气体，同时逐渐缩小排气口一侧的容积将已吸入的气体压缩并从排气阀排出。排气阀浸在油里以防止大

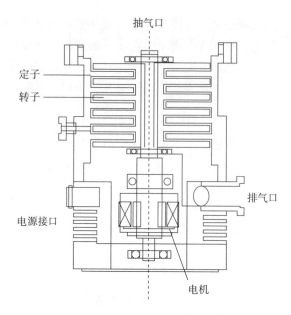

图 2.1 - 39　分子涡轮泵的结构

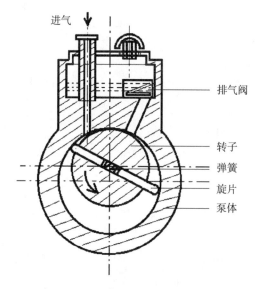

图 2.1 - 40　旋片机械真空泵的结构

气流入泵中。泵油通过油孔及排气阀进入泵腔,使泵腔内所有的运动表面被油覆盖,形成了吸气腔与排气腔之间的密封。

　　等离子体质谱仪器一般采用 3 级真空系统,机械真空泵作为高真空系统的前级泵(back pump)使用,早期仪器采用二个机械真空泵的系统,一个维持第一级锥室真空度,另一个支持分子涡轮泵工作。目前采用一个大的机械真空泵的为多,该机械泵同时维持锥室的真空度和支持分子涡轮泵。二个分子涡轮泵被用在第二级和第三级真空室。

　　仪器采用滑阀关闭高真空区,不点火时滑阀处于关闭状态。滑阀一般装在离子提取透镜后面,以方便离子提取透镜的拆卸和清洗。滑阀在关闭时高真空室虽然被封闭,但一般不能永远保持高真空度状态,所以一般仪器的真空系统是一直保持在运行状态来维持真空。经常关闭和重启真空系统并不利于分子涡轮泵的轴承。滑阀的打开是依赖氩气的气压，真空系统在运行时遇到突然停电，仪器系统释放电磁阀，同时使气路里的干净干燥氩气充入真空系统，防止脏的实验室空气进入，使质谱系统造成污染，同时也以避免真空泵油蒸汽倒灌入质谱系统。所以平时需要让氩气管道中保持一定氩气压力。当低于一定气压时仪器会进入一种安全模式防止突然遭遇停电。

2.1.9.3 机械真空泵油

机械真空泵油有二类，一类是普通的碳氢真空泵油，另一类是与普通真空泵油相比较价格很贵的惰性全氟聚醚（PFPE）真空泵油。由于锥室中含酸碱的样品气溶胶是通过机械真空泵排除的，不可避免地会与真空泵油接触，加上真空泵油处在高速运转的钢材接触面上，也容易被氧化而变性和裂解而碳化，高惰性全氟聚醚真空泵油则表现出更长的使用寿命。当真空泵油体颜色呈现稠黑色时应该及时更换真空泵油。

2.1.9.4 机械真空泵上的气镇阀

机械真空泵的压缩室上面安装了一个气镇阀（gas - ballast valve），按上面标识打开阀，气体可以通过这个阀进入压缩室。空气进入这个压缩室可以减小压缩比，这样可以使一些气体里面的试剂蒸汽不宜受压凝结下来而污染真空泵油。蒸汽可以被进入的空气一起被排出泵外。气镇阀是旋阀，调节旋度可以控制进入阀内的空气流量。

当气镇阀关闭时，可以获得机械泵的极限真空度，这时机械泵只泵出永久性气体。但由于高的压缩比，气体中的容易凝结的组分容易凝结下来溶入真空泵油中。

当气镇阀钮转数圈被全部打开时，机械泵可以泵出高浓度可冷凝蒸汽，这样可以净化真空泵油。但当气镇阀全打开时，真空泵油蒸发损失得会快一些，而过滤器中的油可回流重复使用。

当真空泵油中带有较多的水分或其他试剂时，真空泵油内挥发成分增加，机械泵性能会变差，所以机械泵在不间断使用时，可以每两个星期把气镇阀打开 $1\sim2h$ 后关闭。

2.1.9.5 真空规（vacuum gauge）

真空规被用于实时监测真空系统的真空度。有两种常用的真空规：一种是皮拉尼真空规（Pirani gauge）；另一种是潘宁真空规（Penning gauge）。

（1）皮拉尼真空规（Pirani gauge）

皮拉尼真空规属于热传导真空规，采用气体的热传导物理原理，见图 2.1 - 41。低温气体分子相遇高温固体时，会从固体表面带走热量。皮拉尼真空规中有一支性能良好的白金金属丝灯丝，作为惠斯通电桥（Wheatstone bridge）的一分支。电阻丝温度的变化又与其周围气体的热导率有关，电阻丝的温度变化又影响电阻的变化，即冷效应与周围气体分子数成比例，从而测得系统的真空度。皮拉尼真空规主要被应用于中低真空领域。

（2）潘宁真空规（Penning gauge）

潘宁真空规是利用潘宁放电的原理设计的，见图 2.1 - 42，用于高真空度的检测。与热阴电不同的是，潘宁真空规在轴向磁场中配置有阴阳两个电极，并在二者之间加上高压。在高真空系统中（一般为 $10^{-4}Pa$）自由电子可作为初始带电粒子，由于电场的作用下这些自由电子在飞向阳极的过程中，可以与稀少的气体分子发生碰撞，从而促使其发生电离，电离产生的正离子在强电场作用下高速轰击阴极，产生二次电子然后再次飞向阳极时再与气体分子碰撞发生电离。如此循环运转促使离子放电增加。

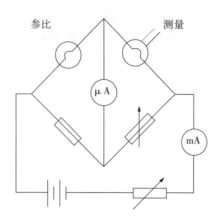

图 2.1-41 皮拉尼真空规工作原理

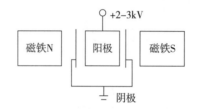

图 2.1-42 潘宁真空规的工作原理

潘宁放电是加用了磁场，电子在电场和磁场的共同作用下做轮滚的线运动（直线运动与圆周运动的加和运动），这增加了电子的运动途径，并得到加速，更容易与高真空中的气体分子碰撞，使之电离。当不加磁场时，虽有电场存在，仍不能引起放电。这是由于在很高真空度情况下，电子与气体分子碰撞的几率很小，所以不足以引起放电。

（3）真空规的清洗保养

真空规清洗保养时可按图 2.1-43 拆卸真空规，用极细的砂纸仔细擦洗阳极和阴极管内壁，擦洗后用纯水冲洗阳极组件，阴极管，阴极板以及管座。接着把它们放在超声波水浴中继续清洗 5min，然后用甲醇清洗后自然阴干，最后整套重新组装备用。简单拆洗可以只拆洗阳极，因为阳极只要卸下项圈就可卸下阳极组件。

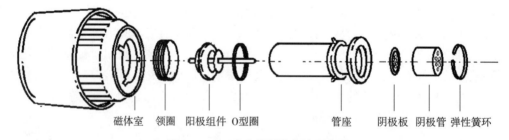

磁体室　领圈　阳极组件　O型圈　　　　　管座　　阴极板　阴极管　弹性簧环

图 2.1-43 真空规拆洗方法示意图

（4）常用真空度单位及换算

当前有多种真空度单位同时存在使用，而国际标准单位为帕（帕斯卡）（Pa），制定国际单位制（SI）的权威机构是国际计量大会（CGPM）。1984 年，我国明确规定了以国际单位制单位作为我国法定计量单位。

帕与其他常见的单位换算：100Pa（帕）＝1mbar（毫巴）＝0.75Torr（τ）（托）。

2.1.9.6 等离子体质谱仪的气路系统

等离子体炬一般配置 3 种氩气管路：冷却气（cool gas）、辅助气（auxiliary gas）和雾化气或载气（nebulizer gas 或 carrier gas）。有的进样系统采用微量雾化器，所以也用到第四种氩气、补充气（make up gas）。

其他辅助的气路有：用于气溶胶稀释的氩气稀释气（也称为护鞘气或护套气（sheath gas）），通常加在炬管的连接处，也有加在雾化室端口。有用于有机试剂分析的加氧除碳的氧气气路，它们直接加在雾化室或炬管连接管上。氩气一般采用总管引入再用多通接头分接。其他种类的气体（如氧气）则单独连接。一般仪器通常采用高压气体钢瓶或液氩罐的气源，高压气体经过减压阀，见图 2.1-44，后再由仪器的各种流量控制器精细控制流量。

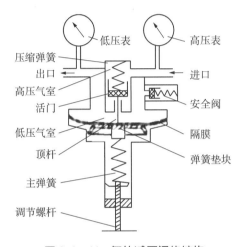

图 2.1-44　气体减压阀的结构

碰撞/反应池可以配置 1～3 路碰撞/反应气管路，各路气体之间通过气体电磁阀进行切换。碰撞/反应池气体通常在高真空区域里引入池内，由于采用的气体流量比较小，所以这些气体的供气钢瓶常需要配置高精度二级减压阀。碰撞反应接口（CRI）引入气体的区域是在锥口低真空区域处，用气量则比较大。腐蚀气体如氨气或氢气的混合气体需要配置不锈钢减压阀。碰撞/反应池气体的管道一般采用不锈钢管，普通橡胶或塑料管容易引入挥发性杂质成分，容易造成副反应形成附加的干扰，同时也容易污染质谱仪系统。

一般来说，等离子体质谱的所有气体控制都采用气体质量流量控制器（mass flowing control，MFC）进行精密控制。气体质量流量控制器的价格比较昂贵，其工作原理是采用电桥检测原理，见图 2.1-45。气体通道上方引出一个毛细管旁路，上面加上二组热敏阻抗材料制成的加热线圈（见 R1、R2，且 R1＝R2）。在 MFC 工作时二组线圈用电流加热。当管道中没有气体通过时电桥可以经调试达平衡，无电压差异的信号输出。当管道有气体通过时，R1 的热量被气体带到 R2 处造成二个热敏电阻值变化。气体流量增加时，R1 带入 R2 的热量增加，电桥输出的信号也增加，从而被放大输出来控制电子阀调节气体流量。

由于各种气路的流量有所不同，配置的气体质量流量控制器的流量范围也有不同，不能相互换用。如加氧的气体质量流量控制器的可控流量比较大，不适合用于小流量碰撞/反应气体的精密控制。另外不同的气体有不同的气体密度，所以实际使用时可设置相对校正系数来表达真实气体的实际流量。一些与等离子体质谱联用的系统如激光烧蚀系统，气相色谱（GC）这些仪器本身应该配置或者附加配置用于载气气路控制的质量流量控制器。

气体压力与真空度源于同一物理概念，常用的气体压力单位是 MPa，另一个可经常遇到的单位是磅/平方英寸（psi），1MPa（兆帕）≈145 psi。

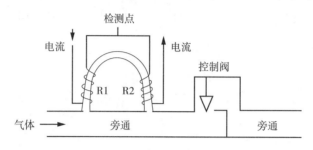

图 2.1－45　气体质量流量控制器的结构

2.1.9.7　循环冷却水系统

循环冷却水系统是等离子体质谱仪器配置的独立辅助装置。等离子体质谱仪的锥口、等离子体炬的 RF 线圈、水冷却型等离子体射频发生器、半导体制冷雾化室、分子涡轮泵等通常需要循环水来进行冷却。有些商品等离子体质谱仪器对不同部件也采用风冷或气冷的方式，如射频线圈铜管内采用氩气冷却，等离子体射频发生器或者分子涡轮泵也有采用风冷的。

循环冷却水系统由水泵、制冷机、控温系统、压力表、调压阀等组成。

循环冷却水系统的水温一般控制在（20±0.5）℃（或±0.1℃），过低的水温容易引起水管凝水。为了防止循环冷却水系统在长期运行中产生磨损颗粒，一般带有水质过滤芯或金属网（水质过滤颗粒要求不统一，如 $10\mu m \sim 40\mu m$）。

系统使用的水一般采用蒸馏水或市售超滤纯水，而不用去离子水，以免腐蚀仪器管道。也有在冷却循环水系统中加入某些化学试剂来维持长时间可靠的运行，如加氯胺 T，这试剂在水溶液中缓慢持久释放出氯，杀灭菌类、孢芽、藻类等；也有加乙二醇防冻剂防冻处理；还有加阻蚀剂（corrosion inhibitor）溶液来抑制锈蚀等。

2.1.10　系统软件与仪器操作

仪器操作准备工作包括：冷启动准备工作，包括检查电源、气源、循环冷却水系统和排风系统。然后开启仪器主电源，启动分子涡轮泵真空系统，进入工作需要的真空状态。

热启动准备工作也包括检查和开启气源，排风和循环冷却水系统。点燃等离子体炬前，需要在蠕动泵上夹入进样泵管、内标泵管和排液泵管，让进样泵管和内标泵管置入水溶液中。

等离子体质谱仪器工作参数比较多，需要经过调谐来保证仪器进入正常的工作状态。商品仪器常配置有工作参数自动最佳化软件，但实际使用时并不能完全代替操作者的经验。自动调谐软件包括所有工作参数的全面自动调谐和部分主要参数的自动调谐两种方式，后者的部分主要参数包括炬位、雾化器流量、提取透镜和聚焦透镜等。优化调谐过程分成粗调和细调，优化目标参数是灵敏度、氧化物离子产率以及稳定性等。

常规调谐首先关注的是灵敏度调试。影响灵敏度的参数有：离子透镜参数（如离子提取、聚焦、偏转、四极杆、多极杆的偏置电压）；进样系统参数（雾化气流量和蠕动泵速）；气体参数（补充气、稀释气、氧气和碰撞反应气的流量）；射频功率（与有机或无机样品类型、干气溶胶或湿气溶胶类型、样品高基体量和基体类型等有关）；等离子体炬与锥口位置（等离子体炬箱的三维方向位置）等等。

其他参数的调谐，如氧化物离子和双电荷离子产率，这些参数的调试需要与灵敏度调试同步进行，在保证达到氧化物离子和双电荷离子产率的指标要求下提高灵敏度。影响氧化物的主要参数有：等离子体射频功率、雾化气流量、采样深度等，影响双电荷离子的参数有：射频功率以及采样深度等。

仪器的质量校正（mass calibration）也是日常分析需要经常做的事情。一些四极杆质量分析器的射频发生器容易因 LC 回路中的电容受环境因素（潮湿、温度）引起电容量变化，造成质量数漂移，严重时甚至可以引起四极杆射频发生器的失谐。所以需要经常执行全质量数范围内的谱图扫描，观察高质量数谱线漂移情况。仪器都带有质量校正软件，可对全质量范围内的谱线进行峰宽和峰位的校正。一般峰宽范围（10%峰高处）定在 0.7u～0.8u 内，峰位偏差定在 ±0.05u 范围内。

当仪器日常分析应用于元素高低含量同时检测时，需要注意电子倍增检测器的交叉校正（cross calibration）情况，发现高浓度标准样品溶液的数据点偏离线性时，需要对检测器进行交叉校正。

干扰物信号的调试，主要目标是使分析物获得最佳化的使的信背比，可以采用分析物信号与干扰背景信号的比值来实时观察调试效果。一般常规调谐参数为：正常等离子体炬工作模式下主要是离子透镜的聚焦偏转电压和动能歧视的设置；碰撞/反应池工作模式下为气体的流量和动能歧视的设置等；冷等离子体炬工作模式下雾化气流量、等离子体射频功率以及其他离子透镜等参数。

现代等离子体质谱仪器软件可带有仪器自动调谐功能，自动调谐需要利用事先设定好的自动调谐执行软件，该软件可以由用户按自己实际要求修改或编写。软件参照各种工作模式的要求，需设定目标分析物的最佳化指标（如某分析物的灵敏度、某氧化物离子的产率、某些分析物的信背比等等），需设定几个主要调谐的参数，同时限定各参数执行调谐的范围，设定各参数调谐的幅度大小。自动调试可以分粗调和细调，逐步逼近最佳参数。

调试自动完成后可以执行日常仪器性能（daily performance check）检测实验，自动生成仪器性能报告。

2.1.11 等离子体质谱仪的辅助装置

2.1.11.1 电热蒸发装置

ICP-MS 中的电热蒸发装置（electro thermal vaporization，ETV）实际上就是原子吸收技术中的石墨炉进样系统。电热蒸发装置可以编程升温，完成干燥、热解（pyrolysis）和净化等几个步骤。样品被加入石墨管内，利用程序升温可以除去一些基体，这对某些含高基体样品的分析是有利的，对流的氩气可以帮助带走上述加热过程中产生的基体蒸汽。在蒸发采样的过程中，一个石墨探头及时堵住了进样的小孔，见图 2.1-46，蒸发产生的气溶胶被载气引入等离子体炬。

电热蒸发装置与等离子体质谱仪联用（ETV-ICP-MS）的最大优点是可以执行编程的多步加热升温过程，可以完成基体与分析物的分离，还可以进行固体进样和小体积进样。其弱点是短时间的蒸发过程限制了等离子体质谱仪的多元素分析能力。

2.1.11.2 流动注射系统

流动注射系统（flow injection system，FIS）通常由六通阀和蠕动泵所组成，一般需要与自动进样系统配合使用，可加快进样速度。流动注射系统与等离子体质谱仪联用时，由于样品溶液是直接被六通阀切换到载流中去的，见图2.1-47，整个进样系统在大部分时间里是载流溶液在冲洗，可以改善样品基体导致的锥口效应。

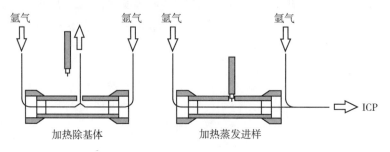

图2.1-46 电热蒸发装置工作原理

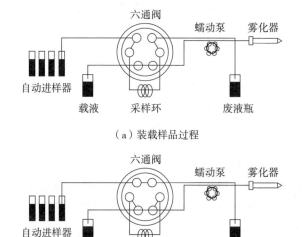

图2.1-47 流动注射系统工作原理

二个六通阀、二个蠕动泵可以完成多种组合，可在线稀释，可与离子交换柱子组合完成分析物富集，反冲洗，基体分离等。

流动注射也可以采用气泡间隔形成间隔型（segment）流动注射，减小样品溶液在载流中的扩散。另外流动注射系统也可与氢化物发生器再组合使用，进一步提高检测能力。

2.1.11.3 氢化物发生器

氢化物发生器（hydride Generator）与等离子体质谱联用可以改善仪器检测能力，最明显的如无机元素 Hg，以及其他氢化物元素如 As、Se、Sb 等。另一方面，氢化物发生器可以完成分析物元素与基体分离，减轻基体效应的干扰，如在海水方面的应用。氢化物发生器可以单独与等离子体质谱仪联用，但一般采用流动注射系统配合氢化物发生器与等离子体质谱仪的联用，见图2.1-48。

硼氢化钠溶液和盐酸溶液通过蠕动泵恒速注入氢化物发生器内，与样品溶液混合后反应产生氢化物，然后载气携带氢化物进入等离子体炬焰内，达到分析物与样品基体分离的目的，减小了干扰。

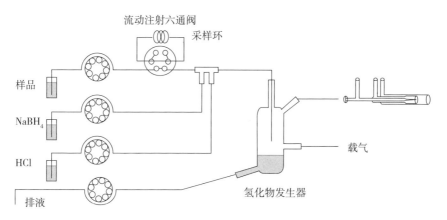

图 2.1-48 流动注射系统工作原理

2.1.11.4 快速进样系统

快速进样系统（fast sampling system）的最大特点是不采用蠕动泵提升样品溶液，而是采用小型真空泵快速泵入样品，直接输入到六通阀装置的样品环内（sample loop），六通阀把一定量的样品溶液切入到载流里，载流可以采用气体恒压帮助输送，也可以采用蠕动泵输送，所以使用快速进样系统的等离子体质谱仪的采样曲线与常规蠕动泵的不同，见图 2.1-49。

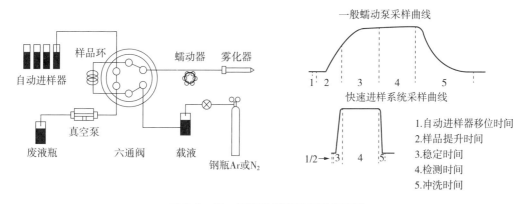

图 2.1-49 快速进样系统的工作原理

快速采样对高盐基样品直接分析有利，由于进样时间短，大部分时间是载流在冲洗，所以可减小锥口效应，同时可以极大地提高样品分析通量，对地质和环境实验室大批量样品的分析有利。快速进样系统对检测高记忆效应元素（如 Hg）也很有利，快速提升和快速冲洗缩短了样品溶液在进样系统管道内的逗留时间，可以减轻记忆效应的影响。

快速进样系统的载流可以使用一种间隔载流冲洗技术（segmented stream washout technology），载流被三通接口同时输入的空气所分隔，形成间断式气泡，这种分隔载流的冲洗方式能有效地提高样品管道的冲洗效果，缩短冲洗时间。空气泵管与载流泵管通过三通接口在蠕动泵输出端汇合的，被称为主动鼓泡（active bubbling），空气泵管与载流泵管通过三通接口在蠕动泵输入端汇合后，再被泵入的被称为被动鼓泡（passive bubbling）。

2.1.11.5　自动稀释器

自动稀释器（autodilutor）（见图2.1-50）采用柱塞泵精确恒速混合稀释液与样品溶液，可自动在线（on line）稀释样品溶液。精确控制恒速泵入标准母液与稀释溶液混合，可以自动配制系列标准溶液，最大线性稀释比为50：1。与等离子体质谱仪联用时，主机上的蠕动泵配合自动稀释器，泵入被恒速稀释的样品溶液和内标溶液，再用三通接头可实现在线内标引入。

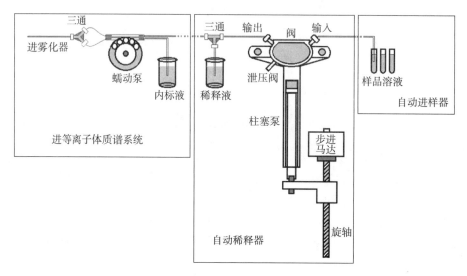

图2.1-50　自动稀释器的工作原理

2.1.11.6　自动进样器

等离子体质谱仪器配备自动进样器减轻仪器手动操作的工作量只是它的用途之一，其他用途是可以进行自动执行质控分析，自动质控校正，以及配合流动注射系统运行等。在微电子高纯材料分析领域里配备净化罩的自动进样器可以减少环境的和人为的污染机会，在核化学核环境领域里需要采用铅玻璃手套箱和自动进样器进行人身防护。

另外微量自动进样器在微量分析领域内也得到利用。

2.1.11.7　气溶胶稀释

气溶胶稀释（aerosol dilution）是指样品溶液经雾化生成气溶胶后，在输入炬管前再使用氩气进行稀释。气溶胶稀释可以降低高盐度溶液的锥口效应。

目前稀释气的输入方法有两种，见图2.1-51，一种是在雾化室端口输入；另一种是在炬管直型连接管中输入。其商品附件有不同的命名方式，如高基体接口（high matrix interface，HMI），或只采用气体类型名，如护套气（sheath gas）等。由于稀释气、补充气（make up gas）是与雾化气同时输入到等离子体炬的中心通道的，这些气体之间的流量比例和流量总和会直接影响灵敏度，所以需要对这些气体流量进行优化调整。稀释气的流量也需要配置一路气体质量流量控制器进行精确控制。

2.1.11.8　与微流雾化器联用的接口

毛细管电泳以及微升高效液相色谱与等离子体质谱仪联用时可采用微流雾化器和雾化室接口，见图2.1-52，也称为全耗型雾化室，实际只是在MCN雾化器上加接延伸的直通的玻璃管接口而已。也有的装置在直通雾化室里接排液管的。

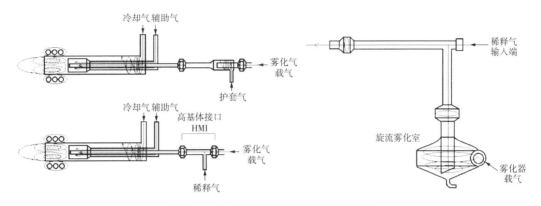

图2.1‑51 气溶胶稀释的各种输入方式

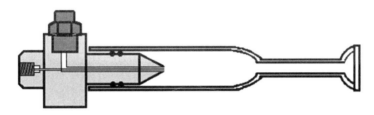

图2.1‑52 微流雾化器与雾化室

由于毛细管电泳的流量很小，通常在 nL/min 级的流量，需要采用三通接头并入一股泵输送的补充缓冲溶液，保持微流雾化器的雾化效率。毛细管电泳的出口端采用 Pt 丝电极接电源维持电泳。毛细管色谱联用的微流雾化也可以采用带三通接头的 Burgener 微流雾化器来进行，见图2.1‑53。

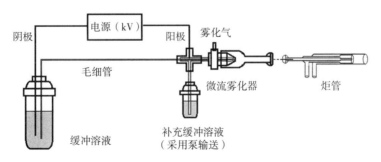

图2.1‑53 毛细管电泳与微流雾化器

2.1.11.9 膜去溶系统

样品溶液中的溶剂（包括水、无机酸、有机试剂等）常常可以引起各种多原子离子的干扰，如水引起氧化物离子、氢氧化物离子、氢化物离子；无机酸引起的氮、氯、硫、磷等多原子离子；有机试剂引起的碳基多原子离子等。为了减小这种干扰的影响，常采用去溶（desolvation）的方法，如低温去溶或膜去溶。

低温去溶是采用制冷装置，如半导体制冷装置，利用低温让更多的溶剂冷凝，从而减少等离子体炬焰的溶剂负载，降低溶剂引起的多原子离子的干扰程度。

膜去溶系统（menbrane desovation system）是利用溶剂分子可以通过高分子薄膜扩散

的效应来去除溶剂的。按膜分离原理，当膜两面的气体分子密度不同时，分子可以通过膜材料上面的小孔进行扩散，重新达到平衡。

膜去溶装置（见图2.1-54）采用PFA材质的自吸微流雾化器（$60\mu L/min$）雾化，雾化室被加热（商品装置一般加热至75℃），这可减少溶剂的雾滴形成。去溶室被加热至更高温度（考虑到膜可承受温度，一般不能超过160℃），去溶室内配置了管状PTFE膜通道，样品气溶胶通过内通道，外通道采用反向高流量（$2L/min\sim5L/min$）的吹扫氩气（sweep Ar gas）保持管状膜两边的溶剂分子密度始终不平衡，促使溶剂分子扩散。微流雾化器的雾化气流量应在$0.7L/min\sim1.0L/min$，压力在60psi，应小于100psi或700kPa。如果在膜去溶装置后端加入少量（$5mL/min\sim20mL/min$）的氮能提高分析信号强度。实际分析的样品其溶剂沸点一般不超过140℃，沸点超过160℃的溶剂不允许使用。

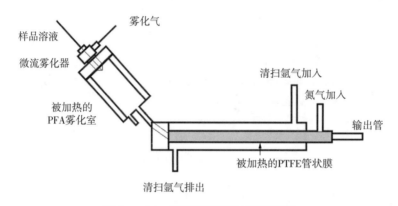

图2.1-54　膜去溶装置的结构示意图

膜去溶装置的主要特征是：高效的去溶效果和微量的进样量。在与等离子体质谱仪联用时，高效的去溶效果可以使溶剂引起的多原子离子干扰水平急剧下降，如水溶液样品在去溶后氧化物离子产率（CeO^+/Ce^+）可以小于0.05％。由于膜去溶装置中的膜和其他部件都是高分子材料构成，氢氟酸样品在去溶后可以直接进样分析，等离子体质谱仪无需更换耐氢氟酸的进样系统。一般有机溶剂去溶后锥口不易积碳，并可以采用常规的等离子体射频功率。对高挥发性有机溶剂的去溶仍需加氧处理，可以在去溶装置的输出管上接三通加入小流量的氧气，以防止锥口积碳。去溶的另一个特征是样品溶液去溶后溶质得到浓缩，因此灵敏度和检测能力得到成倍改善，这已被广泛地应用于需要高灵敏度的高纯化学试剂的分析行业。

膜去溶装置与等离子体质谱仪联用时，点火前一般可把去溶装置的二种气体关闭。实际在水溶液与有机试剂切换进样前，建议用异丙醇（isopropyl alcohol，IPA）进样冲洗几分钟。膜去溶装置带再生清洗膜附件，膜上水溶液样品的残留物可用1％硝酸溶液清洗，热的1％～3％硝酸溶液有助于获得更好的清洗效果。膜上有机残留物（如油类样品的有机溶剂残留）可以用甲苯（toluene）或正己烷（hexane）清洗，再用异丙醇清洗。一般的有机溶剂进样后可单用异丙醇清洗。

2.1.11.10　双模式进样系统

双模式进样系统（dual mode sample introduction system）（又被称为双通道进样系统）指采用三臂炬管（three legged torch）见图2.1-55通过二路通道进样的一种系统。一路是采用常规的雾化室和雾化器，属于湿气溶胶进样。另一路是直接引入分析物的干气溶胶。双通道进样系统主要的部件是三臂炬管。等离子体质谱仪与激光剥蚀系统联用时，载气（可以是氩气，氦气或者是氩气和氦气的混合气）引入的激光剥蚀产生的样品蒸汽溶胶属于干气溶胶。等离子体质谱仪与气相色谱仪联用时，被氦载气所携带的分析物，经过专用的加热传输导管引入的也可被称为是干气溶胶。

双通道进样系统的特点是可直接在线引入内标溶液，用于校正系统的漂移，也可在仪器联用状态下对等离子体质谱仪的工作参数进行优化。湿气溶胶还可减轻少量有机物（如气相色谱引入的分析物）在锥口的积碳现象。湿气溶胶的弱点是重新引入了溶剂干扰，如氧化物离子产率会由此增加。

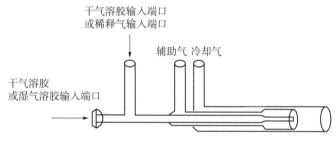

图 2.1-55　双模式进样系统中的三臂炬管

2.1.11.11　气相色谱联用系统

气相色谱与等离子体质谱仪联用时需要对输出的毛细管采用电阻丝加热的传输管道，装置包括了对输出管道的可调温控温的加热电源，输送管道的温度控制在 300℃ 左右，以防止有机分析物冷凝在传输管道内部。为了帮助分析物的传输，传输管内需要加入氩补充气（make up gas），补充气通过不锈钢管道在柱温箱里被加热至相同的温度，并通过一个 T 型接头接入传输管道，与载气和分析物混合，最后送入炬管的连接管，见图 2.1-56。也可采用金属加热管直接输入半可卸炬管内部。

气相色谱联用时也可以使用三臂炬管（见图 2.1-55）采用双通道进样方式，湿气溶胶由雾化器和雾化室从三臂炬管的一端输入，干气溶胶由气相色谱联用的接口装置输入三臂炬管的另一端输入。

2.1.11.12　激光烧蚀进样系统联用

激光烧蚀系统（laser ablation system）采用激光束轰击固体样品表面，使样品蒸发，由载气引入等离子体炬焰，载气可以使用等离子体质谱仪器上的一路雾化气替代。此时样品的气溶胶为干气溶胶形式，如果需要引入干气溶胶形式的连续信号（如内标或标样溶液），可与膜去溶装置联用。如果采用三臂炬管（见图 2.1-56）双通道进样系统，则可以通过另一路常规的水溶液雾化进样系统，引入湿气溶胶的连续信号（如内标或标样溶液）。由此产生的连续信号可以用于仪器的同步实时调试（tune），见图 2.1-57。

He 气也可由三通接头引入，与雾化气混合（He/Ar）做载气，He 气可增加信号强度，直观现象是激光蚀坑（ablation spot）周围的颗粒沉积减少，原因是不同的气体的热传导性质不同，在激光造成的微等离子体区域（microplasma）里，He 气与大分子氩载气比较，He 气可以携带更多的小颗粒，这样形成了较小的沉降和堆积，提高了小颗粒的传递效率。N_2 气也可提高信号强度，但由于氮的引入容易在低质量范围里形成更多的干扰而不被采用。

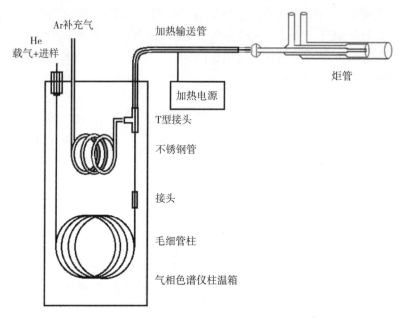

图 2.1-56　与气相色谱联用的接口示意图

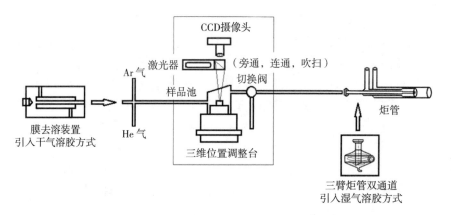

图 2.1-57　激光烧蚀进样系统的工作原理示意图

常见的激光烧蚀进样系统的激光波长为 266nm、213nm、193nm。激光波长直接影响样品被烧蚀的过程、烧蚀率以及分馏过程（fractionation process）。对于透光率高的样品（如玻璃片）偏红外波长激光的热传递烧熔效应和分馏效应明显，蚀坑（spot）边缘不分明，样品传输效率（transport efficiency）低。而深紫外（deep UV）激光可以产生更密集更有效的热机械波，较小的热传递，产生更小颗粒的气溶胶，改善传输效率，而可以获得更小尺寸而且边缘更清楚的蚀坑。另外蚀坑尺寸也与激光脉冲模式、光束能量（beam energy）、光束聚焦程度以及样品的热蒸发性质等有关。

2.1.11.13　其他实验室辅助装置

（1）去离子高纯水装置

去离子高纯水装置被用来获得等离子体质谱法需要的高纯水。高纯水可以用电导率或电阻率表示。电导率采用国际标准单位制西门子（Siemens，S），单位为 S/cm（或 μS/cm）。水的电阻率是指某一温度下，边长为 1cm 正方体的相对两侧间的电阻，单位是 Ω·

cm 或 MΩ·cm，电导率是电阻率的倒数。

痕量元素分析的去离子水的电阻率一般需要优于 $18.2MΩ·cm$，相当于电导率为 $0.055μS/cm$。痕量硼元素分析时需要加配去硼硅的离子交换柱。去离子高纯水装置的源水可采用一般的去离子水或蒸馏水，也可以加配采用自来水的第一级去离子水装置，它出水的电阻率约为 $15MΩ·cm$。

（2）亚沸酸蒸馏器

有各种处理酸的亚沸蒸馏器，见图2.1-58，这里以对口瓶亚沸酸蒸馏器为代表来说明亚沸蒸馏装置提纯酸的过程。将两个PFA瓶连在一起，一端用可调电源可控低温加热，或者采用红外灯加热，另一端采用空气冷却或者用循环流水冷却，二个瓶可以直接对口放置，也可以弯曲放置。被蒸馏的酸经低温加热后挥发到冷凝瓶冷凝被收集。由于这是低温加热，可以得到纯度很高的酸。

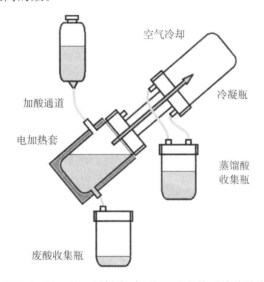

图 2.1-58 PFA 材料的对口瓶亚沸蒸馏系统的结构

2.2 ICP - MS 样品分析流程

ICP - MS 分析样品的日常操作步骤如下：（1）开机点火和预热仪器；（2）仪器校准和仪器调谐；（3）编辑分析方法；（4）建立校准曲线；（5）分析样品；（6）熄火并返回待机状态。以下以带碰撞反应池的四极杆质谱仪为例介绍仪器的日常操作流程。

2.2.1 开机

仪器通电后打开主机电源和工作站，从工作站软件中开启抽真空开关，仪器将由关机模式转换为待机模式，该过程通常需要20min左右。在点火之前必须检查气体压力（包括氩气和碰撞反应气）是否符合要求，开启和检查循环冷却水系统和排风系统。大多数仪器都有自动报警功能，如以上项目未满足要求，仪器将无法自动点火。

2.2.2 进样系统的选择

常规样品通常采用石英玻璃进样系统，如果样品溶液含有氢氟酸，应采用耐氢氟酸进样系统，包括特氟龙雾化器和雾室、氧化铝或铂材料的中心管和铂锥口。如果样品总溶解固体量（TDS）较高时，可采用耐高盐雾化器；如果样品溶液含有大量的有机物（如油品的分析、有机溶剂的分析等）应采用专用的有机进样系统，包括雾化器、雾室、小内径的中心管、有机泵管等。

常用的蠕动泵泵管有二种：一种是聚乙烯管（Tygon），适用于水溶性样品，强酸、强极性溶剂，如甲醇、乙醇等有机溶剂，操作者可根据分析要求选择内径合适的泵管（如使用在线内标通常选择内径很小的泵管）。另一种是维托橡胶管（Viton），适用于低极性溶剂，如烷烃、芳香烃、卤代烃类-汽油、煤油、氯仿和四氯化碳等。

半导体制冷雾化室系统一般能在分析水溶性样品时将雾室温度保持在2℃左右。对于挥发性的有机样品，应对雾化室进行冷却，通常保持在－5℃，甚至到－20℃，以维持等离子体的稳定。

等离子体石英炬管可分为一体式和半可拆卸式。一体式炬管的拆装安装比较方便；半可拆卸式指炬管与中心管分成了二部分，可根据不同的分析样品选择不同的中心管，如水溶液选择2.0mm～2.5mm的石英管，分析有机试剂选择1.0mm～1.5mm的石英管。分析含HF酸溶液时选择氧化铝或铂材料的中心管。

2.2.3　进样系统的安装

2.2.3.1　泵管安装

按进样方向利用蠕动泵上的压块和卡座安装所有泵管。排废管的内径要大于进样泵管的内径，内标管可采用较小内径的泵管。内标的三通接头通常用在泵后，进样后应检查进样管内标管中不能存在气泡，而排液管中应呈现一段气泡一段溶液。

2.2.3.2　炬管安装

当前商品仪器的炬管大都均采用炬管座的，需检查炬管与气管（冷却气和辅助气）的正确连接后再利用卡口直接安装在座上。

2.2.3.3　雾化器安装

除了带盖的十字交叉雾化器外，同心雾化器的口径大都统一可以换用，雾化器直接通过O型圈插入雾化室上。

2.2.3.4　锥口安装

使用专用工具安装拆卸锥口，定期检查石墨垫片或O型圈的完整和密封。

2.2.4　仪器条件的优化

2.2.4.1　仪器调谐

仪器调谐主要是优化仪器工作参数，提高灵敏度，减小各种干扰（主要是双电荷和氧化物干扰）。日常调谐一般都可以厂商工程师调试的参数为基础进行调谐。

等离子体射频功率通常设为1200W～1600W。功率增加可以减少氧化物的干扰，但功率也会影响灵敏度。冷等离子体模式下降低功率通常为600W～900W，降低氩基离子的干扰。

载气流量直接影响样品的雾化效率，以及在雾化器自吸进样的影响样品提升速度。调谐载气流量可获得最佳灵敏度和最低氧化物离子干扰水平，过高的载气流量会增加氧化物离子的干扰。补充气直接输入雾室中，与载气进行混合补充载气的不足。载气和补偿气流量之和一般设为1.0L/min～1.2L/min。

进样量由蠕动泵控制，增加一定的泵速可以增加灵敏度，但也会增大氧化物干扰。一般样品溶液多采用0.4mL/min～1.2mL/min；易挥发有机试剂一般为0.1mL/min。

炬位调谐的参数为水平，垂直和采样深度。炬位水平和垂直的调谐是把炬管中心位对准锥尖中心以获得最佳灵敏度和最小的氧化物干扰。常规工作模式的采样深度一般为6mm～10mm左右；冷等离子体模式采样深度一般都比较大，通常设为15mm～18mm。

在碰撞/反应池模式，操作者需要根据实际样品中的干扰物和待测元素的性质选择使用不同的气体（如氦气、氢气、氧气、氨气、甲烷或混合气），调谐一般可以在原有厂商工程师已调试好的参数基础上进行，优化的根据是改善分析物的信背比。调谐参数包括离子透镜参数、气体流量、带宽、动能歧视设置等。

有些仪器碰撞反应池也有自动调谐功能，可根据厂商的建议或参照说明书选择性使用。

2.2.4.2 建立分析方法

（1）选择同位素和内标元素

对于一般应用，仪器软件对分析元素提供干扰比较少的同位素由操作者选用。也可按具体样品种类选用其他同位素，主要需考虑的是质谱和非质谱干扰，元素含量、同位素丰度，工作模式等，如在常规模式下^{53}Cr可以被使用，但在碰撞/反应池模式下一般选择丰度较高的^{52}Cr。

（2）设定信号采集的模式和参数

信号采集模式可以是扫描谱图分析、同位素分析（包括半定量全定量和同位素比值分析）或时序分析。采集参数指检测元素用的通道数，停留时间，回扫次数，积分时间。一般定量选用1～3个通道，谱图扫描选用6～25个通道，时序分析采用一个通道。停留时间和回扫次数与元素总的积分时间相关，根据样品中元素含量的高低和同位素丰度设定积分时间，积分时间一般为0.1s～1.0s。

（3）设置蠕动泵参数

样品进样流程可分为提升、稳定、采集和清洗四个阶段。蠕动泵可以恒速进样，有些仪器有自动提升清洗功能，可设定自动变速程序，可在提升和清洗阶段设为快速泵速，稳定和采集阶段设为慢速泵。

（4）干扰方程校正

一般仪器软件设置了常用的干扰校正方程，操作者可以根据实际样品的基体选择相应的干扰方程，也可自己编辑干扰方程。以下列出了环境行业美国EPA200.8常用的干扰校正方程：

$$^{51}V = {}^{51}M - {}^{53}M^* (3.127) + {}^{52}M^* (0.353351)$$
$$^{75}As = {}^{75}M - {}^{77}M^* (3.127) + {}^{82}M^* (2.736) - {}^{83}M^* (2.76)$$
$$^{98}Mo = {}^{98}M - {}^{99}M^* (0.146)$$
$$^{111}Cd = {}^{111}M - {}^{108}M^* (1.073) + {}^{106}M^* (0.763976)$$
$$^{115}In = {}^{115}M - {}^{118}M^* (0.016)$$
$$^{208}Pb = {}^{208}M + {}^{206}M + {}^{207}M$$

（5）选择或编辑报告类型

仪器通常都有报告模板，操作者也可选择标准报告格式输出报告，也可自定义报告格式。

2.2.4.3 建立校准曲线

仪器条件优化完成后，在所建立的分析方法文件下，由低至高测定各系列标准溶液，由计算机根据最小二乘法建立每个分析物的校准曲线。当校准曲线线性相关系数在0.99～

0.999 以上时可认为符合测试要求，即可进行样品的分析测定。

2.2.4.4 样品分析

ICP－MS 样品分析分为半定量分析、定量分析和同位素比值分析。

（1）半定量分析

半定量分析可以快速得到未知样品中各元素的粗略含量，可供全定量参考。半定量准确度可以为 30%左右。进行半定量分析时，仪器软件会根据标准溶液中已知浓度元素的响应因子推算整个质谱范围内的所有元素的响应因子。因此半定量分析所选用的标准溶液中应包括低、中、高质量数的元素。半定量分析的主要步骤如下：①设置分析元素的采集参数；②采集标准样品；③采集未知样品。

（2）定量分析

外标法：在建立校准曲线相应的条件下逐个测定样品溶液。进行定量分析时，通常会使用到内标，可以在分析物质量数范围内使用多个内标用于消除仪器漂移和基体效应。内标可以在线加入和非在线加入。

标准加入法：如果样品的基体效应（信号抑制或增强效应）比较严重，待测元素含量很低、或者无法得到更干净的空白样品，且使用外标法测定的准确性不好时（如海水的分析、血液分析、高纯试剂分析等），可使用标准加入法，且有时可以不需要使用内标。该方法一般是取一部分样品直接进样，然后在剩余的样品中添加一定量的待测元素的标准样品，再进行测量，一般要求添加的标样浓度与待测样品中该元素的浓度相当。一般要求至少三个以上数据点。加标的体积须足够小，确保证各样品溶液的基体一致。

（3）同位素比值分析

同位素比值分析其驻留时间（dwell time）较短，可以消除短周期噪声，能够采集到更精确的数据。每台 ICP－MS 仪器的灵敏度响应对所有同位素并不完全一致，所以必须使用质量歧视校正（Mass Bias Correction）来校正。质量歧视现象在低质量和高质量范围里表现得更为严重。质量歧视通常采用以下方法校正：①采用标准参考物质校正质量歧视；②采用具备三个以上同位素的元素溶液，而且它们的比值是稳定的已知的。测试时可以内标加入（如 Sr 或 Hf），也可以与外标比较，如测 Pb 同位素比值时，利用^{203}Tl/^{205}Tl 进行校正。

同位素比值分析常需要校正检测器死时间。电子倍增检测器中有脉冲和模拟二种工作模式。脉冲模式时，达到或超过一定的高计数值（如 1Mcps），容易引起导致检测器漏计数，可用校正系数进行校正。校正时可以分别引入二瓶浓度相差在 10 倍以上不同的标准溶液（如 50μg/L Er 或 In 溶液和 1mg/L Er 或 In 溶液）、并使用仪器软件的死时间自动校正功能进行校正。完成校正后，在编辑方法中需设定同位素比的分子分母。然后按顺序依次测定同位素标样和未知样品，软件将自动计算结果。

2.2.4.5 质量控制

在 ICP－MS 分析中，为保证检测结果的准确性，应对涉及的各个环节进行质量控制。以下内容只涉及测量过程中的质量控制，不包括样品前处理过程。主要包括：标样和质控样监测、空白/背景控制、校准曲线溶液配置、仪器状态保证、基体匹配、内标校正、干扰校正、质量歧视校正、死时间校正、测量精密度和重复性以及仪器漂移等。

（1）精密度控制

短期精密度保证是准确分析的前提，通常用 RSD 表示，如果测定 RSD 过高（如分析

ng/L级样品，RSD＞5％），除了仪器和辅助装置（如减压阀等）本身的原因，应考虑对进样系统（包括锥口）进行优化、维护或更换部件。

（2）仪器漂移控制

仪器的漂移常采用信号的长期稳定性指标来衡量，其常常表现为单向变化。漂移可能是仪器的质量数漂移引起的，也可能是进样系统因过高的基体样品（如含盐3.5％的海水）所引起的锥口效应造成的，有可能有机试剂的积碳引起的锥口堵塞现象。

样品的基体效应（抑制和增敏）也可引起短时间仪器的灵敏度变化，这些不属于漂移。

（3）质量控制及质控限

仪器软件常提供质控软件，可以配合自动进样器工作自动进行质控。质控软件中可以应用户要求设置质控参数（如回收率和质控限（LC）等），也可以设置质控失败后的仪器动作（如重新做校准曲线，重新运行QC标样等）。

对手动进样分析，在测试过程中需经常检查质控样数据，以便随时进行重新校正或重新再测。

（4）内标校正

内标校正可以校正仪器的波动（包括短期和长期信号波动）和基体效应（基体引起的雾化效率、电离效率、离子传输效率变化、锥口效应）。

内标元素的选择原则：①选用分析样品中不存在的元素；②选用与待测元素的质量数相近，以保证两者的动力学特性相似，如空间电荷效应对它们具有相似的影响；③选用与待测元素具有相近的电离能，保证在等离子体中两者被电离的比例相似；④不受同量异位素或多原子离子干扰，也不会给待测元素带来这样的影响。

常用的内标元素有^{6}Li、Sc、Ge、Y、Rh、In、Tb、Ho和Bi。

2.2.4.6 关机

测定完毕熄火前，可吸喷5％的硝酸溶液清洗系统5～10min，后吸喷超纯水中几分钟后熄灭等离子体，松开蠕动泵上的泵夹及管线，仪器进入待机模式，关闭冷却循环水和排风机。液氩钢瓶气体的减压阀可保持在原状态或者关闭，如气体管道不漏气管道内仍可保持一定管压，以备仪器突然遭受停电时可利用管道内的气压动作。最后计算机退出仪器软件，关闭计算机和打印机的电源。放长假或仪器长期不用时需卸掉真空，将仪器和总电源彻底关闭。

2.2.5 仪器校准、检定、维护

2.2.5.1 仪器校准

仪器校准包括仪器调谐、质量校准、检测器交叉校准和依照校准规程进行的校准。

（1）仪器调谐

每次仪器分析前，应该对仪器各种参数进行调谐，以确保仪器处于最佳的工作状态。调谐的主要指标是灵敏度、稳定性、氧化物离子以及双电荷离子的产率等。通常采用含有轻、中、重质量范围的混合元素标准溶液（比如Li或Co、Y或In、Tl或U，浓度范围为1ng/mL～10ng/mL。调谐的仪器参数包括透镜组电压、炬位、射频功率、载气流量等。有些仪器可利用自动调谐功能。

（2）质量校准

仪器软件均拥有质量校准功能。质量校正需要采用多个覆盖全质量数范围的有代表性的轻、中、重质量范围的混合元素标准溶液进行（如高质量数需要包括^{238}U）。

（3）检测器交叉校准

电子倍增检测器的脉冲和模拟两种检测模式需要进行归一化交叉校准。一般选择几个或二三十个轻、中、重质量范围的元素，各元素的浓度范围取决于仪器对于不同质量数的灵敏度响应，一般为$50\sim100ng/mL$，得到的信号强度必须落在脉冲和模拟检测器的交叉范围内。

（4）依照校准规程进行的校准

仪器校准是出于溯源的要求。依据JJF 1159—2006《四极杆电感耦合等离子体质谱仪校准规范》进行的检定或校准，给出仪器的综合性能和不确定度。ISO 17025：2005要求所有影响测试质量的仪器都需要校准，校准证书需要有不确定度的内容。校准证书标明的不确定度是实验室计算不确定度中B类不确定度的重要分量。

在仪器大修后和校准周期结束前应对仪器进行校准。仪器校准应由专业的校准实验室完成。在两次仪器校准期间，根据仪器运行和维护情况需要对仪器进行至少一次期间核查。仪器维修后应进行期间核查或状态确认，确保仪器可以正常使用。

2.2.5.2　仪器维护

（1）进样系统的维护

实验人员应每天对进样系统进行检查，包括蠕动泵、泵管、雾化器、雾化室（积液排除）、炬管、中心管等，必要时进行更换。

石英或玻璃材质的雾化室、连接头、炬管和中心管可放在一定浓度的热王水或硝酸中浸泡过夜，然后用去离子水充分清洗，自然晾干或吹干后备用。

玻璃材质的雾化器也可用5％～10％的稀硝酸浸泡清洗，但不宜使用超声波清洗或煮沸清洗。雾化室雾化器上使用的O型圈不能用氧化性酸浸泡，可以使用去离子水清洗。

同心雾化器很容易被溶液中的颗粒物堵塞，有的样品溶液允许使用$0.45\mu m$的滤膜过滤或离心分离后进行检测。通常对于堵塞的雾化器，可将雾化器浸泡于50％的浓硝酸中，浸泡72h以上，洗净酸液后再利用蠕动泵，反向泵入去离子水清洗雾化器至通畅为止。

（2）锥口的维护

实验人员应经常检查锥孔大小及形状并定期清洗采样锥和截取锥，清洗步骤如下：

对于一般性污渍，用棉花蘸上2％稀硝酸擦拭锥面锥口或在2％稀硝酸溶液或2％的弱酸清洗液（如Citranox酸性清洗液或枸橼酸）中超声2min～3min后用去离子水洗净晾干。

对于锥顽固污垢，可用棉棒蘸上糊状氧化铝擦拭，然后在2％的Citranox溶液中超声2min～3min，最后用去离子水洗净，晾干备用。如有必要还可使用水磨砂纸（1200$^\#$）对锥进行打磨清洗。注意过度清洗会缩短锥的使用寿命。

（3）透镜系统的维护

提取透镜需要经常检查其沾污程度。一般可采用水磨砂纸打磨清洗（400$^\#$～1200$^\#$），打磨后用去离子水冲净，并在去离子水中超声5min后晾干后使用。拆卸清洗透镜时需要带无粉手套。对于主透镜一般最好由专业的维修人员检查清洗。

（4）检测器的维护

电子倍增检测器是消耗品，实际应用中尽量避免长时间测定高强度信号。插入式检测器可以操作者自己更换。

（5）真空系统的维护

机械泵的真空泵油每个月都应该检查，以保证泵油液面处于最大、最小刻度线之间。

如果泵油颜色变深了，需要更换泵油。必须先将仪器切换到完全关机状态，将废泵油排放至废油桶后添加新泵油，等 5min 使所有的泵油都真正流入泵中，再次确认泵油液面高度。

平日里如果发现油雾过滤器处积油太多，应该在机械泵工作状态下，直接旋松泵顶部的气镇阀 2～3 圈，并保持 3min～5min，让泵油流回泵中。

（6）主机系统的维护

主机系统的进风口处带有空气过滤用的泡沫塑料，需要定期卸下清洗。

（7）冷却循环水的维护

实验人员需每天检查冷却水的水温控制和水面高度是否合适，定期换水。通常在循环水中加入 50mL 异丙醇循以保持无菌状态。

（8）气路系统的维护

定期检查内、外气路，看是否有漏气，必须保证开机时氩气的输出压力不低于 0.6MPa～0.7MPa。每次换气时将钢瓶接口冲洗干净。

（9）操作软件的维护

控制仪器的电脑应做到专机专用，同时禁止插入带病毒的存储设备。

（10）实验室环境的维护

常规行业的仪器实验室应保持干燥洁净，温度 15℃～30℃，温度变化不超过 2℃/h，湿度 40％～80％，必要时须配置除湿机。对于进行超纯分析的实验室，必须达到洁净实验室的设计要求，如控制空气中颗粒物总数，保持温度为 21℃左右，湿度为 45％左右等。

2.2.6 安全操作

2.2.6.1 对仪器实验室的要求

实验室应远离强磁场、热辐射、震动、污浊气流和多粉尘的地方。实验室内应保持洁净、干燥，做好防尘、控温设计。实验台应离墙 50 cm 以上以便于操作和维修。

电压不稳的地区对仪器需加稳压电源，经常非正常停电的地区可安装不间断电源。

主机需独立地线，接地电阻小于 4Ω，地零电压须小于 1V。主机电源应避免接入其他大功率设备的电路。仪器的电源需使用单独开关，并且不允许使用漏电保护。

仪器配套循环冷却水系统工作温度通常为 20℃，而在工作中循环水散热量较大，因此，放置循环水的房间最好安装空调。

ICP－MS 使用高纯氩气做载气，要求纯度在 99.995％以上。氩气用量为 15L/min～20L/min。可用钢瓶或液氩罐供气。带碰撞反应池的 ICP－MS 还需使用碰撞反应气（如氦气、氢气、氧气、氨气或几种气体的混合气），通常要求纯度在 99.999％以上。由于用量很小每分钟毫升级别的，可以采用小气体钢瓶供气。

等离子体质谱在炬室和射频发生器排出的大量废热和样品溶液蒸汽，需要通过实验室排风系统排出，对排风量有一定的要求。排风管的设计还需要考虑风雨倒灌的情况。

2.2.6.2 对样品处理间的安全操作规范

样品处理需要使用强酸和强碱，在使用过程中必须遵守强酸、强碱安全操作规程：

前处理实验室应备有自来水、毛巾、药棉及急救时中和用的溶液。使用浓酸、浓碱清洗设备时，必须穿好工作服、工作鞋、戴好口罩、胶皮手套和防护眼镜。处理样品溶液，加热浓酸、浓碱，有机试剂时，必须在通风良好的通风柜内进行。

2.2.6.3 仪器使用要点

仪器的安装调试应由仪器厂商专业人员完成。实验室制定仪器标准操作规程，操作人员须经过专业培训、通过考核后才可上机操作。建立仪器使用记录档案，由专人管理和维护。

有些仪器软件中设有维护故障日志，操作者可将调谐校准信息等保存于软件中。

2.2.6.4　仪器应急处理原则

在紧急情况下的处理以下内容可供参考：

如果实验室平时或仪器运行中突遭停电，仪器会自动熄火和卸掉真空，此时应及时关闭仪器计算机稳压电源的电源开关，以及电源箱的闸刀。在来电或故障排除后，做好开机前的各项检查后再重新开机。如果仪器在点火过程中，等离子体炬焰异常或声音异常，应立即熄灭等离子体炬。查找原因处理后再重新点火。如果电脑和仪器通讯中断，可以重新启动电脑或者重新启动整机。运行中也可以通过硬件（按钮或炬室门）先熄灭炬焰再重启电脑。如果遇循环冷却水系统突然停水或水温过高，仪器的自锁功能会自动熄灭炬焰。

如果仪器实验室气味异常，应立即切断电源首先检查电源电路方面的问题。如遇实验室其他的紧急情况，操作者应迅速撤离，如果时间允许，在离开前应关闭总电源和气源。

2.2.7　ICP－MS分析法标准溶液的配制要求

2.2.7.1　基准试剂与标准溶液

由于ICP－MS法与化学方法一样是相对标准样品的分析方法，可朔源于基准物质。所用标准溶液都是用基准物质配制，实际工作中采用基准试剂配制标准溶液或直接用标准样品配制。

基准试剂需符合以下条件：纯度大于99.95％，组成恒定，实际组成与化学式完全相符；性质稳定，不易分解，吸湿，被空气氧化等，试剂三证（准生产证、质量合格证、营业许可证）齐全，出厂日期清楚，使用不超过保证期。通常基准试剂包装严密，放置在干燥器中，避阳、防潮、保存期不超过10年，但纯金属表面可能出现氧化，需作处理后方可使用。

2.2.7.2　标准溶液配制

各种元素标准储备液浓度通常为1.000g/L，用基准物质配制，通常用塑料瓶密闭保存，保存期通常不超过3年。出现沉淀物或剩余量少于1/10时，不能再使用。储备液标签应注明元素化合物分子式、浓度、介质、制备时间和制备人员。稀释标准溶液时应逐级稀释（每级10倍量为宜）。多元素标准溶液需要考虑元素与元素，元素与介质的相互干扰和影响，通常需要分组配制，如氢氟酸元素组、贵金属组、稀土元素组等。

标准溶液的保存期与元素的性质、浓度、总体积和环境温度有关。浓度为$100\mu g/mL$的标准溶液可保存6个月，浓度为$1\mu g/mL \sim 20\mu g/mL$常用标准溶液应在一个月内使用。不超过$1\mu g/mL$的标准溶液应随配随用。

2.2.8　ICP－MS分析法常用试剂

2.2.8.1　分析用水

国家标准GB/T 6682—2008分析实验室用水规格和试验方法规定了三个净化水的标准。ICP－MS是常用的痕量和微量的分析方法，对水质有更高的要求。在配制元素标准溶液和样品处理过程中要求使用电阻率达18.2MΩ·cm的超纯去离子水，常用去离子纯水装置获得。

2.2.8.2 分析用酸

在ICP-MS分析中常用的酸有硝酸、盐酸、氢氟酸、高氯酸等，也应用到混合酸用来增强分解能力。硫酸与磷酸的黏滞性会引起大的基体效应，也会影响溶液的传输和雾化，且它们的沸点较高，难以蒸干除去（磷酸在受热时逐步形成焦磷酸、三聚及多聚磷酸）。尽管它们虽然具有很强的分解能力，能分解一些矿物、合金、陶瓷等物质，它们主要被应用于化学分析工作中，ICP-MS分析方法中尽量避免使用。ICP-MS分析通常用优级纯以上级别的硝酸，如电子级、BV-III、高纯级硝酸等，对于有些痕量、超痕量元素分析，硝酸、氢氟酸等最好采用亚沸蒸馏法或其他方法进一步提纯的酸。一些无机酸的物理特性见表2.2-1。

表2.2-1 无机酸的物理特性

酸	分子式	浓度/%	浓度/（mol/L）	相对密度	沸点/℃	注释
硝酸	HNO_3	68	16	1.42	84	HNO_3
					122	68% HNO_3 恒沸物
氢氟酸	HF	48	29	1.16	112	38.3% HF 恒沸物
高氯酸	$HClO_4$	70	12	1.67	203	72.4% $HClO_4$ 恒沸物
盐酸	HCl	36	12	1.18	110	20.4% HCl 恒沸物
硫酸	H_2SO_4	98	18	1.84	338	98.3% H_2SO_4
磷酸	H_3PO_4	85	15	1.70	213	分解，磷酸受热逐渐脱水

（1）硝酸（HNO_3）

含量65%～69%的HNO_3称为"浓硝酸"，含量高于69%者称之为"发烟硝酸"。实验室常用的HNO_3为16mol/L（68%），它是一种强氧化剂，它可以将样品中的许多痕量元素溶解出来转化为溶解度很高的硝盐酸。通常用HNO_3来分解各种金属、合金及消解有机物质（如生物样品），但对于某些金属及矿石等地质样品，通常还需加入盐酸及HF以增加分解样品的能力。HNO_3能与许多硫化物起反应，但往往不能将硫化物完全氧化，往往会产生H_2S。以硫化物形式存在的硫即使用发烟硝酸也不能完全百分之百的转化为硫酸盐。硝酸的沸点较低，要想完全破坏有机物以及许多其他基质，必须采用较长的消解时间或加入其他强氧化剂如H_2O_2或$HClO_4$才行。然而，对有机物浓度高的样品最好先单独用HNO_3处理，然后再加入其他更强的氧化剂（否则易引发爆炸）。只有浓硝酸才具有氧化性，当它稀释到大约2M后即失去氧化性。

硝酸通常被认为是ICP-MS分析的最好的酸介质，因为在等离子体所夹带的空气中已有硝酸的组成元素，所以加入HNO_3基体后由氢，N_2和O_2形成的一些多原子离子并不显著增加。

（2）盐酸（HCl）

浓盐酸是分解许多金属氧化物以及其氧化还原电位低于氢的金属的一种最常用的试剂。不过，很少单独用它消解比较复杂的基体。与硝酸不同，盐酸是一种弱还原剂，氯离子具有络合效应，一般不用来分解有机物质。由于HCl-H_2O恒沸物的沸点低于HNO_3-H_2O恒沸物，所以可以用HNO_3将样品溶液反复蒸发至近于使HCl从中有效地除去，使最终溶液成为HNO_3介质。在如此处理过的溶液中，残留的氯离子不会产生明显的多原子离子干扰。不过在采用这种办法时应估计到一些易挥发金属氯化物（As、Sb、Sn、Se、Te、Ge、Hg）潜在挥发损失。在ICP-MS中通常避免使用盐酸，因为Cl形成的多原子离子（如 $ArCl^+$、ClO^+、$ClOH^+$）是 As 和 V 的可用同位素（75As、51V）的主要干扰，对其他痕量元素（Cr、Fe、Ga、Ge、Se、Ti、Zn）也有一定程度的干扰。不过，这种干扰问题对于那些只有在氯化物介质中才稳定的重要元素，如 Au（$m/z197$）以及铂族元素（$m/z96\sim110$、$m/z184\sim198$）的测定并无干扰。

（3）氢氟酸（HF）

在市场上可购到 $38\%\sim40\%$（质量分数）和约 48%（质量分数）的氢氟酸。38.3% 氢氟酸（22mol/L）的沸点为 112℃，由于较低的沸点和酸的高蒸气压使得它很容易挥发。

氢氟酸是唯一能分解以硅为基质的样品的无机酸，用氢氟酸分解硅酸盐时，硅酸盐将被转化为挥发性的 SiF_4，在敞开的容器中它将在加热过程中被挥发。这一特性在分析硅酸盐类的样品时是很有用的，如矿石、水系沉积物、土壤、石英岩等各类地质样品。用氢氟酸分解地质样品由于可除去大量的 Si，可有效地降低分析样品溶液中的 TDS。但对于有些元素，比如 B、As、Sb 和 Ge，根据它们不同的价态，也将可能挥发损失。

用氢氟酸分解样品时不能用玻璃、石英及陶瓷等器皿，经典的是采用铂器皿。现在通常用聚乙烯、聚丙烯、聚碳酸酯、聚四氟乙烯（特氟隆）等塑料器皿。聚四氟乙烯是最合适的材料，它可以抗强氧化剂浸蚀而且允许加热到 250℃ 左右（但温度高于 250℃，容器变软易变形）。氢氟酸很少单独使用，常与盐酸、HNO_3、$HClO_4$ 等在一起使用。

采用氢氟酸分解样品时，溶液中残存的氢氟酸，仍将严重腐蚀玻璃或石英材质的进样系统（雾化器、雾化室、中心管），虽然可用耐氢氟酸进样系统（高分子材料的雾化器雾化室及蓝宝石或铂中心管）替代玻璃和石英部件。饱和硼酸（H_3BO_3）可以与氟离子络合，但这将大大地增加溶液中的 TDS，在等离子体质谱分析中很少使用。因此，通常用 $HClO_4$ 或 H_2SO_4 来驱除氢氟酸，因 $HClO_4$ 沸点较低（203℃），H_2SO_4 的沸点较高（340℃），在使用 PTFE 烧杯分解样品时，用 $HClO_4$ 赶驱氢氟酸为宜。

（4）高氯酸（$HClO_4$）

高氯酸是已知的最强的无机酸之一，热的浓高氯酸是强氧化剂，它将和有机化合物发生强烈（爆炸）反应，而冷或稀的高氯酸则无此情况。因此，对有机样品应先用 HNO_3 或 HNO_3/高氯酸混合酸处理（HNO_3 的用量大于高氯酸的 4 倍），以避免单用高氯酸而发生爆炸现象。

经常使用高氯酸来驱赶 HCl、HNO_3 和 HF，而高氯酸本身也易于蒸发除去，除了一些碱金属（K、Rb、Cs）的高氯酸盐的溶解度较小外，其他金属的高氯酸盐类都很稳定，且在水溶液中的溶解度都很好。这也是 ICP-MS 分析样品时采用高氯酸的原因之一。

在用高氯酸分解样品中，可能会有 10% 左右的 Cr 以 $CrOCl_3$ 的形式挥发，有文献报道，V 也可能会以 $VOCl_3$ 的形式挥发。

高氯酸和 HF 结合使用时有许多好处，包括迅速氧化有机化合物以及由于增加了反应混合物的沸点温度而改善了 HF 的溶解效率，使难溶矿物的分解更为有效。另外，高氯酸的高沸点保证了在蒸发期间有效地除去 HF。不过，和盐酸不同的是在消解过程中引进的 Cl 离子（残留在样品溶液中的 $HClO_4$ 以及高氯酸盐）很难用蒸发方式除去，因此 $40Ar35Cl^+$ 对 75As 以及 $35Cl\ 16O^+$ 对 51V 的多原子离子干扰使低浓度的 As 和 V 的测定受到影响。

（5）硫酸（H_2SO_4）及磷酸（H_3PO_4）

浓硫酸沸点高，具有强氧化性，单独或和其他酸混合使用时，是一些矿石、金属、合金、氧化物和氢氧化物的有效溶剂，但一些无机硫酸盐的溶解度很低（尤其是 Ba、Ca、Pb、Sr），而且在有些样品的消解期间可能会出现某些痕量元素（Ag、As、Ge、Hg、Re、Se）的挥发损失。磷酸在铝和铁合金，陶瓷，矿石以及炉渣的分解中有一些应用。在氢氟酸等混合酸溶地质样品时，加入少量磷酸可以避免硼的挥发损失。由于硫酸和磷酸在ICP‑MS中存在高粘度引起的样品传输率的变化以及硫磷引起的多原子离子干扰问题，因此，在一般的 ICP‑MS 分析中尽量避免采用 H_2SO_4 和 H_3PO_4 来分解样品。如果使用时，必须注意其粘滞性对样品传输的影响，须使用基体匹配的校准溶液。另外，H_2SO_4 在ICP‑MS中还会引起严重的多原子离子干扰，主要是对 Ti、V、Cr、Zn、Ga 和 Ge 同位素的干扰，而且长时间喷入稀硫酸和磷酸还会严重腐蚀 ICP‑MS 仪器的锥口。

H_2SO_4 的沸点较高（340℃），不容易加热驱赶，不能用 PTFE 容器加热蒸发（PTFE容器在260℃时变形，327℃融化）。

（6）王水（Aqua‑regia）

用一份 16mol/L 的 HNO_3 和三份 12mol/L 的 HCl 以体积比混合得到王水。二者混合后所产生的氯化亚硝酰（NOCl）和游离氯（Cl^-）是王水起作用的因素，是一种强氧化剂。王水通常用于分解金属（金、银、铂、钯）、合金、硫化物及一些矿物。

逆王水是以体积比三份 HNO_3 和一份 HCl 混合而成，逆王水可将硫化物转化为硫酸盐，为了避免生成硫或 H_2S，应用水冷却的条件下工作。

2.2.8.3 化学试剂

在 ICP‑MS 分析中主要用高纯试剂配制标准溶液。高纯试剂是指试剂中杂质含量微小、纯度很高的试剂。高纯试剂种类繁多，标准也没统一。

通常采用高纯试剂来配制 ICP‑MS 分析用的标准溶液，见表 2.2‑2。

表 2.2‑2 标准溶液配制用物质、称样量及配制介质

元素	化合物	称量/g	溶剂	元素	化合物	称量/g	溶剂
Al	Al	1.0000	6M HCl	Ca	$CaCO_3$	2.4972	0.5M HNO_3
Sb	Sb	1.0000	王水	Ce	$(NH_4)_2Ce$ $(NO_3)_6Ce$	3.9125	水
As	As	1.0000	4M HNO_3				
As	As_2O_3	1.3203	4M HCl	Cr	Cr	1.0000	4M HCl
Ba	$BaCO_3$	1.4369	0.05M HNO_3	Co	Co	1.0000	4M HCl
Be	Be	1.0000	0.5M HCl	Lu	Lu_2O_3	1.1372	王水
Be	BeO^*	2.7753	0.5M HCl	Mg	MgO	1.6581	0.5M HCl
Bi	Bi	1.0000	4M HNO_3	Mn	Mn	1.0000	4M HNO_3
Bi	Bi_2O_3	1.1149	4M HNO_3	Mn	MnO_2	1.5825	4M HNO_3
B	B	1.0000	4M HNO_3	Hg	$HgCl_2$	1.3535	水＋1g $(NH_1)_2S_2O_8$
B	H_3BO_3	5.7195	水				
Cd	Cd	1.0000	4M HNO_3	Mo	Mo	1.0000	王水
Cd	CdO	1.1423	4M HNO_3	Mo	MoO_3	1.15003	王水

续表 2.2-2

元素	化合物	称量/g	溶剂	元素	化合物	称量/g	溶剂
Nd	Nd_2O_3	1.1664	4M HCl	Ir	$(NH_4)_2IrCl_6$	2.2945	水
Ni	Ni	1.0000	4M HCl	Fe	Fe	1.0000	4M HCl
	NiO	1.2725	4M HCl		Fe_2O_3	1.4297	4M HCl
Nb	Nb_2O_5	1.4305	少量 HF,1M HCl	La	La_2O_3	1.1728	4M HCl
Os	Os	1.0000	王水	Pb	Pb	1.0000	4M HNO_3
Pd	Pd	1.0000	王水		PbO	1.0772	4M HNO_3
P	NaH_2PO_4	3.8735	水	Li	Li_2CO_3	5.8241	1M HCl
	$NH_4H_2PO_4$	3.7137	水		LiCl	6.1092	水
Pt	Pt	1.0000	王水	Se	SeO_2	1.4053	水
K	KCl	1.9067	水	Si	$Na_2SiO_3 \cdot 9H_2O^*$	10.1190	水
	K_2CO_3	1.7673	1M HCl				
Pr	Pr_6O_{11}	1.2081	王水	Ag	Ag	1.0000	4M HNO_3
Re	$KReO_4$	1.5537	水	Na	NaCl	2.5421	水
	NH_4ReO_4	1.4406	水		Na_2CO_3	2.3051	1M HCl
Rh	$(NH_4)_3RhCl_6 \cdot H_2O$	3.7681	水	Sr	$SrCO_3$	1.6849	1M HNO_3
					$Sr(NO_3)_2$	1.4153	水
Ru	$(NH_4)_2[Ru(H_2O)Cl_5]$	3.2891	水	Ta	Ta	1.0000	少量 HF,1M HCl
Sm	Sm_2O_3	1.1596	王水	Te	TeO_2	1.2508	4M HCl
Sc	Sc_2O_3	1.5338	4M HCl	Tb	Tb_4O_7	1.1762	王水
Cu	Cu	1.0000	4M HNO_3	Tl	Tl_2O_3	1.1174	4M HCl
	CuO	1.2518	4M HMO_3		TlCl	1.1735	水
Dy	Dy_2O_3	1.1477	王水	TH	$TH(NO_3)_4 \cdot 4H_2O$	2.3794	水
Er	Er_2O_3	1.1435	4M HCl				
Eu	Eu_2O_3	1.1579	王水	Tm	Tm_2O_3	1.1421	王水
Gd	Gd_2O_3	1.1526	王水	Sn	Sn	1.0000	4M HCl
Ga	Ga	1.0000	4M HNO_3	Ti	Ti	1.0000	4M HCl
Ge	Ge	1.0000	王水	W	WO_3	1.2611	2% Na_2CO_3
	GeO_2	1.4408	王水	U	U_3O_8	1.1792	4M HNO_3
Au	Au	1.0000	王水	V	V	1.0000	4M HNO_3
Hf	$HfOCl_2 \cdot 8H_2O$	2.2943	水	Yb	Yb_2O_3	1.1387	4M HCl
				Y	Y_2O_3	1.2699	4M HMO_3
Ho	Ho_2O_3	1.1455	王水	Zn	Zn	1.0000	4M HNO_3
In	In	1.0000	王水		ZnO	1.2448	4M HNO_3

* 不能与酸性溶液混合。

2.2.8.4 ICP‑MS分析法常用样品处理方法及特点

ICP‑MS分析法常用样品处理方法与 ICP‑AES、AAS 法基本相同，大致可分成三种基本方式：酸消解法（敞开式酸溶和封闭式酸溶）、碱金属盐熔融法和微波酸溶消解法。所不同的是 ICP‑MS 分析样品处理方法对样品处理的环境，所使用的器皿、试剂、水质等要求更高。

适合 ICP‑MS 分析的样品种类繁多，包括植物、生物、金属和合金、食品、化工产品、土壤、矿石、水、大气颗粒物等等。即使同一种样品也有不同的分解方法使用不同的试剂和器皿设备。因此，在此介绍的方法一般可以用于许多类似样品的制备，例如"地质"样品的分解方法就可能适用于矿石、矿物、土壤、水系统沉积物等性质相似的样品，或作为分解其他种类样品的参考，根据实际的需要可作必要的改动。

（1）酸消解法

酸消解通常采用用两种方式，一种是敞开式容器酸溶法，另一种是封闭式容器酸溶法。

敞开式容器酸溶法是化学分析实验室中最为普通的样品分解方法，它的优点是分解速度快，便于大批样处理。这种方法尤其适用金属及合金样品、环境样品、一般矿物样品等。

封闭式容器酸分解法常用的密封容器是由一个 PTFE 杯和盖，以及与之紧密配合的不锈钢外套组成（见图 2.2‑1）。钢外套有一个带弹簧的螺旋盖，拧紧后可使 PTFE 杯和盖紧密密合。放入样品及酸后，将 PTFE 容器置入外套罐里拧紧外套盖后放入烘箱，根据要求，控制温度在 110℃～200℃ 左右，加热数小时。密闭的 PTFE 容器在加热后可形成高压（混合反应物反应后产生的蒸汽可能 7MPa～12MPa 量级的压力）。故使用这种消解罐时必须小心，样品和试剂的容量绝对不能超过内衬容量的 10%～20%，过多的溶液产生的压力会超过容器的安全额定压力。同样，有机样品绝对不能和强氧化剂直接在消解罐内混合并密闭处理。分解温度必须严格控制，切勿超温，不然将会引起容器的破裂及爆炸。分解完成后必须将消解罐彻底冷却后才能打开，打开时应放在合适的通风橱内小心操作。

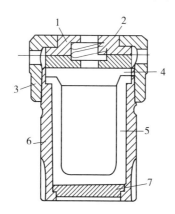

1—带有金属安全圈的不锈钢顶盖；2—不锈钢弹簧；3—不锈钢帽；
4—聚四氟乙烯 PTFE 盖；5—不锈钢外套；6—聚四氟乙烯 PTFE 内衬；7—不锈钢底座

图 2.2‑1 普通型高压消解罐结构图

这种消解方法处理样品速度较慢，而且消解罐在使用时有一定的危险性，但这种技术可以较好、较快地分解用敞开式分解方法难以处理的一些难熔矿物。这种消解方法尤其适用于需要分析几十种元素的地质样品。因密封容器的压力使试剂的沸点升高消解温度升高，可显著地缩短样品的分解时间，而且使一些难溶解物质如 Zr、Hf、Nb、Ta 等易于溶解，挥发性元素化合物如 As、B、Cr、Hg、Sb、Se、Sn 在密闭容器内将保存在溶液中，试剂用量大为减少了，节省成本也减少废物废水的排放。

（2）微波消解法

微波消解技术早期大都是用于生物样品的湿法消解，以后发展用于无机物料分析。由于微波消解设备的功能日益完善和装置设备的普及，已经被广泛应用于各种领域里。尤其是高温高压微波技术的发展，对于难以分解的无机材料及矿物样品是一个有力的样品处理手段。

微波是指频率在 $300 \sim 3 \times 10^5$ MHz 的高频电磁波，其中最常用的频率为 2450MHz $\pm$ 13MHz。一般民用微波炉输出功率为 600W $\sim$ 700W，可在 5min 之内提供 180kJ 的热能。微波可以穿透玻璃、塑料、陶瓷等绝缘体制成的容器。微波辅助酸消解法就是利用酸与试样混合液中极性分子在微波电磁场作用下，迅速产生大量热能，促进酸与试样之间更好地接触和反应，从而加速样品的溶解。其反应速度大大地高于传统的样品处理技术，而且，所制得的试样溶液的酸溶剂等可以降得最低，特别适合于 ICP - MS 分析的应用。

随着微波技术的发展，其不仅可以进行湿法消解，而且还可用微波灰化。微波灰化技术在日化、石油等领域越来越得到广泛地应用。这一新技术已日益成为 ICP - MS 分析中难溶物料的有效分解手段而被广泛采用。

（3）熔融分解法

熔融分解法主要用于硅酸盐、陶瓷、耐火材料、金属、合金等样品。主要的熔剂有偏硼酸锂（$LiBO_2$）、四硼酸锂（$Li_2B_4O_7$）、碳酸钠（Na_2CO_3）、氢氧化钠（NaOH）、过氧化钠（Na_2O_2）等。样品熔融后，熔块用水提取并用酸酸化。ICP - MS 分析法的特点是允许测定溶液的总固溶物（TDS）含量较小，熔融分解法带来大量的碱金属离子。因此如采用碱熔法，最好采取适当的措施将大量熔剂与被测元素分离，以免影响后续测定。

常用的熔融分解法有偏硼酸锂熔融法和碳酸钠熔融法。如：偏硼酸锂熔融法通常称取 0.1g 试样于石墨或铂金坩埚中，加 0.5g $LiBO_2$，于 1000℃ 马弗炉中熔融 5min $\sim$ 10min。冷却后用 50mL 5% HNO_3 提取。用 2% HNO_3 定容至 100mL。又如：用碳酸钠熔融法称取 0.1g 样品（硅酸盐）于铂金坩埚中，与 1g 无水碳酸钠充分搅拌，面上铺一层无水碳酸钠，放于 950℃ $\sim$ 1000℃ 马弗炉中熔融 40min。冷却后用（1+2）HCl 提取。

（4）制备样品分析溶液应注意的问题

试样在溶解处理成为溶液时，必须保证待测成分定量的转移到测定溶液中，应保证待测成分不被丢失或被沾污。因此，由样品制备 ICP - MS 分析溶液时，溶样时要注意加热蒸发易挥发成分或产生沉淀物而造成损失，如要注意加热时 Hg、Se、Te 等易挥发损失的元素和易形成挥发性氧化物（如 Os、Ru）、挥发性氯化物（如 $PbCl_2$、$CdCl_2$）的损失。

同时要注意溶样时所用试剂及容器材质所带来的污染。加热易发生挥发或沉淀损失的元素、HF - $HClO_4$ 溶液蒸发时元素的损失率、酸和容器材质造成的污染分别见表 2.2 - 3、表 2.2 - 4、表 2.2 - 5。

表2.2－3 加热易发生挥发或沉淀损失的元素

加热出现损失形式	出现挥发或沉淀损失的元素
以单体释放出来	氢、氧、氮、氯、溴、碘、汞等
以氢化物形式挥发	碳、硫、氮、硅、磷、砷、锑、铋、硒、碲
以氧化物形式挥发	碳、硫、氮、铼、锇、钌等
以氯（溴）化物挥发	锗、锑、锡、汞、硒、砷等
以氟化物形式挥发	硼、硅等
以羟基卤化物挥发	铬、硒、碲等
以卤化物形式沉淀	银、铅、铊等
以硫酸盐形式沉淀	钙、锶、钡、镭、铅等
以磷酸盐形式沉淀	钛、锆、铪、钍等
以含氧酸形式沉淀	硅、铌、钽、锡、锑、钨等

表2.2－4 HF－HClO₄ 溶液蒸发时元素的损失率

元素	损失率 w/%	元素	损失率 w/%
As	100	Re	不定
B	100	Sb	<10
Cr	不定	Se	不定
Ce	<10	S	100
Mn	<2		

表2.2－5 酸和容器材质造成的污染

酸	材质	$w_{El} \times 10^{-7}$/%										
		Al	Fe	Ca	Cu	Mg	Mn	Ni	Pb	Ti	Cr	Sn
氢氟酸 HF	特氟隆	3	3	1	<0.04	<3	0.1	<0.4	<0.1	0.1	<0.4	—
	白金	10	10	10	0.4	10	0.2	0.3	0.5	1	0.5	—
盐酸 HCl	特氟隆	<4	3	5	0.2	3	0.1	—	<0.4	—	—	—
	白金	2	2	10	1	6	0.2	0.6	<0.4	0.4	Tr	<0.4
	石英	10	10	60	1	10	0.4	2	0.5	2	0.6	0.4
硝酸 HNO₃	特氟隆	2	8	4	<0.01	7	0.1	—	—	—	—	—
	白金	20	20	30	0.4	20	0.6	Tr	1	0.8	—	—
	石英	20	20	60	0.1	20	0.6		1	0.3	—	—

注："—"为未检出；Tr 为未作定量检测。

参考文献

［1］Edmond de Hoffmann and Vincent Stoobant. Mass spectrometry, principles and applications. third edition, Jonn Wiley & Sons, ltd. , 2007.

［2］Johanna Sabine Becker. Inorganic Mass Spectrometry Principles and Applications. Jonn Wiley & Sons, ltd. , 2007.

［3］Sleve J. Hill. Inductively Coupled Plasma Spectrometry andits Applications. Blackwell Pulishing, 2006.

［4］Simon M. Nelms. Inductively Coupled Plasma Mass Spectrometry Handbook. Elakwell Publisng, 2005.

［5］Grenville. Hollend, Dmitry Bandura. Plasma Source Mass Spectrometry Current trends and future Developments. RSC Publishing, 2004.

［6］Robert Thomas. Practical Guide to ICP-MS. Marcel Dekker. Inc. 2004.

［7］Plasma source Mass spectrometry-application and emerging, Grenville Holland, Scott D. Tanner, Royal Society of Chemistry, 2003 RS. C advancing the chemical sciences.

［8］Howard E. Taylor. Inductively Coupled Plasma-Mass Spectrometry, Practices and techniques. ACADEMIC Press, 2001.

［9］Plasma source Mass spectrometry-new development and applications, Grenville Holland, Scott D. Tanner, Royal Society of Chemistry, 1999.

［10］Inductively Couple Plasma Mass Spectrometry, Akbar Montaser, Viley, John & Sons, Incorporated. 1997.

［11］Inductively coupled plasmas in analytical atomic spectrometry, Akbar Montaser and D. W. Golightly, VCH Publishers, New York, 1987.

［12］K. E. 贾维斯等著. 尹明，李冰译，殷宁万校. 电感耦合等离子体质谱手册［英］. 北京：原子能出版社，1997 年.

［13］郑国经主编. 电感耦合等离子体原子发射光谱分析技术. 北京：中国质检出版社，中国标准出版社，2011.

［14］EPA Method 200. 8 Revision 5. 4（1994）.

思考题

（1）等离子体质谱仪器的进样系统由哪些部分所组成？

（2）等离子体射频二次放电的原因是什么？

（3）什么是平衡等离子体射频系统和非平衡等离子体射频系统？

（4）二种真空规的工作原理是什么？

（5）电子倍增检测器的交叉校正原理是什么？什么时候需要对检测器进行交叉校正？

（6）什么是电子倍增器的死时间校正，如何进行死时间校正？

（7）冷等离子体工作模式降低干扰的原理是什么？冷等离子体模式分析是针对哪些样品哪些元素？

（8）等离子体质谱的离子透镜系统常可由哪些元件所组成的？

（9）当前碰撞/反应池技术中涉及哪几种效应和技术？它们的作用是什么？

（10）碰撞/反应池中的多极杆的作用是什么？

（11）当前等离子体质谱仪器可以利用的辅助件有哪些？什么样品需要使用这些辅助件？

（12）等离子体质谱的仪器校准和调谐包括哪些内容？

（13）等离子体质谱仪器的日常维护保养有哪些？

（14）内标的作用是什么？常用的内标元素有哪些？

（15）引起等离子体质谱仪器信号漂移的可能因素是哪些？

（16）等离子体质谱分析方法中常用的样品处理方法有哪些？

（17）哪些常用试剂适合等离子体质谱分析方法？

（18）密封高压罐和微波消解系统使用时需要注意什么问题？

（19）哪些元素用高氯酸赶氢氟酸时容易丢失？

（20）如何清洗锥口和离子提取透镜？

电感耦合等离子体质谱分析方法标准与应用

3.1 电感耦合等离子体质谱分析方法通则

本节在 DZ/T 0223—2001《电感耦合等离子体质谱分析方法（ICP‑MS）通则》以下简称《通则》的基础上，增补了术语和定义、干扰校正公式等内容，仅供参考。

《通则》适合于一般样品（固体、溶液）中的金属和部分非金属元素的电感耦合等离子体质谱分析方法（ICP‑MS）。《通则》适用于采用电感耦合等离子体质谱仪和溶液进样方法，可进行快速痕量多元素分析以及同位素比值测定。大多数元素的仪器检出限为 $10^{-2}\sim$ $10^{-4}\,\mu g/L$。《通则》不适用于固体直接进样分析。本方法要求分析者能熟练操作电感耦合等离子体质谱仪，了解质谱干扰和基体干扰的原理并能进行干扰校正。对仪器至少有 6 个月的操作经验。使用者在分析前必须明确数据质量控制目标。

3.1.1 术语和定义

等离子体（plasma）：一种高度电离的气体，其所含电子和离子的数目几乎相等。

射频发生器（radio frequency generator）：为耦合线圈和等离子体提供射频能量的射频功率源。

电感耦合等离子体（inductively coupled plasma，ICP）：将高频功率加到与等离子体炬管耦合的线圈上所形成的炬焰。

等离子体炬管（plasma torch）：用于 ICP 维持稳定放电的，通常由三层同心石英管组成的装置，外管进冷却气，中管进辅助气，内管进载气。

雾化器（nebuliser）：产生气溶胶的装置。

雾室（spray chamber）：将气溶胶颗粒选分的一种装置，一般的设计是将雾滴大于 $4\mu m$ 的粒子除去。

离子透镜（ion lens）：用于使截取锥后的提取物中尽可能多的离子在四极杆质量分析器入口处形成圆形截面的轴向离子束的一种离子聚焦装置。

离子检测器（ion detector）：用于检测离子的电子装置。在电子倍增器中，每个离子在撞击检测器后释放出电子，电子的数目在通过检测器过程中得到倍增。

入射功率（incident power）：由高频发生器输送给耦合线圈和等离子体的净功率。

反射功率（reflected power）：施加的未能利用的功率。

采样深度（sampling depth）：从耦合线圈的外端到采样锥孔的距离。

采样锥（sampling cone）：常压等离子体与高真空的质量分析器接口的重要的锥体部件。该锥的中心有一个约 1mm 的锥孔，等离子体炬焰中的离子通过此锥孔进入由机械泵支持的第一级真空室。

截取锥（skimmer cone）：常压等离子体与高真空的质量分析器接口的又一重要的锥体部件。锥的中心有一个小于 1mm 的与采样锥孔轴向同心的锥孔。离子通过此锥孔进入质量分析器。

冷却气（coolant gas）：炬管最外层用以冷却炬管、维持等离子体，并形成涡流以限制等离子体炬焰形状的气流。

辅助气（auxiliary gas）：通过炬管中间管的用于保证高温等离子体与中心管喷口脱离，避免中心管顶端熔化的气流。

载气（carrier gas）：通过炬管中心管的用于将溶液雾化成气溶胶并将气溶胶载带进入等子体的气流。

四极杆质谱仪（quadrupole mass spectrometer）：通过在对电极上施加射频电压与直流电压而使离子根据不同质荷比（m/z）实现分离的质量分析器。

蠕动泵（peristaltic pump）：液体样品传输装置，该装置通过一组滚轴连续挤压塑料管使液体通过（有如肠壁的蠕动），这种方法的样品传输是脉冲形式而不是连续流。

核素（nuclide）：核电荷相同，原子质量也相同的一类原子的总称。

质量数（mass number）：一个基本单元（原子、离子、分子等）中质子数与中子数之和称为该基本单元的质量数。amu 是原子质量单位。

同位素（isotope）：原子序数相同而原子量不同的元素，它们分别有不同的中子数，在周期表中占有同一位置。同位素的化学性质相似，但物理性质不同。例如，氯在自然界有两种不同峰度的天然同位素 ^{35}Cl（75.78%）和 ^{37}Cl（24.22%）。每一种氯都有 17 个质子和电子，但不同量的中子。氯原子一般认为它的原子量是 35.45 。这是由于取了两种同位素的平均分子量（$35 \times 0.7578 + 37 \times 0.2422$）。

同位素丰度（isotopic abundance）：同种元素某一同位素的原子摩尔百分数称为该同位素的同位素丰度。

同量异位素（isobar）：质量数相同，而核电荷不同的核素（例如 Pb^{204} 和 Hg^{204}），这些同质异位素有不同的化学性质和物理性质，但有对于四级杆型质量分析器来说质量相同，不可分辨。这些有相同质量的不同离子在检测时会引起重叠干扰。

质荷比（mass to charge ratio）：离子质量与其电荷数之比，以 m/z（或 m/e）表示。

质谱图（mass spectrum）：以质荷比为横坐标，离子相对强度为纵坐标所作的谱图。

测定质量范围（detection mass range）：质谱仪可测定的 m/z 范围，单位为 u。

背景（background）：在与分析试样相同的条件下，不引入任何试样所得到的质谱。背景值一般取质量数 5 及 220 处测定，代表了仪器的电子噪音、杂散光噪音、随机噪音等的程度。

背景等效浓度（background equivalent concentration，BEC）：背景等效浓度即测定纯水或样品时，待测元素质量数处的背景绝对计数值相当的元素浓度值，BEC＝待测元素的背景绝对计数值/方法灵敏度。

死时间（dead time）：检测器及其有关电子系统无法分辨在小于一定时间间隔下产生的连续脉冲的时限。

分辨率（resolution）：在给定条件下，仪器对两个相临质谱峰的区分能力，用 R 表示。四极杆质谱仪的分辨率与四极杆的频率 f、离子飞行速度 V 以及四极杆长度 L 相关，

符合公式 $R \propto f^2 L^2 / V$。由于一般四级杆质量分析器的分辨率只能区分标称单个质量数相差的同位素，并不能像高分辨率的质谱一样分辨同质异位素，因此，四极杆 ICP-MS 的分辨率一般用 10%峰高（有时用半峰高）处的峰宽表示，通常控制在 0.6u～0.8u 之间。

信号（signal）：是一种物理响应，其所含分析信息与样品的元素组成或同位素组分的浓度有关。

信号增强（signal enhancement）：在有基体存在时一定浓度的元素的信号比无基体存在时要强。

信号抑制（signal suppression）：在有基体存在时一定浓度的元素的信号比无基体存在时要弱。

同位素比值（isotope ratio）：一种元素的某两种同位素的原子数之比，称为这两个同位素的同位素比值。

仪器检出限（instrument detection limit，IDL）：是指校准空白连续 10 次测定值的 3 倍标准偏差所相当的分析物浓度。

方法检出限（method detection limit，MDL）：是指特定分析方法中，分析物能够被识别和检测的最低浓度。方法检出限一般是采用样品全流程空白连续 10 次测定值的 3 倍标准偏差所相当的分析物浓度（常用 ng/L 表示）。对于流程空白不高的情况来讲，方法检出限应该和仪器检出限差别不大。

方法定量限（limit of quantitation，LOQ）：是指特定分析方法中，分析物能够被识别、检测并报出数据的最低浓度。10 倍的 SD 已被提议（美国化学协会环境改善委员会，1980）作为一个适宜的定量分析下限的估计值，并被命名为"定量限"（LOQ）。一般由实验室全流程试剂空白连续 10 次测定值的 10 倍标准偏差所相当的分析物浓度（计算时考虑其方法稀释因数 DF，常用 μg（ng）/g 表示）。在 99%置信区间内分析物浓度高于零。在此水平下，测量的理想重现性是 10%相对标准偏差（1SD），但实际上，测量重现性一般均介于 15%～35%。

稀释因数（dilution factor，DF）：试料被稀释的倍数。DF＝稀释后体积（mL）/稀释前试料质量（g）或体积（mL）。

灵敏度（sensitivity）：单位时间内，对单位浓度的某元素测量到的信号计数。通常用 cps 表示（计数/ng/mL/s）。

丰度灵敏度（abundance sensitivity）：是指一高强度的质谱峰 M 由于峰展宽以及峰拖尾现象而对相邻质谱峰（M＋1 以及 M－1）所产生的重叠干扰的大小，测定方法是当确定溶液中在 M＋1 以及 M－1 质量数处无目标元素同位素以及氢化物等干扰离子时（或可用数学方法扣除时），加入在 M 处有高强度的元素，测定由该 M 处质谱峰的拖尾对 M＋1 和 M－1 处的重叠干扰所增加的峰高对 M 处峰高的比值。丰度灵敏度同时与分辨率和四极杆的形状因子等相关，在四极杆质谱仪中丰度灵敏度是比分辨率更为重要的参数，尤其是对高基体样品的分析。

线性动态范围（linear dynamic range）：浓度与信号响应之间成线性关系的范围。

短期稳定性（short term stability）：质谱仪在较短时间内测量的结果的稳定程度。一般以 20min 内，对含有适当元素浓度的溶液等时间间隔的连续 10 测定所获得强度的精密度，通常用%RSD 表示。

长期稳定性（long term stability）：质谱仪在较长时间内连续测量的结果的稳定程度。

一般以 2h～4h 内，对含有适当元素浓度的溶液等时间间隔的连续 10 测定所获得强度的精密度，通常用％RSD 表示。

同位素比值测定精度（precision for isotope radio determination）：同一元素或不同元素的两个同位素的比值测定精度，通常用％RSD 表示。

总溶解固体量（total dissolved solids）：溶解在溶剂中的固体物质的总浓度，用 TDS 表示。

质量偏倚（mass bias）：观察到的或测量到的同位素比值与真实比值的明显偏离，偏倚是两个同位素之间质量差的函数。

外标校准法（external calibration）：通过与一组待测元素为已知的溶液（或固体）的比较而达到的元素浓度的测定，外标法通常需要 2 个或 2 个以上的标准。

同位素稀释法（isotope dilution）：一种定量校准方法，用 ID 表示。该方法选择某一元素的两个同位素，在加入其中一个同位素的已知量的浓缩稀释剂后，通过测定这两个同位素的信号强度比值变化计算该元素浓度的方法。

调谐溶液（tuning solution）：在校准和样品分析前用来确定可接受的仪器分析性能的溶液。一般选择低中高质量的代表元素的混合溶液进行最佳化调试。

标准储备溶液（stock standard solution）：用标准参考物质制备的含有一种或多种待测物的浓溶液，也可直接从权威商业机构购买。校准空白（calibration blank）：一与校准标准酸度相同，保证基体匹配，以校准空白作为标准曲线的零点来校准 ICP‑MS。

校准空白（calibration blank）：与校准标准酸度相同，保证基体匹配，以校准空白作为标准曲线的零点来校准 ICP‑MS。

校准标准（calibration standard，CAL）：由标准储备液稀释而得，用来校准与分析物浓度有关的仪器响应信号。

质量监控样（quality control sample，QCS）：在等份的实验室试剂空白（LRB）或样品基体中加入已知浓度的分析元素的监控样溶液。监控样的制备应源于实验室以外，不同于校正标准源。质量监控样可以用来检查实验室或仪器性能。

过程空白（procedural blank）：与样品制备过程相同，所用试剂也相同的空白。

内标（internal standard）：为了补偿由于仪器漂移和由于基体效应造成的灵敏度漂移和改善测定精度，可选用一个（或几个）在样品中的含量可忽略的、与待测元素在质量上尽可能相近、电离电位也尽量相近，而且最好是单同位素的元素，加入到样品和校准溶液中，作为参考点对其他的元素进行校准。

准确度（accuracy）：测试结果与被测量真值或约定真值间的一致程度（ISO 5725‑1）。

精密度（precision）：在规定条件下，相互独立的测试结果之间的一致程度（ISO 5725‑1）。

重复性（repeatability）：在重复性条件下，相互独立的测试结果之间的一致程度（ISO 5725‑1）。

重复性条件（repeatability conditions）：在同一实验室，由同一操作者使用相同设备，按相同的测试方法，并在短时间内从同一被测对象取得相互独立测试结果的条件（ISO 5725‑1）。

重复性限（repeatability limit）：一个数值，在重复性条件下，两次测试结果的绝对值不超过次数的概率为 95％。重复性限符号为 r（ISO 5725‑1）。

再现性（reproducibility）：在再现条件下，测试结果之间的一致程度（ISO 5725‑1）。

再现性条件（reproducibility conditions）：在不同的实验室，由不同的操作者使用不同的设备，按相同的测试方法，从同一被测对象取得的测试结果的条件（ISO 5725 - 1）。

再现性限（reproducibilitylimit）：一个数值，在线性条件下，两次测试结果的绝对差值不超过次数的概率为 95%。再现性限符号为 R（ISO 5725 - 1）。

同量异位素重叠（isobaric overlap）：不能用质谱计分辨的两个具有相近质量，而核电荷不同的同位素。

多原子离子干扰（polyatomic ion interference）：多原子离子质谱干扰是由两个或更多的原子结合而成的短寿命的复合离子。广义上讲，除了同质异位素重叠干扰，其他以氧化物、氮化物、氢化物、氢氧化物等形式出现的干扰离子都应该归类于多原子离子。但由于这些干扰离子来源的不同说法，此类干扰往往又分为两种。一种是多原子离子或加合离子（polyatomic or adduct ion），即等离子体中主要成分之间的离子反应的产物，如 ArO。另一种是被称为"难熔氧化物离子"（Refractory oxide ion）的多原子离子干扰，即难熔元素与氧形成的氧化物离子。

氧化物干扰（oxide ion interference）：难熔氧化物离子是指难熔元素与氧结合，其氧化物键不一定总是能打开的氧化物离子。其质量出现在离子母体质量（M）的 M+16、M+32 或 M+48 处。难熔氧化物离子被认为是可能发生在等离子体中，是由于样品基体不完全解离或是由于在等离子体尾焰中解离元素再结合而产生的。

氧化物离子产率（oxide ion yield）：氧化物离子的产率通常是以氧化物离子与其母体离子强度的比值来表示，即 MO^+/M^+（严格地讲，该比值应表示为 $MO^+/(MO^+ + M^+)$，但由于氧化物比值通常比较小，所以一般采取近似表示法）。具有最高氧化物键强度的那些元素通常都有最高的 MO^+ 离子产率，如 Ce。因此，一般仪器用 CeO/Ce 的比率来表征仪器的氧化物干扰水平。

双电荷离子（doubly charged ions）：双电荷离子，即失去两个电子的离子。因为检测器是基于质荷比（m/z）进行检测，因此双电荷离子也能被检测到，检测结果只是同位素原来的质量数的一半。例如，^{88}Sr 易成为双电荷离子，所测出的质量数为 44，与 ^{44}Ca 相同，造成双电荷干扰。现代商品仪器中双电荷干扰在 1%~3%左右。

双电荷离子产率（doubly charged ion yield）：双电荷离子强度与单电荷离子强度的比值。一般以 M^{2+}/M^+ 的百分比表示。

空间电荷效应（space chargeeffect）：离子在离开截取锥向质量分离器飞行的过程中，由于只剩下带正电荷的离子，同种电荷离子相互排斥，质量数较轻的同位素离子受排斥力作用而容易丢失，引起信号减弱；而质量数较大的离子在排斥力作用下仍能保持在飞行的路线上而产生较强的信号。这种由于受同种电荷排斥力作用而使质量数较轻的离子信号减弱、质量数较重的离子信号较强的现象即空间电荷效应。

物理干扰（physical interferences）：与样品传输到等离子体，在等离子体中进行转换，通过等离子体质谱接口传输等物理过程有关的干扰。此类干扰将导致样品和校准标准的仪器响应不同，可能产生于溶液进入雾化器的传输过程（黏性效应）、气溶胶的形成及进入等离子体过程（表面张力）、在等离子体内的激发和离子化过程。样品中可溶固体含量高将导致物质在提取口或锥接口的堆积，从而减小锥孔的有效直径而降低了离子的传输效率。为了减少此类干扰，建议可溶固体总量低于 0.2%（w/V）。采用内标法来补偿这些物理干扰效应也是很有效的，选择的内标元素要与被测元素具有相似的化学性质。

记忆效应干扰（memory effect interferences）：由于先测定样品中的元素同位素信号对后面测定样品的影响。记忆效应来自样品在采样锥和截取锥的沉积以及等离子体炬管和雾室中样品的附着。此类记忆效应产生的位置与测定元素有关，可通过进样前用清洗液清洗系统来降低。对每个样品的分析都应该考虑记忆效应干扰并采取适当的清洗次数和清洗时间来降低干扰。

3.1.2 方法提要

高频发生器提供的高频能量加到感应线圈上，将等离子体炬管置于线圈中因而在炬管中产生高频磁场。用微火花引燃，使通入炬管中的氩气电离，产生离子和电子而导电。导电气体受高频电磁场作用形成与耦合线圈同心的涡流区，强大的电流产生高温，从而形成等离子体炬焰并维持。

试样由载气（氩气）带入雾化系统进行雾化，并以气溶胶形式进入炬管的中心通道，在高温和惰性气体中充分电离，离子经透镜系统提取、聚焦后进入质量分析器，并按其不同质荷比（m/z）被分离。离子信号由电子倍增器接收，经放大后进行检测。根据离子的特征质量可定性检测该元素的存在与否，而元素的离子流强度与该元素的浓度成正比，可确定试样中该元素的含量。

要充分认识本技术涉及的干扰并加以校正，包括同量异位素干扰和载气、试剂或样品基体产生的多原子干扰。样品基体引起的仪器响应抑制或增强效应和仪器漂移可以使用内标补偿。

3.1.3 安全

本标准并未完全指出所有可能的安全问题。每一种化学试剂都可能对健康造成危害，所以要尽量少暴露于这些化学物质中。每个实验室都有责任维护有关法则中关于本方法所提及的化学物质安全处理规定。参与化学分析的所有人员都应有化学实验室安全常识。其中，浓硝酸和浓盐酸危害更多，不仅有毒而且对皮肤和黏膜有腐蚀性。使用这些试剂要尽量在通风橱内，如果眼睛或皮肤不慎接触酸，要用大量水清洗。平时注意戴安全眼镜或眼罩保护眼睛，穿防护衣服并且注意操作时发生的反应。

保持实验室通风良好，保证等离子体炬焰产生的废气和有害气体及时排出。含有活性物质的样品在酸化时可能会释放出有毒气体，如氰气或硫化物气体。样品酸化应在通风橱内操作。

本方法的使用者还要遵守相关的废弃物处理规定。按仪器和实验室用电要求，注意用电安全。严格按照高压钢瓶的操作规定使用高压氩气钢瓶。

3.1.4 试剂和标准

3.1.4.1 通则

由于 ICP‐MS 的灵敏度高，试剂中即使是痕量的分析元素杂质也会影响到分析数据的准确性，所以各种试剂使用前应检查其空白水平。要尽可能使用高纯试剂。方法所用酸必须是超高纯的。不同级别的酸可以通过不同的生产厂商购买或重蒸馏制备。为降低 ICP‐MS 中的多原子离子干扰，最好使用硝酸。选用盐酸时，必须要校正氯根引起的多原子离子干扰。

氩气：符合 GB/T 4842 要求（即纯度不低于 99.99%）。

水：经离子交换纯化，电阻率达到 18MΩ·cm。

浓硝酸 ρ（HNO_3）=1.42g/mL，优级纯，必要时经双瓶亚沸蒸馏纯化后使用。

氢氟酸 ρ（HF）=1.16g/mL，优级纯或高纯，必要时经双瓶亚沸蒸馏纯化后使用。

高氯酸 ρ（$HClO_4$）=1.67g/mL，优级纯。

盐酸 ρ（HCl）=1.18g/mL，优级纯以上，必要时经亚沸蒸馏制备。

3.1.4.2　标准溶液

（1）单元素标准贮备液：单元素标准贮备液可向有关部门购置，或按 GB/T 6682 配制，浓度一般为 1g/L。

（2）单元素标准工作溶液：由单元素标准贮备液稀释而得。

（3）多元素混合标准储备溶液：制备多元素混合标准储备溶液时一定要注意元素间的相容性和稳定性。元素的原始标准储备溶液必须进行检查以避免杂质影响标准的准确度。新配好的混合标准溶液应转移至经过酸洗的、未用过的 FEP 瓶中保存，并定期检查其稳定性。直接分取单元素标准储备溶液配制以下多元素组合标准储备液。如果用质量监控样来核对经逐级稀释制备的多元素储备标准得不到验证的话，则需要更换。组合标准储备溶液应每隔半年或根据需要重新配制。其中如发生混浊或在使用中发现其中元素含量偏低，则需要及时重新配制。易水解的不稳定元素溶液（比如 Nb、Ta、Zr、Hf、Sn、Sb、Ti、W）应现用现配（HNO_3 6mol/L、5％酒石酸、几滴 HF）。

（4）校准标准溶液：根据仪器操作范围，用以上组合标准储备溶液稀释制备组合校准标准溶液。根据仪器灵敏度和实际样品中元素含量，建议浓度范围为 $10\sim200\mu g/L$，介质为体积分数为 5％ 的 HNO_3。校准溶液中的元素浓度要足够高，以保证好的测定精密度和准确的响应曲线斜率。校准标准溶液储存在 FEP 瓶中，使用前先用质量控制样来核对。组合校准标准溶液的保存期限为一个月或根据需要重新配制。易水解的不稳定元素溶液（比如 Nb、Ta、Zr、Hf、Sn、Sb、Ti、W）应现用现配（5％的 HNO_3 和 0.1％HF）。

（5）内标元素标准贮备溶液：ICP - MS 分析中多采用 In、Rh、Re 等元素作为内标元素，用于补偿由于基体效应造成的灵敏度漂移和改善测定精度，内标元素标准贮备液可向有关部门购置，或按 GB/T 6682 配制。

（6）标准参考物质：为检验仪器测定数据的准确情况和作为实验测量的质控措施，应根据不同的测试对象，购置相关的标准物质。

（7）空白：本方法需要三种类型的空白溶液。

①校准空白溶液：体积分数为 5％的硝酸溶液。用来建立分析校准曲线。

②实验室试剂空白溶液：与样品处理过程一样加入相同体积的所有试剂。制备过程和样品处理步骤（需要的话，也要进行消解）完全相同。用来评价样品制备过程中可能的污染和背景谱干扰。

③清洗空白溶液：体积分数为 2％的硝酸溶液。在测定样品过程中用来清洗仪器，以降低记忆效应干扰。

（8）仪器调谐储备溶液：分别取 Li、Be、Mg、Co、In、Ce、Tl、U 中的几个（最好包含低中高质量数元素，一定要包含 Ce）的标准储备溶液 1mL，用体积分数为 5％硝酸稀释到 100mL。每种元素的浓度为 10mg/L。

（9）仪器调谐溶液：用于分析前的仪器调谐和质量校准。取 1mL 调谐储备溶液（6.9.4），用体积分数为 1％的硝酸稀释至 1000mL。每种元素浓度为 $10\mu g/L$（根据仪器灵敏度需要，可将此溶液稀释 10 倍）。

（10）质量控制样（QCS）：质量控制样制备所需的源溶液应来自其他实验室，其浓度视仪器灵敏度而定。将合适的溶液用体积分数为1％的硝酸稀释至浓度≤20μg/L。

（11）单元素干扰溶液：依据分析元素的干扰情况，配制单元素干扰溶液，用以求干扰系数k。比如地质样品中多元素分析时一般需配制下述单元素干扰溶液：Ba、Ce、Pr、Nd、Zr、Sn（各为1μg/mL）、Ti（10μg/mL）、Fe、Ca（250μg/mL）。

3.1.5 仪器和设备

（1）电感耦合等离子体质谱仪：仪器能对5u～250u质量范围内进行扫描，最小分辨率为在5％峰高处1amu峰宽。仪器配有常规的或能扩展动态范围的检测系统。

如果使用电子倍增器，应注意尽量不要暴露在强离子流下，否则会引起仪器响应变化或损坏检测器。仪器工作环境和对电源的要求应根据仪器说明书规定执行。仪器应按经批准的检定规程检定合格（可用），并在检定有效期内。

（2）数显控温烘箱：温度范围为250℃±5℃。

（3）温控式电热板：最高温度为250℃。

（4）马弗炉：最高温度1100℃，用于高温熔融。

（5）分析天平：精确至0.01mg。

（6）排气式移液器：能转移0.1μL～2500μL体积范围的溶液，且配有高质量的一次性移液头。

（7）PET透明塑料瓶：容积为15mL、50mL、100mL。

（8）实验室器皿：对于痕量元素的测定，污染和损失是首要考虑的问题。潜在的污染源包括实验室所用器皿的不正确清洗以及来自实验室环境一般的灰尘污染等。微量元素的样品处理应保证干净的实验室操作环境。所有可重复使用的实验室器皿（玻璃、石英、聚乙烯、PTFE、FEP等材料）都应充分清洗直到满足分析要求。采用以下的几个步骤能提供干净的实验室器皿：浸泡过夜，然后用洗涤剂和水彻底清洗，自来水洗，在20％（体积分数）硝酸中浸泡4h或更长，或用稀的硝酸和盐酸混合酸（1+2+9）清洗，最后用试剂水清洗，然后保存在干净的地方。

铬酸绝对不能用来清洗玻璃器皿。因为会对痕量和超痕量铬的测定带来污染问题。

3.1.6 试料处理

（1）实验室试剂空白：随同试料制备不小于2份实验室试剂空白，所用试剂应取自同一瓶。

（2）标准参考物质：随同试料制备不少于2个同类型标准物质溶液，用以监控分析质量。

（3）液体样品：液体样品可根据其组分和介质含量分为直接分析、经稀释或浓缩后分析和经化学处理后分析等形式。

（4）直接分析：不含有机物及其他特殊介质，TDS的质量浓度一般应小于0.2％。待测组分在仪器的线性范围内的样品，如自来水、地表水、地下水等。含悬浮物的上述样品可过滤后进行测定。

（5）经稀释或浓缩后分析：若样品中待测组分含量超出仪器线性范围，或TDS质量浓度高于0.2％，应将样品稀释至满足测定要求的体积；若样品中所测组分含量低于仪器的检出限，则需采用蒸发浓缩或萃取、离子交换等富集方法将待测组分富集后进行测定；

若需加入内标，则应在样品最终定容前加入内标。

（6）经化学处理后分析：对含较高浓度有机物的液体样品，加入硝酸和高氯酸消化，待有机物完全分解后视样品中待测组分含量，并在加入内标后定容至适当体积，上机测定。若样品中 TDS 质量浓度高于 0.2%，而样品中所需测组分含量低于仪器的检出限，或需对干扰测定的组分进行分离时，可采用共沉淀、萃取、离子交换等分离富集方法将干扰组分分离后上机测定。

（7）生物样品：包括人体、动物各组织器官和毛发等样品；植物样品，包括根、茎、叶、果实、种子等；微生物样品，包括菌类、藻类等。

样品处理多采用酸溶方法，根据检测组分含量，称取适量样品于聚四氟乙烯烧杯中，加适量硝酸放置过夜。然后置于电热板上，在 100℃ 左右加热至样品颗粒消化后，加适量高氯酸，在 130～140℃ 加热消解，升温直至白烟冒尽。残渣应为白色。否则应加硝酸、高氯酸重复消解，最后用体积分数为 2% 的硝酸溶解。视待测组分含量，并在加入内标后定容，上机测定。以上操作必须在通风橱内进行且最终样品溶液的 TDS 质量浓度一般应低于 0.2%。对于难消解的生物样品，根据所测组分不同，也可采用高压微波或干法灰化后酸分解的方法。即称取一定量的样品于石英（或瓷）坩埚中，在灰化炉中低温将样品完全灰化，再用 HNO_3 溶解灰分。视待测组分含量，并在加入内标后定容，溶液最终为体积分数为 2% 的 HNO_3，且溶液的 TDS 质量浓度一般应低于 0.2%。

（8）地质、环境地球化学样品：包括岩石、矿产资源（含矿产品）样品、土壤、沉积物、淤泥、矿渣等。

此类样品多采用敞开或密封压力酸溶方法处理。根据检测组分含量，称取适量样品于聚四氟乙烯坩埚中，用 HNO_3、HF、HCl、$HClO_4$ 分解样品（视样品种类以及所测元素决定加入酸的种类），至 $HClO_4$ 白烟冒尽以赶尽 HF，最后用体积分数为 2% 的硝酸溶解。视待测组分含量，并在加入内标后定容，上机测定。应注意，最终样品溶液的 TDS 质量浓度一般应低于 0.2%。

对于难熔样品的分析，可采用碱熔方法分解样品。一般采用过氧化钠或偏硼酸锂为熔剂（根据样品种类不同，过氧化钠与样品的质量比一般为 5∶1～8∶1，偏硼酸锂与样品的质量比一般为 3∶1～5∶1）。也可采用半熔法（如碳酸钠-氧化锌混合溶剂的半熔法）分解样品。应注意，最终样品溶液的 TDS 质量浓度一般应低于 0.2%。

对于待测组分低于检出限或测定中存在基体或组分间相互干扰的情况，可再采用溶剂萃取、离子交换等分离富集方法，分离干扰，富集待测组分。

（9）高纯金属及其化合物：根据不同样品，样品处理方法也分为酸溶和碱熔方法，最终样品溶液的 TDS 质量浓度一般应低于 0.2%。

提示：对于同位素稀释法分析，应在样品溶（熔）解前将同位素稀释剂加入到样品中；如果样品溶液中有悬浮物，要在分析前过滤以免堵塞雾化器。但过滤时要小心，避免污染样品。

3.1.7　测定

3.1.7.1　编制分析程序

在样品分析前，首先在计算机上编制与待分析样品相适应的分析程序文件。该文件应包括所分析元素的同位素及内标元素（对于同位素稀释法和同位素比值测定，应选择所需的同位素对）、干扰校正公式、校准标准系列及浓度、稀释因数、数据采集参数、样品和标准以及监控样的分析序列、样品重份分析的个（次）数、测定结果的表达格式（统计数据的表达）等。

3.1.7.2 仪器条件的选择优化

在进行分析前，要根据分析需要选择离子透镜参数、ICP 功率、载气压力及流量、采样深度、溶液提升量、每个通道积分时间、质谱测量方式（扫描还是跳峰）、仪器分辨率等仪器参数。

初始化仪器操作条件。由于仪器硬件各不相同，在此不提供具体的仪器操作条件。分析者有责任检验仪器配制和操作条件是否满足分析要求，仪器性能和分析数据是否符合质量监控规范。

调谐：仪器点燃后至少稳定 30min，期间用含 1ng/mL 的 Li、Be、Mg、Co、Y、In、Ce、Tl、U 中的各个元素的调谐溶液进行仪器参数最佳化调试。观测调谐元素的灵敏度、稳定性以及氧化物水平（CeO/Ce 比值≤3%）等分析指标，以确定仪器最佳工作条件。

校准：以校准空白为零点，一个或多个浓度水平的校准标准建立校准曲线。校准数据采集至少 3 次。

样品测定过程中，遵守质量控制措施。每批测定同时分析单元素干扰溶液，以获得干扰系数并进行干扰校正。

样品测定中间应穿插清洗空白来清洗系统。要有充足的清洗时间以去除上一样品的记忆效应。数据采集前应有 30s 的样品提升时间。

样品浓度高于设定的线性动态范围时，应将样品稀释至浓度范围内重新分析。另外，可以通过选择自然丰度低的同位素来调整动态范围，但要保证所选的同位素在已建立的质量监控范围内。不能随便改变仪器条件来调整动态范围。

3.1.7.3 数据处理

在 ICP-MS 分析中，仪器对分析浓度的表示多采用外标法（工作曲线法）。待测组分 B 的含量一般用 B 的质量浓度 ρ_B（待测组分 B 的质量除以混合物的总体积）或 B 的质量分数 w_B（待测组分 B 的质量与混合物的质量之比）表示。计算机自动进行全部数据处理。

采用数学公式校正法校正质谱干扰。通过计算机软件直接在线校正或采用求干扰系数法离线校正。

（1）求干扰系数法

通过喷入适当浓度的含单一干扰元素的溶液，分别测定干扰同位素与所形成的复合干扰离子（或双电荷离子相应质量处信号的强度，计算复合干扰离子（或双电荷离子）的产率。根据计算出的复合干扰离子（或双电荷离子）的产率，以及样品溶液中干扰同位素的信号强度，可计算出复合干扰离子（或双电荷离子）对被测元素的被干扰同位素的强度贡献，计算出干扰系数 k，然后对受干扰元素进行干扰扣除。

$$干扰系数 k = 被干扰元素表观浓度/干扰元素浓度$$
$$干扰扣除量 = 干扰元素浓度 \times k$$

（2）计算机在线数学公式校正法

通过干扰元素的另一个不受同量异位素干扰的同位素丰度和测得的离子强度计算出对被测元素的被干扰同位素的强度贡献，推导干扰公式，建立需要输入的干扰校正公式。举例如下：

同量异位素干扰：如 Cd 的最灵敏同位素^{114}Cd 受^{114}Sn 的重叠干扰，通过测定 Sn 的其他无干扰同位素如^{117}Sn，可以间接计算出^{114}Sn 的贡献，公式推导如下：

$$114\ 强度 = {}^{114}Cd + {}^{114}Sn$$

$$^{114}Cd = 114\ 总强度 - {}^{114}Sn$$

$$^{114}Sn = ({}^{114}Sn/{}^{117}Sn) \times ({}^{117}Sn)$$

$^{114}Sn/{}^{117}Sn$ 即为两种同位素的自然丰度比值（0.65%/7.68%），为常数。

$$^{114}Cd = 114\ 总强度 - (0.65\%/7.68\%) \times {}^{117}Sn$$

$$或 {}^{114}Cd = 114\ 总强度 - 0.0846 \times ({}^{117}Sn)$$

利用仪器自带软件进行^{114}Cd 干扰校正时，直接输入$-0.0846 \times ({}^{117}Sn)$

多原子离子干扰：此类干扰比较复杂，校正时要注意考虑周全。如^{159}Tb 受$^{143}Nd^{16}O$ 的干扰，可通过$^{145}Nd^{16}O$ 间接计算出 143Nd 的氧化物干扰贡献。$^{145}Nd^{16}O$ 强度可通过监控^{161}Dy 的强度获得，而在质量数 161 处有^{161}Dy 的贡献，通过^{163}Dy 间接计算并予以扣。

$$^{159}Tb = 159\ 总强度 - {}^{143}Nd^{16}O$$

$$^{143}Nd^{16}O = ({}^{143}Nd/{}^{145}Nd)^{16}O \times ({}^{145}Nd)^{16}O = 1.47 \times {}^{145}Nd^{16}O$$

$$^{159}Tb = 159\ 总强度 - 1.47 \times {}^{145}Nd^{16}O = 159\ 总强度 - 1.47 \times {}^{161}Dy$$

$$^{161}Dy = 0.76 \times {}^{163}Dy$$

因此，

$$^{159}Tb = 1.47 \times [{}^{161}Dy - 0.76 \times {}^{163}Dy]$$

利用仪器自带软件进行^{159}Tb 干扰校正时，分两步输入：

$$^{159}Tb\ 处输入 -1.47 \times {}^{161}Dy；$$

$$^{161}Dy\ 处输入 -0.76 \times {}^{163}Dy$$

受$^{35}Cl^{16}O$ 干扰，通过$^{37}Cl^{16}O$ 间接计算，公式推导同上。

（3）如果一种待测元素选择了不止一个同位素，不同同位素计算出的浓度或同位素比值可以为分析者检查可能的质谱干扰提供有用信息。衡量元素浓度时，主同位素和次同位素都要考虑。

（4）同位素稀释法

被测元素浓度按以下公式计算：

$$C_s = \frac{m_{sp}K\ (B_s R - A_s)}{w_s\ (A_x - B_x)}$$

式中：C_s 为样品中被测元素的浓度；m_{sp} 为稀释剂的质量；K 为天然元素与浓缩元素的的原子量之比；w_s 为样品质量；A_x 为参考同位素的天然丰度；B_x 为浓缩同位素的天然丰度；A_s 为参考同位素在浓缩同位素稀释剂中的丰度；B_s 为浓缩同位素在浓缩同位素稀释剂中的丰度；R 为测量到的参考同位素与浓缩同位素的比值。

（5）同位素比值测定

测定时需对同量异位素干扰进行校正，方法同上。

（6）质量偏倚校正

在同位素稀释法或同位素比值分析中，应对所有测定的参考同位素和浓缩同位素的计数进行同位素质量偏倚校正。同位素质量偏倚的校正公式为：

$$(A/B)_a = (A/B)_t\ (1 + an)$$

式中：$(A/B)_a$ 为测得的同位素 A 与 B 的比值；$(A/B)_t$ 为已知的同位素标准中同位素

A 与 B 的比值；a 为单位质量的偏倚；n 为两同位素的质量差。

溶液中元素的浓度单位为 $\mu g/L$，固体样品干重的单位为 mg/kg。计算样品浓度时要乘以相应的稀释倍数。元素浓度低于方法检出限（MDL）时不予报出。

报出的元素浓度数据值低于 10，保留 2 位有效数字。数据值等于或大于 10，保留 3 位有效数字。分析期间的质量控制样（QCS）以及标准物质测定结果可以为数据质量提供参考，应和样品结果一起提供并记录在案。

3.1.7.4 质量保证和控制

应该保存所有的质控数据，以便参考或检查。每批样品分析至少须带一个实验空白，以确定是否存在沾污或任何记忆效应。

（1）逐级稀释：如果被分析物浓度足够高（稀释后，最小浓度应至少为 10 倍仪器检测限）应进行逐级稀释。稀释后的分析结果与原始样测定值之差不应超过 ±10％。

（2）基体加标：将被分析物标准加入到部分处理好的试样中，或稀释后的试样溶液中，回收值应在已知值的 75％～125％之间。加入标准的量应 10～100 倍于方法检出限。

每分析 10 个试样后和全部分析结束时，插入一个校准标准监控校准曲线的漂移情况。校准标准的分析结果应在要求值的 10％以内，否则应停止分析，解决存在的问题后并再次校准仪器。

重份加标试样的分析频度是 20％。重复测定之间的相对百分差按下式计算：

$$RPD = \frac{D_1 - D_2}{(D_1 + D_2)/2} \times 100$$

式中：RPD 为相对百分差；D_1 为第一次试样测定值；D_2 为第二次试样测定值。

大于 10 倍仪器检测限的双样浓度值，RPD 应控制在 ±20％以内。

（3）线性校准范围：通过测定三种不同浓度的标准溶液的信号响应建立适合每种待测物的线性校准范围上限，其中一份标准的浓度要接近线性范围的上限。此过程应注意避免对检测器造成可能的损坏。当仪器硬件或操作条件发生变化时，要随时用被分析元素判断线性校准范围，并决定是否需重新分析。

（4）仪器性能：样品测定前要检查仪器性能并确保仪器处于正常状态。每分析 10 个样品进行一次常规校正，随后将校正空白和校正标准作为代替样测定。校正标准的测定值可用判断校准是否有效。标准溶液中的待测物浓度要在 ±10％偏差范围内。如果校准不在规定检出限内就要重新校正仪器（校正检验时的仪器响应信号可用来重新校正，但必须在连续样品分析前检验）。如果校正检验不在 ±15％偏差范围内，其前的 10 个样品就要在校正后重测。如果由于样品基体引起校正漂移，5 个样品一组穿插在校正检验中间以避免类似的漂移。

（5）内标响应：分析者应监控整个样品分析过程中的内标响应以及内标与各分析元素信号响应的比值。这些信息可用来检查以下原因引起的问题：质量漂移、加入内标引起的错误或由于样品中的背景引起个别内标浓度增加。任何一种内标的绝对响应值的偏差都不能超过校准空白中最初响应的 60％～125％。如果超过此偏差，要用清洗空白溶液清洗系统，并监控校准空白的响应值。如果响应值又超出监控限，中止样品分析并查明漂移原因。

3.2 地质样品 ICP‑MS 分析方法与应用技术

3.2.1 基本要求

ICP‑MS 自 1983 年商品仪器问世以来，广泛地应用于各个分析领域。地质样品的分析始终是该技术最重要的应用领域之一。

当代地球科学的发展，对分析测试技术提出越来越高的要求。应用需求多元化，从元素的整体含量分析、同位素比值分析到微区原位分析、形态分析等，为地学研究和环境地球化学调查及评价提供多维信息。样品类型不断扩大，从常规的岩石矿物到各种类型的环境地球化学样品，如土壤、沉积物、植物、动物等。分析元素的种类不断增加，比如从区域化探地球化学扫描要求分析的 39 种元素到覆盖区多目标地质调查的 53 种元素以及超低密度地球化学的化探填图计划要求的 76 种元素。分析指标要求更高，痕量超痕量元素的检出限要求越来越低、精密度和准确度要求更为严格。

地质样品的特点是基体复杂、成分变化大，元素含量范围宽（从百分含量的主量元素到 ppm 级微量元素、ppb 甚至 ppt 级的超痕量元素）、样品的分解难易程度除了与其组成结构有关，还受其形成环境条件的影响很大（如温度、压力、年代等）、样品的不均匀性等。因此面对日益发展的地学研究和多目标需求，地质样品无论样品处理还是分析检测都具有一定难度。

ICP‑MS 因其灵敏度高、线性动态范围宽、多元素快速分析能力、干扰相对较少等特点，在地质样品的痕量多元素分析方面具有突出的优势，是各类地质样品中微量多元素分析的最强有力的技术，已在大批量地质样品多元素分析中发挥了巨大作用。ICP‑MS 理论上可以检测周期表上几乎所有的金属元素和部分非金属元素，但它最适合测定重金属元素（灵敏度高且干扰少），特别是稀土元素、高场强元素（Nb、Ta、Zr、Hf、U、Th 等）、贵金属元素等。一般来说，非金属元素因电离电位较高、灵敏度较低，不太适于用 ICP‑MS 分析，但对于 Br、I、Te、As 等元素的测定能力与原子荧光、分光光度法等相当。在地质样品中主量元素（Si、Al、Ca、Mg、Fe、K 和 Na 等主成分）的分析方面，与 X 射线荧光、等离子体原子发射光谱等技术相比不具备优势。这是因为 ICP‑MS 技术灵敏度极高，但测量精密度不及上述技术。即使在稀释数千倍的前提下，试样溶液中的主元素含量也达 $10\mu g/mL$ 以上，进入了检测器的模拟区，需要严格的校准才能保证测定的准确性。而且频繁测定高达 10^8 以上的计数率还会缩短检测器的寿命，故较少在 ICP‑MS 上测定主量元素。

ICP‑MS 仪器尽管分析性能卓越，为同时测定周期表中的绝大多数元素提供了可能，但和其他分析技术一样，在实际分析中都会有其局限性。首先，不可能在同一份溶液中同时测定所有元素。这其中既有样品前处理问题，也有质谱干扰等问题。其次，由于 ICP‑MS 的基体效应比 ICP‑AES 严重，且存在因锥孔盐分累积造成的灵敏度漂移，故要求限制进样溶液总含盐量，需要对试样溶液进行 1000 倍以上的高倍稀释，环境和试剂引入的微小污染放大 1000 倍后可能严重影响痕量元素的测定，因此用于 ICP‑MS 测定的试样制备对环境和试剂的洁净程度要求极高。ICP‑MS 技术虽然干扰比较少，但仍是影响分析可靠性的主要问题，应尽可能避免盐酸、硫酸处理样品，以防止 Cl、S 等形成的多原子离子干扰。存在高含量基体时要详细考察基体元素与 O、Ar、H 等形成的各种可能的组合对被测元素的干扰，通过选择同位素、校正、分离基体等手段保证被测定元素的可靠性。另外，记忆效应是 ICP - MS 的又一局限性。当被测溶液中含有某些高含量元素时，将在较长时间对该元素形成"记忆"，影响对其后试样中以痕量存在的该元素的测定，因而在测定了含有高浓度元素的溶液后，需通入空白溶液对系统进行充分清洗，并对清洗效果进行检查。采用 ICP - MS 测定地质样品中有些元素，还要注意元素的不同价态引起的分析信号变化引起的记忆效应问题。比如碘的不同形态以及易挥发、易污染性等因素使碘的 ICP - MS 测定复杂化。碘在硝酸介质中信号响应变化较大，且不稳定，而在氨水介质中信号比较稳定，且能较快降低记忆效应。因此如何正确处理样品以及选择测定溶液的介质是准确测定样品中碘的关键。锇的分析也有同样问题。常规校准方法测定锇问题较多，因 Os 具有挥发性，尽管采用了封闭复溶的方法，但不能确保没有气体泄漏。不同氧化程度的锇在 ICP - MS 中灵敏度差异较大，比如，锇的标准溶液一般制备为低价（+4 价），其灵敏度与其他元素相当。而样品在制备过程中全部或部分被氧化为高价（+8 价），其灵敏度会有不同程度的提高，而且记忆效应也比较严重。因此，采用标准溶液校准会造成分析结果的极大误差。应用同位素稀释法可以解决该问题。在样品处理开始加入锇稀释剂，使其与样品中锇充分平衡，保持了一致的氧化态，通过测定其改变了的锇同位素比值消除了影响锇准确测定的因素，从而保证了分析结果的可靠性。

地质样品基体复杂，在实际应用中，通常可根据样品类型以及所需分析元素的种类选择适当的样品分解方法。敞开混合酸溶法在一般样品的常规分析中应用较多，但对于一些难溶元素如 Zr、Hf 及稀土元素等，常因溶解不完全或在使用 HF 时生成难溶氟化物而导致测定结果偏低。敞开溶样法还会使一些易挥发元素损失，污染也不易控制，试剂空白高，影响某些痕量和超痕量元素的实际检测能力。封闭压力酸溶法与敞开酸溶法相比有许多优点，对普通地质样品中难溶元素的溶解效果有明显改善，可同时测定包括稀土、稀有稀散、锆、铌、铪、钽、钍、铀和一些常规金属元素，但密封酸溶法对于有些难溶样品也有分解不彻底的问题。对于一些特殊基体样品或一些标样定值分析，有时必须采用熔融法，但需要采取适当的方法将溶液中大量熔剂分离。比如采用偏硼酸锂或过氧化钠熔融地质样品，将分析元素在碱性条件下沉淀，通过过滤分离掉大量熔剂，再将沉淀用酸复溶后测定稀土等元素。有些元素，如铂族元素，尽管仪器检出限很低，但对于含量接近背景水平的非矿化地质样品而言，需要采取火试金法或其他分离富集技术才能达到要求。因此，在实际工作中，一般都是针对某些特定的元素组进行分析。不过，随着 ICP - MS 仪器灵敏度的进一步提高以及新方法的研究进展，同一份溶液中可同时测定的元素越来越多。

3.2.2 样品处理

目前地质样品处理采用较多的是酸溶法、酸溶和微熔融结合法以及熔融法。

3.2.2.1 酸溶法

酸溶法主要有敞开酸溶法和封闭压力酸溶法。敞开酸溶法是化学实验室应用最为普遍的一种样品分解方法。地质样品通常采用氢氟酸与其它强酸（如硝酸、高氯酸或硫酸）的组合。但有些氧化物和硅酸盐矿物不能完全分解。除了 SiF_4，有些元素如 As、B、Cr、Ge、Sb、Tj 的氟化物易挥发损失。$HF - HNO_3 - HCl - HClO_4$ 四酸溶样法，在地质实验室大量化探样品分析中得到广泛应用。此法的主要缺点是用酸量较大，不适合地质样品中有些难溶元素（如 Zr、Hf、稀土等）及一些超痕量元素的分析。采用氢氟酸＋硝酸＋硫酸消解样品，最后采用王水复溶的方法可以改善地质样品中稀土等难溶元素的溶解效果，可满足地质样品中稀土分析要求。

封闭压力酸溶法也是广泛应用于地质样品的一种方法。其特点是密封容器内部产生的压力使酸的沸点升高，因而消解温度较高，高温高压环境加速了大多数难溶元素的分解。溶样过程中酸不挥发而在系统内反复回流，仅用少量的纯化酸即可完成样品分解，而且易挥发元素在密封条件下不会损失。由于减少了试剂用量且采用密封系统，环境污染的可能性也大大降低，从而保证了较低的空白值。密封压力酸溶（HF - HNO$_3$）可以有效地分解绝大多数土壤和沉积物样品，对于一些较难分解的岩石样品，采用王水复溶残渣，可使一些难溶元素的回收率得到显著改善。该法与 ICP - MS 结合，可同时测定岩石、土壤和水系沉积物中包括所有稀土、稀有稀散等 40 多个微量元素，是一种高效率、低空白、低成本的样品处理方法。尽管该方法在分析常见地质样品时，结果基本满意，但应用于一些特殊基体的样品时还存在着一些局限性，有些元素不能完全分解。比如，对于某些特殊条件形成的古老变质岩样品中 Zr、Hf 的测定存在结果明显偏低的问题。对于铝含量高的样品，在复溶时由于氢氧化铝的析出，造成有些元素因共沉淀而偏低。基性和超基性硅酸盐在氢氟酸消解期间有些元素易形成不溶的氟化物沉淀，痕量元素的共沉淀取决于元素的离子半径、价态以及主要氟化物沉淀的种类，即有选择性的共沉淀。如在氢氟酸和硝酸中加入适量的高氯酸可明显改善因氟化物的共沉淀问题导致某些元素分析结果偏低的现象。

微波酸溶系统也常用于地质样品处理，除了具备上述封闭压力酸溶的那些优点，还具有微波特有的消解能力。传统的的微波系统因罐体大、罐位有限不适合大批量地质样品分析，现在已有专用于大批量样品的小容积消解罐、多罐位的高通量微波系统。

3.2.2.2 酸溶和微熔融结合法

有些地质样品中的某些元素，无论采用敞开容器酸溶法或高压封闭酸溶法，都不能保证难溶相完全分解。即使非常少的残留物（基本上看不见），也可能导致诸如重稀土等元素的测定值偏低。许多实验室采用酸溶和微熔融法结合的方法来解决此类问题。通常是先采用敞开酸溶法，将溶液过滤，剩余残渣再加入少量熔剂（比如，过氧化钠或偏硼酸锂等）进行熔融处理，之后将二者溶液合并进行 ICP - MS 测定。这种方法效果很好，既采用了酸溶法空白低，盐类少的优点，又利用了熔融法解决了极微量的难溶相，同时减少了全熔融法引入大量盐类的缺点。

3.2.2.3 熔融分解法

熔融法是一种分解效率很高的分解方法。用适当的熔剂在高温熔融样品，熔融过程将原来不易溶的样品转变成可溶于水或酸的物质然后再用溶剂复溶。该法主要靠高温下固体与熔剂间发生的多相反应，所以根据样品类型以及分析元素的不同可选择适当的熔剂。其主要缺点是要求使用相当过量的熔剂，试剂本身的杂质连同坩埚等被腐蚀下来的杂质会严重污染分析溶液。同时，样品制备期间引入了大量盐类，不适合采用 ICP - MS 测定，这就要求在分析前必须高倍稀释或采取分离富集方法。

熔融法有多种，主要是采用的熔剂不同。比如 ICP - MS 中常采用的熔融法有偏硼酸锂、过氧化钠、氢氧化钠等熔剂。采用熔融法尽可能将溶液中大量熔剂与被分析元素分离后再用 ICP - MS 测定。比如采用过氧化钠或偏硼酸锂熔融法分析稀土等元素时，可将被测元素在碱性介质中形成沉淀，过滤分离掉大量熔剂，再将沉淀用酸溶解，用 ICP - MS 直接测定。

贵金属元素常用的试金法也是一种熔融法。铂族元素分析通常采用镍锍试金法处理样品，其特点是既可以完全分解试样，又达到贵金属元素的分离富集（Pt、Pd、Rh、Ru、Ir、Os、Au），与 ICP－MS 技术相结合，已被世界上许多分析试验室作为贵金属分析的首选方法。镍锍试金法将试料与混合熔剂（包括硼砂、碳酸钠、镍粉、二氧化硅、硫、偏硼酸锂以及面粉等）根据样品组成按比例混合，于 1100℃ 高温熔融。在高温硫化物试金熔体中，铂族元素以硫化物状态进入锍扣而同脉石分离，锍扣中贱金属硫化物可用 HCl 溶解，铂族元素的硫化物不溶而保留在残渣中。为了把富集于锍扣而在酸溶时又进入溶液的少量贵金属定量回收，可采用 $SnCl_2$ 作为还原剂，在 HCl 介质中再用 Te 共沉淀一次，以保证定量收集所有贵金属元素。由于试金法可称取大量样品（一般为 10.40g），提高了检测的灵敏度也减少了样品中贵金属元素的不均匀性。镍锍试金法中，熔剂的配料很关键。根据样品的组成，计算炉渣的硅酸度（炉渣中所有酸性氧化物中氧原子物质的量/炉渣中所有碱性氧化物中氧的原子物质的量），进行熔剂配料。比如，硅酸盐试样需加入较多的碳酸钠和适量硼砂；碳酸盐试样需加入较多的石英粉和硼砂；含有较多赤铁矿和磁铁矿的氧化矿试样需适当增加还原剂用量；硫化物试样有较强的还原性，需加大碳酸钠和二氧化硅的量，同时减少或不加硫化剂。

3.2.3　地质样品分析应用实例

3.2.3.1　封闭压力酸溶 ICP－MS 测定地质样品中 44 个元素

引用标准：GB/T 14506.30—2010《硅酸盐岩石化学分析方法　第 30 部分：44 个元素量测定》。

（1）方法适用性

本方法适用于硅酸盐岩石、土壤和沉积物中锂、铍、钪、钛、钒、锰、钴、镍、铜、锌、镓、砷、铷、锶、钇、锆、铌、钼、镉、铟、铯、钡、镧、铈、镨、钕、钐、铕、钆、铽、镝、钬、铒、铥、镱、镥、铪、钽、钨、铊、铅、铋、钍和铀等 44 个元素量的测定。本部分不适用于三氧化二铝含量高于 20% 的样品中元素量的测定。

（2）操作步骤

准确称取 25mg 或 50mg（精确至 0.01mg）试料于封闭溶样器的内罐中。加入 0.5mL 硝酸和 1.0mL 氢氟酸，密封。将溶样器放入烘箱中，加热 24h，温度控制在 185℃±5℃左右。冷却后取出内罐，置于电热板上加热蒸至近干，再加入 0.5mL 硝酸蒸发近干，重复操作此步骤一次。加入 5mL 硝酸，再次密封，放入烘箱中，130℃加热 3h。冷却后取出内罐，将溶液定量转移至塑料瓶中。用高纯水稀释定容至 25mL（或 50mL），摇匀。此溶液直接用于 ICP－MS 测定。

（3）标准溶液

多元素混合标准储备溶液：直接分取单元素标准储备溶液配制以下多元素混合标准储备溶液，也可用市售多元素混合标准储备溶液进行稀释得到（见表 3.2－1）。制备多元素储备标准溶液时一定要注意元素间的相容性和稳定性。元素的原始标准储备溶液必须进行检查以避免杂质影响标准的准确度。新配好的标准溶液应转移至经过酸洗、未用过的聚丙烯瓶中保存，并定期检查其稳定性。

内标元素混合溶液：直接分取铑和铼单元素标准储备溶液配置内标元素混合溶液，铑和铼含量各为 10ng/mL。

空白溶液：①校准空白溶液：硝酸溶液（5＋95）；②清洗空白溶液：硝酸溶液（2＋98）。

单元素干扰溶液：分别配制钡、铈、镨、钕、锆、锡（浓度各为 $1\mu g/mL$）；钛（浓度为 $10\mu g/mL$）；铁、钙（浓度各为 $250\mu g/mL$）单元素溶液，用以求干扰系数 k。

表 3.2-1　多元素混合标准储备溶液

混合标准储备溶液	元素	元素浓度 $(\mu g/mL)$	溶液介质
混标 1	La、Ce、Pr、Nd、Sm、Eu、Gd、Tb、Dy、Ho、Er、Tm、Yb、Lu、Sc、Y	20	3mol/L 硝酸
混标 2	Li、Be、Mn、Co、Ni、Cu、Zn、Ga、Rb、Sr、Mo、Cd、In、Cs、Ba、Tl、Pb、Bi、Th、U	20	3mol/L 硝酸
混标 3	Nb、Zr、Hf、Ti、W、Ta	20	6mol/L 硝酸、50g/L 酒石酸、几滴氢氟酸
混标 4	As、V	20	mol/L 硝酸

（4）主要仪器

电感耦合等离子体质谱仪：能对 5～250u 质量范围内进行扫描，分辨率 0.75u 左右。以某四级杆电感耦合等离子体质谱仪为例，其工作参数如表 3.2-2。

（5）测定

按照仪器操作说明书规定的条件启动仪器。选择分析同位素和内标元素，编制样品分析表。

调谐：仪器点燃后至少稳定 30min，期间用含 1ng/mL 铍、钴、铟、铈、铀的调谐溶液进行仪器参数最佳化调试。在测定过程中通过三通在线引入内标元素混合溶液。

校准：以校准空白溶液为零点，一个或多个浓度水平的校准标准溶液建立校准曲线。校准数据采集至少 3 次，取平均值。每批样品测定时，同时测定实验室试剂空白溶液。每批样品测定时，同时分析单元素干扰溶液，以获得干扰系数 k 并进行干扰校正。样品测定中间用清洗空白溶液清洗系统。

表 3.2-2　等离子体质谱仪工作参数

参数	设定值	参数	设定值
ICP 功率/W	1350	截取锥孔径/（mm）	0.7
冷却气流量/（L/min）	13.0	跳峰	3 点/质量
辅助气流量/（L/min）	0.7	停留时间/（ms/点）	10
雾化气流量/（L/min）	1.0	扫描次数	40 次
取样锥孔径/（mm）	1.0	测量时间/s	60

（6）干扰校正

干扰系数 k 由下式计算：

$$k=\rho_{eq}/\rho_{in}$$

式中：ρ_{eq} 为干扰物标准溶液测得的相当分析物的等效浓度，$\mu g/mL$；ρ_{in} 为干扰元素标准溶液的已知浓度，$\mu g/mL$。

被分析物的真实浓度 ρ_{tr} 由下式求出：

$$\rho_{tr} = \rho_{gr} - k\rho_{in}$$

式中：ρ_{tr} 为被分析物扣除干扰后的真实浓度，$\mu g/mL$；ρ_{gr} 为被分析物存在干扰时测得的总浓度，$\mu g/mL$；k 为干扰系数；ρ_{in} 为被测样品溶液中干扰物的实测浓度，$\mu g/mL$。

（7）方法检出限及测定范围

测定元素的分析同位素、内标、方法检出限及测定范围见表 3.2 - 3。方法检出限是用实验室试剂空白的 10 次测定结果的 10 倍标准偏差计算求得，稀释倍数为 1000。所列检出限是在表 3.2 - 3 所列仪器条件下测定。干扰注释栏中的多原子离子干扰需采用求干扰系数的方法进行校正。

表 3.2 - 3　分析同位素和方法检出限　　　　　　　　　单位为微克每克（$\mu g/g$）

同位素	内标	MDL	测定范围	干扰校正公式	干扰注释	同位素
^{7}Li	^{103}Rh	1.0	1.0～500			
^{9}Be	^{103}Rh	0.05	0.05～50			
^{45}Sc	^{103}Rh	0.1	0.1～500		^{44}Ca^{1}H	^{44}Ca
^{47}Ti	^{103}Rh	3.0	30～20000			
^{51}V	^{103}Rh	2.0	2.0～500	$-3.127 \times [^{53}$Cr$-0.113 \times ^{52}$Cr$]$		^{52}Cr、^{53}Cr
^{55}Mn	^{103}Rh	0.5	0.5～5000			
^{59}Co	^{103}Rh	0.2	0.2～500			
^{60}Ni	^{103}Rh	1.0	1.0～500		^{44}Ca^{16}O	^{44}Ca
^{65}Cu	^{103}Rh	0.2	0.2～500		^{49}Ti^{16}O	^{49}Ti
^{66}Zn	^{103}Rh	2.0	2.0～500		^{50}Ti^{16}O	^{50}Ti
^{71}Ga	^{103}Rh	0.2	0.2～100		^{55}Mn^{16}O	^{55}Mn
^{75}As	^{103}Rh	1.0	1.0～500	$-3.1322 \times ^{40}$Ar^{37}Cl		^{37}Cl
^{85}Rb	^{103}Rh	1.0	1.0～1000			
^{88}Sr	^{103}Rh	0.2	0.2～2000			
^{89}Y	^{103}Rh	0.01	0.01～100			
^{90}Zr	^{103}Rh	0.05	0.05～2000			
^{93}Nb	^{103}Rh	0.01	0.01～200			
^{98}Mo	^{103}Rh	0.2	0.2～100	$-0.146 \times ^{99}$Ru	^{98}Ru、^{58}Fe^{40}Ar	^{98}Ru、^{58}Fe
^{114}Cd	^{103}Rh	0.02	0.02～20	$-0.0846 \times ^{117}$Sn	^{114}Sn、^{98}Mo^{16}O	^{114}Sn、^{98}Mo
^{115}In	^{103}Rh	0.005	0.005～10	$-0.046 \times ^{117}$Sn	^{115}Sn	^{115}Sn
^{133}Cs	^{103}Rh	0.02	0.02～100			
^{135}Ba	^{103}Rh	0.5	0.5～2000		^{119}Sn^{16}O	^{119}Sn
^{139}La	^{185}Re	0.01	0.01～500			
^{140}Ce	^{185}Re	0.01	0.01～500			
^{141}Pr	^{185}Re	0.01	0.01～100			

续表 3.2 - 3

同位素	内标	MDL	测定范围	干扰校正公式	干扰注释	同位素
^{146}Nd	^{185}Re	0.01	0.01～100			
^{147}Sm	^{185}Re	0.01	0.01～50			
^{153}Eu	^{185}Re	0.003	0.003～50		^{137}BaO	^{137}Ba
^{157}Gd	^{185}Re	0.01	0.01～50		^{140}Ce^{17}OH、^{141}Pr^{16}O	^{140}Ce、^{141}Pr
^{159}Tb	^{185}Re	0.003	0.003～50	$-1.47\times\left[^{161}\text{Dy}-0.76\times^{163}\text{Dy}\right]$	^{143}Nd^{16}O	^{161}Dy、^{163}Dy
^{163}Dy	^{185}Re	0.003	0.003～50			
^{165}Ho	^{185}Re	0.003	0.003～50			
^{166}Er	^{185}Re	0.003	0.003～50			
^{169}Tm	^{185}Re	0.003	0.003～50			
^{172}Yb	^{185}Re	0.01	0.01～50			
^{175}Lu	^{185}Re	0.003	0.003～50			
^{178}Hf	^{185}Re	0.01	0.01～100			
^{182}W	^{185}Re	0.1	0.1～100			
^{181}Ta	^{185}Re	0.05	0.05～100			
^{205}Tl	^{185}Re	0.1	0.1～50			
^{206}Pb、^{207}Pb、^{208}Pb	^{185}Re	0.1	0.1～500	$1.0\times^{206}\text{Pb}+1.0\times^{207}\text{Pb}+1.0\times^{208}\text{Pb}$		
^{209}Bi	^{185}Re	0.05	0.05～100			
^{232}Th	^{185}Re	0.8	0.8～100			
^{238}U	^{185}Re	0.003	0.003～100			

3.2.3.2 碱熔 ICP - MS 分析稀土等 22 个元素

引用标准：GB/T 14506.29—2010《硅酸盐岩石化学分析方法　第 29 部分：稀土等 22 个元素量的测定》。

（1）方法适用性

本方法适用于硅酸盐石、土壤、沉积物样品中锰、钴、钇、锆、铌、钡、镧、铈、镨、钕、钐、铕、钆、铽、镝、钬、铒、铥、镱、镥、铪和钽等 22 个元素量的测定。

（2）操作步骤

准确称取样品 100mg（精确至 0.01mg）试料于热解石墨坩埚中，加入 1g 过氧化钠，混匀。再加 0.5g 过氧化钠覆盖在上面。将热解石墨坩埚放在瓷坩埚中，盖上盖，放入已升温至 700℃ 的马弗炉中加热至样品呈熔融状态，取出。石墨坩埚冷却后，将其放入装有大约 80mL 沸水的烧杯中，在电热板上加热至熔融物完全溶解。洗出石墨坩埚，玻璃烧杯盖上表面皿，放置过夜。提取液用致密滤纸过滤。用氢氧化钠溶液（20mg/mL）冲洗烧杯和沉淀，弃去滤液。用热 HNO₃（1+1）溶解沉淀，冷却后用硝酸（1+1）稀释至 25mL。取其中的 1mL 溶液用蒸馏水稀释至 10mL，该溶液直接用于 ICP - MS 测定。过程空白同流程制备。

（3）标准溶液

多元素混合标准储备溶液：直接分取单元素标准储备溶液配制表 3.2-4 所示多元素混合标准储备溶液，也可用市售多元素混合标准储备溶液进行稀释得到。制备多元素储备标准溶液时注意元素间的相容性和稳定性。元素的原始标准储备溶液进行检查以避免杂质影响标准的准确度。新配好的标准溶液转移至经过酸洗、未用过的聚丙烯瓶中保存，并定期检查其稳定性。

校准标准溶液制备：用多元素混合标准储备溶液分别稀释制备校准标准溶液：取 $100\mu L$ 多元素混合标准储备溶液至 $100mL$ 容量瓶中，加入 $5mL$ 硝酸，用蒸馏水稀释至刻度，摇匀。校准标准溶液 MSTD3 现用现配且补加 $0.1mL$ 氢氟酸。

内标溶液：直接分取铑和铼单元素标准储备溶液配制内标元素混合溶液，铑和铼含量各为 $10ng/mL$。

校准空白溶液：硝酸溶液（5+95）；清洗空白溶液：硝酸溶液（2+98）；单元素干扰溶液：分别配制钡、铈、镨、钕、锆、锡（浓度各为 $1\mu g/mL$）单元素干扰溶液，用以求干扰系数 k。

表 3.2-4　多元素混合标准储备溶液

标准编号	元素	浓度/（$\mu g/mL$）	溶液介质
MSTD1	La、Ce、Pr、Nd、Sm、Eu、Gd、Tb Dy、Ho、Er、Tm、Yb、Lu、Y	20	3mol/L 硝酸
MSTD2	Mn、Co、Ba	20	3mol/L 硝酸 6mol/L 硝酸
MSTD3	Nb、Ta、Zr、Hf、Ti	20	50g/L 酒石酸 几滴氢氟酸

（4）仪器

电感耦合等离子体质谱仪：能对 5u～250u 质量范围内进行扫描，分辨率为 0.75u 左右。

（5）测定

按照仪器操作说明书规定条件启动仪器。选择分析同位素和内标元素，编制样品分析表。

调谐：仪器点燃后至少稳定 30min，期间用含 1ng/mL 铍、钴、铈、铀的调谐溶液进行仪器参数最佳化调试。在测定过程中通过三通在线引入内标元素混合溶液。

校准：以校准空白溶液为零点，一个或多个浓度水平的校准标准建立校准曲线。校准数据采集至少 3 次，取其平均值。每批样品测定时，同时测定实验室试剂空白溶液。每批测定同时分析单元素干扰溶液，以获得干扰系数 k，并进行干扰校正。样品测定中间用清洗空白溶液清洗系统。

（6）干扰校正

干扰系数 k 由下式计算：

$$k = \rho_{eq}/\rho_{in}$$

式中：ρ_{eq} 为干扰物标准溶液测得的相当分析物的等效浓度，$\mu g/mL$；ρ_{in} 为干扰元素标准溶液的已知浓度，$\mu g/mL$。

被分析物的真实浓度 ρ_{tr} 由下式求出：

$$\rho_{tr} = \rho_{gr} - k\rho_{in}$$

式中：ρ_{tr} 为扣除干扰后的真实浓度，$\mu g/mL$；ρ_{gr} 为被分析物存在干扰时测得的总浓度，$\mu g/mL$；k 为干扰系数；ρ_{in} 为被测样品溶液中干扰物的实测浓度，$\mu g/mL$。

（7）方法检出限及测定范围

测定元素的分析同位素、内标、方法检出限及测定范围见表 3.2-5。方法检出限是用实验室试剂空白的 10 次测定结果的 10 倍标准偏差计算求得，稀释倍数为 2000。所列检出限是在 GB/T 14506.30—2010 中附录 C 所列仪器条件下测定。干扰注释栏中的多原子离子干扰需采用求干扰系数的方法进行校正。

表 3.2-5 分析同位素、方法检出限和测定范围   单位为（$\mu g/g$）

同位素	内标	MDL	测定范围	干扰校正公式	干扰注释	监测同位素
^{55}Mn	^{103}Rh	4.0	4.0～5000			
^{59}Co	^{103}Rh	0.2	0.2～500			
^{89}Y	^{103}Rh	0.03	0.03～100			
^{90}Zr	^{103}Rh	5.0	5.0～2000			
^{93}Nb	^{103}Rh	0.2	0.2～200			
^{135}Ba	^{103}Rh	5.0	5.0～2000		^{119}Sn^{16}O	^{119}Sn
^{139}La	^{185}Re	0.05	0.05～500			
^{140}Ce	^{185}Re	0.05	0.05～500			
^{141}Pr	^{185}Re	0.01	0.01～100			
^{146}Nd	^{185}Re	0.05	0.05～100			
^{147}Sm	^{185}Re	0.02	0.02～50			
^{153}Eu	^{185}Re	0.01	0.01～50		^{137}Ba^{16}O	^{137}Ba
^{157}Gd	^{185}Re	0.05	0.05～50		^{140}Ce^{16}O^{1}H、^{141}Pr^{16}O	^{140}Ce、^{141}Pr
^{159}Tb	^{185}Re	0.03	0.03～50	$-1.47 \times [^{161}\mathrm{Dy} - 0.76 \times ^{163}\mathrm{Dy}]$	^{143}Nd^{16}O	^{161}Dy、^{163}Dy
^{163}Dy	^{185}Re	0.02	0.02～50			
^{165}Ho	^{185}Re	0.03	0.03～50			
^{166}Er	^{185}Re	0.01	0.01～50			
^{169}Tm	^{185}Re	0.03	0.03～50			
^{172}Yb	^{185}Re	0.01	0.01～50			
^{175}Lu	^{185}Re	0.02	0.02～50			
^{178}Hf	^{185}Re	0.5	0.5～100			
^{181}Ta	^{185}Re	0.05	0.05～200			

3.2.3.3 镍锍试金-电感耦合等离子体质谱法测定地球化学样品中铂族元素的方法

引用标准：GB/T 17418.7—2010《地球化学样品中贵金属分析方法 第 7 部分：铂族元素量的测定镍锍试金-电感耦合等离子体质谱法》。

（1）方法适用性

本方法适用于地球化学样品中铂、钯、铑、铱、锇、钌元素的测定。

（2）试剂与标准

硼砂：100℃烘烤脱水，研碎后备用；覆盖剂（1＋1）：硼砂与碳酸钠混合均匀；氯化亚锡溶液（$\rho＝1mol/L$）：用氯化亚锡制备成 1mol/L 的氯化亚锡溶液（3mol/L 盐酸介质）；碲共沉淀剂：用碲酸钠制备成 0.5mg/mL 的碲溶液（3mol/L 盐酸介质）；^{190}Os 稀释剂：市售 ^{190}Os 稀释剂，^{190}Os/^{192}Os 比值和 Os 的质量浓度已知，符合同位素稀释法要求。

标准溶液：铂族元素混合标准储备溶液：直接分取单元素标准储备溶液制备混合标准储备液，也可用市售多元素混合标准储备溶液进行稀释得到。各元素含量 10μg/mL，介质为王水（1＋9）。

校准标准溶液：用混合标准储备溶液稀释制备。浓度为 20μg/L，介质为王水（1＋9）。

内标元素混合溶液：直接分取铟和铊单元素标准储备溶液配置内标元素混合溶液，铟和铊含量各为 10ng/mL。校准空白溶液：王水（1＋9）；清洗空白溶液：硝酸（2＋98）。

（3）操作步骤

根据试料基体的种类进行熔剂配比，不同基体的试金熔剂配比见表3.2－6。未知试料分析前，最好进行半定量分析，了解试料主要组成，以利于试金熔剂的配比。

表3.2－6　试金熔剂配比　　　　　单位为 g

试样种类	样品量	硼砂	碳酸钠	氧化镍	二氧化硅	硫	四硼酸锂	面粉
一般岩石	20	20	12	1	1.5	1.4		0.5～1
超基性岩	10	25	16	3.5	5	2		1
铬铁矿	10		18	10	9	5	25	1

称取 10～20g 试料（精确到 0.01g）于 250mL 三角瓶中，加入混合溶剂，充分摇匀后转入坩埚中，准确加入适量（相应于样品中含量）的锇稀释剂，覆盖少量覆盖剂，放入已升温至 1100℃的马弗炉中熔融 1h～1.5h。熔融体倒入铁模中，冷却后砸碎熔块，取出镍锍扣。用碎扣装置粉碎，转入 150mL 烧杯中，加入 60mL～100mL 盐酸，置于 100℃的电热板上加热至溶液变清且不再冒气泡为止。加入 0.5mL～1mL 碲共沉淀剂，1mL～2mL 氯化亚锡溶液。加热 0.5h 并放置数小时。用负压抽滤装置将溶液抽滤，用盐酸及水反复冲洗沉淀。将沉淀和滤膜转入封闭溶样器中，加入 1mL～2.5mL 王水，置于干燥箱中，100℃加热 2h～3h。冷却后移入 10mL～25mL 玻璃试管中，用水稀释至刻度，摇匀，备上机测定。

（4）主要仪器

电感耦合等离子体质谱仪：能对 5u～250u 质量范围内进行扫描，分辨率为 0.75u 左右。

（5）测定

按照仪器操作说明书规定条件启动仪器。选择分析同位素和内标元素，编制样品分析表。

调谐：仪器点燃后至少稳定 30min，期间用含 1ng/mL 铍、钴、铈、铀的调谐溶液进行仪器参数最佳化调试。在测定过程中通过三通在线引入内标元素混合溶液。

校准：以校准空白溶液和校准标准溶液建立校准曲线。每批样品测定时，同时测定实验室试剂空白溶液。

样品测定中间用清洗空白溶液清洗系统。

（6）干扰校正

^{192}Os 存在^{192}Pt 的同量异位素干扰，按下式校正：

$$I_{192Os} = I_{192} - 0.023 \times I_{195Pt}$$

式中：I_{192Os} 为^{192}Os 的计数率；I_{192} 为 192 质量数的总计数率；0.023 为^{192}Pt 和^{195}Pt 两种同位素的天然同位素丰度比值。

锇的浓度计算：根据校正后^{192}Os 的计数率，按同位素稀释法计算试料中 Os 的量：

$$w\,(Os) = \frac{m_s \cdot k \cdot (A_s - B_s \cdot R)}{m \cdot (B_x \cdot R - A_x)}$$

式中：w 为 Os 的浓度，单位为纳克每克（ng/g）；R 为测得的^{192}Os/^{190}Os 比值；m_s 为稀释剂加入量，ng；k 为试料中 Os 的原子量与稀释剂中 Os 的原子量之比值；A_s 为稀释剂中^{192}Os 的同位素丰度；B_s 为稀释剂中^{190}Os 的同位素丰度；A_x 为试料中^{192}Os 的同位素丰度；B_x 为试料中^{190}Os 的同位素丰度；m 为试料质量，单位为 g。

（7）方法检出限及测定范围

测定元素的分析同位素、内标、方法检出限及测定范围见表 3.2 - 7。方法检出限是用流程空白溶液（相对于 20g 样品）的 10 次测定结果的 10 倍标准偏差计算求得。所列检出限是在 GB/T 17418.7—2010 中附录 C 所列仪器条件下测定。

表 3.2 - 7 分析同位素、方法检出限和测定范围　　　　　　　　　　单位为 ng/g

同位素	内标	方法检出限	测定范围	干扰注释
^{195}Pt	^{205}Tl	0.026	0.026～50000	
^{105}Pd	^{115}In	0.06	0.06～50000	含铜高的样品，应选用^{106}Pd 或 ^{108}Pd
^{103}Rh	^{115}In	0.001	0.001～5000	
^{193}Ir	^{205}Tl	0.013	0.013～5000	
^{192}Os	^{190}Os（稀释剂）	0.007	0.007～5000	
^{101}Ru	^{115}In	0.02	0.02～5000	
^{195}Pt	^{205}Tl	0.026	0.026～50000	

3.2.3.4 乙醇增强-电感耦合等离子体质谱法直接测定地质样品中碲

（1）方法适用性

本方法适用于密封溶样法（适合于土壤、深海沉积物等地质样品）及 Na_2O_2 熔融法（适合于大洋锰结核等难溶样品）制备的样品溶液中 Te 的测定。

（2）试剂与标准

试剂 HF、HNO_3 为 MOS 级；NaOH、无水乙醇为优级纯；Na_2O_2 为分析纯；水为 Milli - Q 超纯水。标准溶液现用现配，储备液浓度 Te10mg/L，介质 $HNO_3$0.8mol/L。内标溶液 Rh 为 10μg/L，测定时用三通在线加入。

（3）操作步骤

如同时分析多元素，采用封闭压力溶样方法制备样品溶液。如只需分析 Te，可采用以下步骤处理样品。

密封溶样法（适合于土壤、深海沉积物等地质样品）：准确称取 50mg 样品于聚四氟乙烯坩埚中，加入 HF2mL，$HNO_3$1mL，轻轻摇匀，盖上盖，放入密封钢套中拧紧。放入烘箱中，185℃恒温约 15h。待样品冷却后取出，置于电热板上低温蒸至近干。取下，加入 $HNO_3$0.5mL，蒸至近干。重复操作一次，以赶尽 HF。待坩埚稍冷后加入浓度为 0.8mol/L 的 HNO_3 5mL，盖上盖，放入密封套中，置于电热板上低温加热 1h。取下冷却，定容至 10mL，摇匀。分取 2mL 溶液于 10mL 刻度管中，加入适量乙醇，用水定容，摇匀，上 ICP - MS 测定。

Na_2O_2 熔融法（适合于大洋锰结核等难溶样品）：在 10mL 刚玉坩埚中预先加入两粒 NaOH，熔融。冷却后称取 0.5g Na_2O_2 均匀铺在坩埚底部。准确称取 100mg 样品于坩埚中，样品表面再覆盖一薄层 Na_2O_2，于 700℃熔融 40min。取出，放入盛有 1.2mol/L 热 HCl 的烧杯中提取。在电热板上低温蒸至约 10mL。用水冲入 25mL 刻度管中，加入 5mL HCl，定容摇匀。分取上层清液 1mL，加适量乙醇，用水定容至 10mL，摇匀。上 ICP - MS 测定。

（4）主要仪器

电感耦合等离子体质谱仪：能对 5u～250u 质量范围内进行扫描，分辨率为 0.75u 左右。

（5）检出限及同位素比较

在仪器最佳条件下对流程空白连续测定 10 次，计算方法检出限和定量限。Te 的三个同位素的计算结果见表 3.2 - 8 从表中数据可看出，所测定的三个同位素的检出限十分接近。从同位素丰度和干扰信息看，^{125}Te 虽然无干扰但丰度较低，而 ^{128}Te 的丰度虽高，但 ^{128}Xe 对其的干扰却比 ^{126}Xe 和 ^{126}Te 的干扰严重。因此，本实验标准物质及样品的测定结果均为测定 ^{126}Te 获得的结果。

表 3.2 - 8 Te 的方法检出限和定量限

同位素	相对丰度/%	干扰信息	方法检出限（3SD，$\mu g/L$）	方法定量限（10SD，$\mu g/g$）DF=1000
^{125}Te	6.99		0.009	0.03
^{126}Te	18.71	^{126}Xe（0.09）	0.006	0.02
^{128}Te	31.79	^{128}Xe（1.92）	0.009	0.03

3.2.3.5 半熔法 ICP - MS 测定土壤、沉积物中溴碘

（1）方法适用性

本方法适用于土壤、水系沉积物中碘、溴元素的测定。

（2）试剂与标准

水：蒸馏水经 Milli - Q 系统纯化，电阻率达到 18MΩ·cm。阳离子树脂：732 强酸型阳离子树脂，预先用 HNO_3（30%）处理成 H^+，再用蒸馏水洗至中性，抽滤干。碳酸钠：优级纯或高纯。氧化锌：分析纯或高纯。艾斯卡混合熔剂：Na_2CO_3 与 ZnO 按 3+2 的质量比在研钵中充分研匀，装入塑料瓶中备用。氨水：优级纯。

标准溶液：混合标准储备溶液分别取 1.00mL Br 和 I 的标准储备溶液，用超纯水稀释到 100mL。每种元素的浓度为 10mg/L。

内标溶液：取 1mL Re 标准储备溶液，用超纯水稀释至 1000mL。直接将该浓度的内标溶液加入到空白、校准标准和样品中。如果用蠕动泵在线加入，可用 1%（体积分数）

氨水稀释至适当浓度。（建议 Re 浓度 10ng/mL，在测定时通过一个三通接头与样品在线混合后引入等离子体）。

校准空白溶液：1％（体积分数）氨水介质的试剂级水；清洗空白溶液：1％（体积分数）氨水的试剂级水。实验室试剂空白（LRB）：必须与样品处理过程一样加入相同体积的所有试剂。LRB 制备过程必须和样品处理步骤（需要的话，也要进行消解）完全相同。

（3）仪器

电感耦合等离子体质谱仪：能对 5u～250u 质量范围内进行扫描，分辨率为 0.75u 左右。

（4）操作步骤

称取 1.00g 混合熔剂于 30mL 瓷坩埚中，再称取 0.2500g 试料，将样品与熔剂充分混匀，最后再称取 0.50g 混合熔剂均匀覆盖在试料上。将坩埚放入马弗炉中，从低温升至 800℃再保持 40min，取出。冷却后将坩埚中混合物倒入 100mL 烧杯中，用水将坩埚冲洗干净，总体积不超过 25mL。将烧杯置于电热板上煮沸大约 5min 取下。冷却后转移至 25mL 试管中，稀释至刻度。摇匀，放置澄清。吸取 10mL 清液于 50mL 干烧杯中，加入 8g 预先处理好的阳离子树脂，静态交换 1h。在静态交换过程中需摇动 2～3 次。干过滤分离掉树脂。滤液中加入 0.1mL 氨水，摇匀，直接用 ICP-MS 测定。

（5）测定

按照仪器操作说明书规定条件启动仪器。选择分析同位素和内标元素，编制样品分析表。调谐：仪器点燃后至少稳定 30min，期间用含 1ng/mL 铍、钴、铈、铀的调谐溶液进行仪器参数最佳化调试。在测定过程中通过三通在线引入内标元素混合溶液。校准：以校准空白溶液和校准标准溶液建立校准曲线。每批样品测定时，同时测定实验室试剂空白溶液。

样品测定中间用清洗空白溶液清洗系统。

（6）测试和质控

溴、碘元素的分析同位素、内标、方法检出限及测定范围见表 3.2-9。

表 3.2-9　分析同位素、方法检出限和测定范围

分析同位素	内标	方法检出限/（ng/mL）	方法定量限/（μg/g）
^{79}Br	^{185}Re	0.46	0.15
^{127}I	^{185}Re	0.08	0.03

3.2.3.6　碳酸岩石中痕量元素分析

（1）方法适用性

本方法适用于碳酸岩石中 Ba、Be、Bi、Cd、Co、Cr、Cs、Cu、La、Li、Mn、Mo、Nb、Ni、Pb、Rb、Sn、Sr、Th、Ti、U、V、W、Y、Zn 和 Zr 等 26 个痕量元素的分析。

（2）试剂与标准

水为蒸馏水经 Milli-Q 系统纯化，电阻率达到 18MΩ·cm。强酸 1 号阳离子交换树脂。HCl、HNO_3、H_2SO_4、HF、$HClO_4$ 均为优级纯，酒石酸为分析纯。标准溶液为被测定的 26 个痕量元素全部用光谱纯金属或其化合物配制成 1g/L 单元素储备液，工作标准液用储备液逐级稀释而得，加入内标 Rh 或 Re，使其浓度值均为 100μg/L，介质及其酸度分别与流程一致。Fe 标准溶液（1g/L）为将 1.430gFe_2O_3 溶解于 100mL 6mol/L 的 HCl 中，用水稀释至 1L。聚环氧乙烷（PEO）：5g/L，水溶液。

（3）主要仪器

电感耦合等离子体质谱仪：能对 5u～250u 质量范围内进行扫描，分辨率为 0.75u 左右。

（4）操作步骤

戴朝玉等（1998）建立了 3 个分析流程，用 ICP-MS 测定了碳酸盐岩中的 26 个痕量元素。

流程 I（直接测定 13 个元素）：称取 0.1000g 样于 30mL 聚四氟乙烯塑料坩埚中，少量水润湿，逐滴加入高纯 HNO_3 5mL，HF 3mL，$HClO_4$ 1mL，加盖于控温电热板 130℃ 溶解 2h，放置过夜。次日继续于 150℃ 溶解 2h，揭盖蒸至白烟冒尽，加 1mL 8mol/L HNO_3 及少量水溶解盐类，以 Rh 作内标，水稀至刻度。ICP-MS 直接测定 Li、Ti、V、Cr、Mn、Zn、Rb、Sr、Nb、Cs、Ba、Th 和 U 元素。

流程 II（两次共沉淀分离富集测定 12 元素）：称取 0.2000g 样品于 30mL 聚四氟乙烯塑料坩锅中，按流程 I 分解试样后加 2mL 8mol/L HNO_3 及少量水溶解盐类。转入 150mL 烧杯中，加水至 50mL，白云岩补加 2mL 1g/L Fe 标准溶液，用 1mol/L HNO_3 和 1mol/L NaOH 调至 pH7。在搅动下加入 2mL 5g/L 聚环氧乙烷（PEO）溶液，陈化 0.5h，过滤，用煮沸的 8mol/L HNO_3 5mL 溶解沉淀于原烧杯中。滤液补加 2mL 1g/L Fe 标准溶液，在 pH 计上调至 pH 值为 10，按上述方法沉淀。滤液弃去，沉淀溶解液与上述溶解液合并，于低温电热板蒸至近干，加 8mol/L HNO_3 1mL 和少量水，加热。冷后转入 10mL 比色管，以 Rh、Re 做内标。ICP-MS 测定 Be、Co、Ni、Cu、Y、Zr、Cd、La、Pb、Bi、Th 和 U。

在此步骤中，$Fe(OH)_3$ 溶解度较小，在弱酸性溶液中就开始沉淀。由于没有明显的两性，因而能在较宽的 pH 值范围内作为共沉淀剂使用。当 pH＞10 时，$Mg(OH)_2$、$Ca(OH)_2$ 沉淀析出，要分离碳酸盐岩中大量 Ca、Mg 必须控制溶液 pH 值不能大于 10。在 pH7、pH8 能定量回收 Be、Co、Ni、Cu、Pb、Bi、Th；在 pH 值为 9、pH 值为 10 能定量回收 Y、Zr、Cd、La、U ［$Cd(OH)_2$ 沉淀完全 pH 值为 9.7］。为此选择最佳溶液沉淀酸度为 pH 值为 7 和 pH 值为 10 连续两次沉淀分离。为了加速 $Fe(OH)_3$ 胶体粒子的凝聚和沉降，缩短陈化时间，选择聚环氧乙烷为助凝剂。实际操作中，对于含 Fe 高的试样可利用试样中的 Fe 做共沉淀剂，但对含 Fe 低的试样应加入 Fe 进行沉淀。

流程 III（阳离子交换树脂分离富集测定 W、Mo 和 Sn）：称取 0.5000g 样品，加 HNO_3 5mL，加盖，电热板上加热 1.5h。加 HF 3mL，继续加热 3h，放置过夜。开盖，电热板上加热至干。稍冷加 HNO_3 2mL，H_2SO_4 1mL，电热板上加热至白烟冒尽，稍冷。用 5mol/L HCl 2mL 加热溶解盐类，加 8mL 0.05mol/L 酒石酸，加热，搅拌，用中速滤纸趁热过滤，再用 0.05mol/L 酒石酸洗残渣及滤纸至 20mL，滤液上柱（柱子预先用 15mL 0.5mol/L HCl-0.05mol/L 酒石酸平衡）。流出液用 50mL 烧杯承接，溶液流完后，用 5mL 0.5mol/L HCl-0.05mol/L 酒石酸淋洗，流出液及淋洗液合并后在水浴上蒸至小体积（约 3mL）转至 10mL 比色管中，加入 Rh 内标，定容至 10mL，ICP-MS 测定 W、Mo 和 Sn。

在 HCl-酒石酸-H_2O_2 或 HCl-酒石酸溶液中上柱的回收效果较好，但 H_2O_2 的加入在柱中易产生气泡，影响流速，可选用 0.5mol/L HCl 0.05mol/L 酒石酸为上柱溶液。另外，需注意 Zr 对 Mo 的干扰，必要时采用数学公式校正。

3.3 黑色金属材料 ICP-MS 分析方法与应用技术

3.3.1 基本要求

金属材料从大的方面可分为两类，一类是黑色金属材料，主要包括钢铁及合金，金属锰铬及合金，另一类是有色金属及合金。

钢铁及合金材料是应用极为广泛的工业基础材料，类型可分为生铸铁、非合金钢、合金钢、工具钢、高温合金和金属功能材料。

对于各类钢铁及合金产品的分析主要是对其中化学元素含量的测定。作为工业材料的产品其化学成分均有相关标准规定其合格范围，因此对于分析方法及其测定结果，大多有相应的国家标准及行业标准加以规范。

等离子体质谱法在钢铁及合金分析上的应用正在不断被纳入各类标准分析方法，如GB/T 20127.11—2006《钢铁及合金　痕量元素的测定　第 11 部分：电感耦合等离子体质谱法测定铟和铊含量》、GB/T 223.81—2007《钢铁及合金总铝和总硼含量的测定　微波消解-电感耦合等离子体质谱法》、GJB 5404.16—2005《高温合金痕量元素分析方法第 16 部分：电感耦合等离子体-质谱法测定　硼、钪、镓、银、铟、锡、锑、铈、铪、砹、铅和铋含量》等，不仅规范了 ICP 分析方法，而且对方法的精密度进行了统计试验，提供了判断 ICP 分析结果可信度的依据。下面从 ICP - MS 法在钢铁及合金材料分析中的应用，以相关的 GB/T 方法进行简述，提供 ICP - MS 标准分析方法的范例，以供参考。

大多数的黑色金属材料可用敞开式容器酸分解方法，它是化学分析实验室中最为普通的样品分解方法。常用的酸有盐酸、硝酸、高氯酸、氢氟酸、硫酸等无机酸以及它们的混合酸等。敞开式容器酸分解的优点是便于大批量样品分析，方法操作简单方便，设备简单，空白值低，可在较低的温度下进行，是金属材料分析中最常用的试样分解方法，方法适用于大多数黑色金属材料及合金。少量难溶黑色金属材料及合金可采用密封容器酸消解样品或微波消解技术消解样品。

3.3.2　钢铁及合金中痕量元素同时测定应用

3.3.2.1　钢铁及合金中痕量元素的测定　电感耦合等离子体质谱法测定铟和铊含量

引用标准：GB/T 20127.11—2006《钢铁及合金中痕量元素的测定　电感耦合等离子体质谱法测定铟和铊含量》

（1）方法适用性

本方法适用于高温合金中质量分数 0.000010% ～ 0.010% 铟含量、质量分数 0.000010% ～ 0.010% 铊含量的测定。

（2）操作步骤

称取 0.10g 试料精确至 0.1mg，加入 5mL 适宜比例盐酸和硝酸的混合酸，加热溶解后，冷却至室温，转移至 100mL 容量瓶中，加入 1.00mL 的 1.00μg/mL 铑内标溶液，用水稀释至刻度，混匀。随同试料做空白试验。

按照仪器说明书使仪器最优化，待仪器稳定后，选择 In（115）和 Tl（205）质量数，并选择 Rh（103）作为内标元素，按照编制好的分析程序同时测量试液中待测元素的信号强度，减去空白试验溶液的强度即为净强度，由工作曲线查得待测元素的质量。

（3）仪器要求

电感耦合等离子体质谱仪，配备雾化进样系统。仪器经优化后应满足以下条件：

①测定 10.0ng/mL 的铟标准溶液的灵敏度优于 5×10^4 cps；

②连续测定 10.0ng/mL 的铟标准溶液 10 次的相对标准偏差不超过 2%。

（4）校准曲线溶液

称取 0.1000g 与试样基体组分相近且待测元素含量相对较低的试样 6 份，分别置于 50mL 烧杯中，加入 5mL 适宜比例的盐酸与硝酸的混和酸，加热溶解后，冷却至室温，转移至 100mL 容量瓶中，加入 1.00mL 的 1.00μg/mL 铑内标溶液，分别加入 0mL、0.50mL、1.00mL、2.50mL、5.00mL、10.00mL 的 1.00μg/mL 铟和铊混和标准溶液，用水稀释至刻度，混匀。测量标准溶液的强度，减去零浓度校准溶液的强度即为净强度。以待测元素的质量（g）为横坐标，待测元素相应的净强度为纵坐标，绘制校准曲线。

在实际应用时，可以根据样品中待测元素的含量和需要测量的元素项目配制校准溶液，并不一定要严格按照所推荐的表中规定的浓度范围进行配制，但是校准曲线的点不包括零点在内应不少于三个，因为钢铁产品各元素成分均有含量范围要求，校准曲线要有相对的精密度。如果有合适的标准物质系列也可以采用标准物质配制校准曲线。

3.3.2.2　钢铁及合金中总铝和总硼含量的测定　微波消解‑电感耦合等离子体质谱法

引用标准：GB/T 223.81—2007《钢铁及合金中总铝和总硼含量的测定　微波消解‑电感耦合等离子体质谱法》

（1）方法适用性

本方法适用于钢铁及合金中总铝和总硼含量的测定，总铝质量分数测定范围为 0.0005%～0.10%；总硼质量分数测定范围为 0.0002%～0.10%。

（2）操作步骤

称取 0.10g 试料精确至 0.0001g 置于氟塑料高压消解罐中，加入 5mL 盐酸、1mL 硝酸，盖上盖子在常压下放置，待样品剧烈反应后，再加入 1mL 氢氟酸（若其中铝硼含量大于 20ng/mL 应提纯，可采用等温扩散法提纯。），加盖，置于夹持装置中，运行预先设定的微波消解程序。消解程序结束后，冷却至室温后打开氟塑料高压消解罐，将溶液转入 100mL 塑料容量瓶中，用水洗涤氟塑料高压消解罐和盖子内壁 3～4 次，合并至塑料容量瓶中，加入 5.00mL 2μg/mL 铍钪混合标准溶液，用水稀释至刻度，混匀。随同试料做空白试验。

按照仪器说明书使仪器最优化，待仪器稳定后，按浓度由低到高顺序，溶液由蠕动泵导入等离子体中，雾化器雾化后进入等离子体中，运行分析程序，同时测量 ^{10}B 或 ^{11}B、^{27}Al、^{9}Be 和 ^{45}Sc 的同位素信号强度，以铍和钪为内标校正仪器测量灵敏度漂移和基体效应。试液和空白溶液中铝硼的内标校正信号强度值之差为该试液的净信号强度。由工作曲线计算待测试液种铝硼的质量浓度。

（3）仪器要求

电感耦合等离子体质谱仪，配备耐氢氟酸溶液雾化进样系统。

等离子体质谱仪可以是等离子体四级杆质谱、等离子体高分辨磁质谱和等离子体飞行时间质谱仪三类仪器的任何一类。所有者三类仪器都需要使用氩气作为工作气体，在分析前先点燃等离子体预热 30min 左右。仪器经优化后应满足以下条件：

短期精密度小于 5%：测量 10 次与样品溶液相同基体的 10ng/mL 铝和硼溶液的铝和硼质谱信号强度，其相对标准偏差不超过 5%；

检出限应小于 0.7ng/mL：检出限为浓度接近空白的溶液测量 11 次，测量浓度结果的标准差的 3 倍（3σ）；

测定下限应小于 2ng/mL：测定下限为浓度接近空白的溶液测量 11 次，测量浓度结果的标准差的 10 倍（10σ）。

微波消解系统：配有压力或温度控制系统及氟塑料高压消解罐。

玻璃仪器和塑料器皿：试验用所有玻璃、石英和塑料容器和器皿均应用盐酸（1＋4）清洗，然后再用水洗净。酸洗后的玻璃、石英和塑料容器和器皿中的铝硼浓度可以通过测量注入其中的盐酸－氢氟酸混合酸（3＋1＋20）溶出铝硼浓度进行检查。如果铝硼浓度大于 4ng/mL，则这些器皿不宜使用，需更换。

（4）校准曲线绘制

分别移取 0mL、0.100mL、0.200mL、0.500mL、5.00mL、1.00mL、10.00mL 的 1.00μg/mL 铝和硼混和标准溶液和 5.00mL、10.00mL 10.00μg/mL 铝和硼混和标准溶液于 8 个 100mL 塑料容量瓶中，各加入 2.00mL 50.0mg/mL 铁基体溶液，各加入 5.00mL 2μg/mL 铍钪混合标准溶液，加入 3mL 盐酸、1mL 硝酸、1mL 氢氟酸，用水稀释至刻度，混匀。测量标准溶液的强度，减去零浓度校准溶液的强度即为净强度。以待测元素的质量浓度为横坐标，待测元素相应的净强度为纵坐标，绘制工作曲线。

3.4　有色金属材料分析应用

3.4.1　基本要求

有色金属又称非铁金属，在目前已发现的元素中有 93 种元素被人们称为金属（含半金属），其余 16 种为非金属。在这 93 种金属元素中除铁以外的 92 种金属（含半金属）统称为有色金属。我国有色金属矿产资源非常丰富，许多矿产如稀土、钨、锑等的储量占世界首位，许多有色金属的产量也居世界前茅，因此有色金属的分析也是 ICP－MS 分析技术的主要应用范围。

有色金属按其性质、用途、产量及其在地壳中的储量状况一般分为有色轻金属、有色重金属、贵金属、稀有金属和半金属五大类。在稀有金属中，根据其物理化学性质、原料的共生关系、生产工艺流程等特点，又分稀有轻金属、稀有重金属、稀有难熔金属、稀散金属、稀土金属、稀有放射性金属。

1958 年我国把有色金属中的锰和铬划为黑色金属，将锕系金属镭、锕、钍、钫以及超锕系元素划为放射性金属，余下的 64 种金属定为有色金属。这些金属是：铝、镁、钾、钠、钙、锶、钡、铜、铅、锌、锡、钴、镍、锑、汞、镉、铋、金、银、铂、钌、铑、钯、锇、铱、铍、锂、铷、铯、钛、锆、铪、钒、铌、钽、钨、钼、镓、铟、铊、锗、铼、镧、铈、镨、钕、钜、钐、铕、钆、铽、镝、钬、铒、铥、镱、镥、钪、钇、硅、硼、硒、碲、砷；并将 64 种有色金属中生产量大、应用较广的 10 种金属——铜、铝、铅、锌、镍、锡、锑、汞、镁、钛称为 10 种常用有色金属。

同大多数的黑色金属材料一样大多数常见有色金属材料也可用敞开式容器酸分解方法分解样品。但由于有色金属品种较多，其组成的合金种类更是多种多样，对于复杂难溶的样品，也可以采用密封容器酸消解样品或微波消解技术消解样品。

3.4.2　有色金属分析应用示例

3.4.2.1　稀土金属及其氧化物中非稀土杂质化学分析方法　钴、锰、铅、镍、铜、锌、铝、铬的测定　电感耦合等离子体质谱法

引用标准：GB/T 12690.5—2003《稀土金属及其氧化物中非稀土杂质化学分析方法　钴、锰、铅、镍、铜、锌、铝、铬的测定　电感耦合等离子体质谱法（方法 2）》

（1）方法适用性

本方法适用于稀土氧化物中氧化钴、氧化锰、氧化铅、氧化镍、氧化铜、氧化锌、氧化铝、氧化铬含量的测定。本方法也适用于稀土金属中金属钴、金属锰、金属铅、金属镍、金属铜、金属锌、金属铝、金属铬含量的测定。测定范围见表3.4－1。

表3.4－1　测定范围

氧化物	氧化物质量分数/%	氧化物	氧化物质量分数/%
氧化钴	0.0001～0.050	氧化铜	0.0001～0.050
氧化锰	0.0001～0.050	氧化锌	0.0005～0.050
氧化铅	0.0002～0.050	氧化铝	0.0005～0.050
氧化镍	0.0002～0.050	氧化铬	0.0005～0.050

（2）分析试液制备的操作步骤

除二氧化铈外的样品溶样方法：称取0.2500g试样（氧化物试样于900℃灼烧1h，置于干燥器中，冷却至室温，立即称量；金属试样去掉氧化层，取样后立即称量）置于100mL聚四氟乙烯烧杯中。加入5mL硝酸（1＋1），低温加热至溶解完全（若有不溶物，则应过滤，残渣经灰化，在铂坩埚中于900℃用200mg无水碳酸钠熔融，浸出后与原滤液合并，蒸至小体积），冷却至室温。移入100mL容量瓶中，以水稀释至刻度，混匀。分取5.00mL试液于25mL比色管中，加入2.50mL各1.00μg/mL铟和铯内标混合溶液，以水稀释至刻度，混匀，待测。随同试料做空白试验。

二氧化铈的样品溶样方法：称取0.2500g试样（二氧化铈）置于100mL聚四氟乙烯烧杯中．加入5mL硝酸（1＋1）和1.5mL过氧化氢，低温加热至溶解完全并赶尽气泡（若有不溶物，则应过滤，残渣经灰化，在铂坩埚中于900℃用200mg无水碳酸钠熔融，浸出后与原滤液合并，蒸至小体积），冷却至室温。移入100mL容量瓶中，以水稀释至刻度，混匀。分取5.00mL试液于25mL比色管中，加入2.50mL各1.00μg/mL铟和铯内标混合溶液，以水稀释至刻度，混匀，待测。随同试料做空白试验。

（3）仪器要求

电感耦合等离子体质谱仪质量分辨率不差于（0.8±0.1）u。各元素测量同位素质量数见表3.4－2。

表3.4－2　测量元素及内标元素同位素质量数

元素	测量同位素质量数/u	线性范围/%	元素	测量同位素质量数/u	线性范围/%
Co	59	0.0001～0.1	Cu	63	0.0001～0.1
Mn	55	0.0001～0.1	Zn	66或64	0.0005～0.1
Pb	208	0.0002～0.1	Al	27	0.0005～0.1
Ni	58或60	0.0002～0.1	Cr	52	0.0005～0.1
In	115	—	Cs	133	—

（4）标准溶液

按表3.4－3配制标准系列溶液，体积为50mL，各加入5.00mL 1.00μg/mL铟和铯内标混合溶液，以稀硝酸（1＋199）稀释至刻度，混匀。

表3.4-3 标准系列浓度

标液编号	各被测元素浓度/（ng/mL）							
	Co	Mn	Pb	Ni	Cu	Zn	Al	Cr
1	0	0	0	0	0	0	0	0
2	5.0	5.0	5.0	5.0	5.0	5.0	5.0	5.0
3	20.0	20.0	20.0	20.0	20.0	20.0	20.0	20.0
4	50.0	50.0	50.0	50.0	50.0	50.0	50.0	50.0
5	100.0	100.0	100.0	100.0	100.0	100.0	100.0	100.0
6	200.0	200.0	200.0	200.0	200.0	200.0	200.0	200.0

（5）测量及计算

将标准系列溶液引入电感耦合等离子体质谱仪中，输入根据试验所选择的仪器最佳测定条件，在选定各元素测量同位素（表3.4-2）处，测定系列标准溶液和分析试液中各元素的计数，用内标校正法校正稀土基体对被测元素的非谱干扰，由计算机计算、校正并输出空白试样溶液和分析试液中各待测元素的质量浓度。

3.4.2.2 铟化学分析方法 砷、铝、铜、镉、铁、铅、铊、锡、锌、铋含量的测定电感耦合等离子体质谱法

引用标准：YS/T 267.11—2011《铟化学分析方法 砷、铝、铜、镉、铁、铅、铊、锡、锌、铋含量的测定 电感耦合等离子体质谱法》。

（1）方法适用性

本方法适用于铟中砷、铝、铜、镉、铁、铅、铊、锡、锌、铋含量的测定。测定范围为0.00010%～0.0050%，见表3.4-4。

表3.4-4 测定范围

元素	质量分数/%	元素	质量分数/%
As	0.00010%～0.0050%	Pb	0.00010%～0.0050%
Al	0.00010%～0.0050%	Tl	0.00010%～0.0050%
Cu	0.00010%～0.0050%	Sn	0.00010%～0.0050%
Cd	0.00010%～0.0050%	Zn	0.00010%～0.0050%
Fe	0.00010%～0.0050%	Bi	0.00010%～0.0050%

（2）操作步骤

称取1.00g试样，精确至0.0001g。置于150mL石英烧杯中，加入15mL的硝酸（1+1），低温加热至试料溶解完全，取下，冷却后移入100mL容量瓶中，用水稀释至刻度，摇匀。移取10.00mL上述试液于100mL容量瓶中，加入2mL硝酸，以水稀释至刻度，摇匀待测。随同试料做空白试验。

选择仪器工作条件，使用内标混合器在线加入含10ng/mL Sc、Rh、Re内标溶液，采用ICP-MS-标准加入方式，测定完系列标准溶液后，按序测定试液中各杂质的质量浓度。

（3）仪器要求

电感耦合等离子体质谱仪质量分辨率不差于（0.8±0.1）u。各元素测量同位素质量

数见表 3.4 - 5。

表 3.4 - 5 测量元素及内标元素同位素质量数

元素	测量同位素质量数/u	元素	测量同位素质量数/u
Al	27	Tl	205
Fe	57（56，干扰校正）	Pb	208
Cu	65	Bi	209
Zn	66	Sc	45
As	75（干扰校正）	Rh	103
Cd	111	Re	185
Sn	118		

（4）工作曲线的绘制

于 5 个 100mL 容量瓶中分别加入 5.00mL 20mg/mL 铟基体溶液和含铝、铁、铜、锌、砷、镉、锡、铊、铅、铋各 10μg/mL 混合标准溶液 0mL、0.10mL、0.50mL、1.00mL、1.50mL 分别加入 2mL 硝酸，以水稀释至刻度，混匀。选择仪器工作条件，使用内标混合器在线加入含 10ng/mL Sc、Rh、Re 内标溶液，采用 ICP - MS - 标准加入方式，将测定得到的被测元素的强度作为纵坐标，被测元素的质量浓度作为横坐标绘制样品校准曲线。

3.4.2.3 铜及铜合金化学分析方法 铬、铁、锰、钴、镍、锌、砷、硒、银、镉、锡、锑、碲、铅、铋量的测定 电感耦合等离子体质谱法

引用标准：GB/T 5121.28—2010《铜及铜合金化学分析方法 铬、铁、锰、钴、镍、锌、砷、硒、银、镉、锡、锑、碲、铅、铋量的测定 电感耦合等离子体质谱法》。

（1）方法适用性

本方法适用于铜及铜合金中铬、铁、锰、钴、镍、锌、砷、硒、银、镉、锡、锑、碲、铅和铋含量的测定。测定范围为 0.00005%～0.0050%。

（2）分析试液制备的操作步骤

铬、铁、锰、钴、镍、锌、砷、银、镉、锡、锑、铅和铋的测定样品溶样方法：称取 0.50g 试样（精确至 0.0001g），置于 50mL 聚四氟烧杯中，加入 2mL 硝酸，加热使试料完全溶解，冷却，移入 50mL 塑料容量瓶中，用水定容至刻度，混匀。随同试料做空白试验。移取 5.00mL 上述溶液于 50mL 塑料容量瓶中，加入 1.00mL 浓度为 1.00μg/mL 铟内标溶液，用硝酸（1+99）定容至刻度，混匀，待测。

硒、碲的测定样品溶样方法：称取 1.00g 试样（精确至 0.0001g），置于 150mL 烧杯中，加少量水润湿，加 5mL 硝酸，微热溶清，冷却；加入 0.5mL 浓度为 100g/L 硝酸镧溶液，边搅拌边加入过量氨水（约 25mL），静置保温（60℃左右）30min，中速定量滤纸过滤沉淀，以热氨水（1+9）洗涤沉淀至无铜氨络离子颜色，以热去离子水洗涤两次，最后以每次 5mL 热硝酸（1+9）分两次溶解沉淀，将溶液移入 25mL 比色管中，加入 0.50mL 浓度为 1.00μg/mL 铟内标溶液内标溶液，用水稀释至刻度，混匀，待测。随同试料做空白试验。

（3）仪器要求

电感耦合等离子体质谱仪质量分辨率不差于（0.8±0.1）u。各元素测量同位素质量数见表3.4-6。

表3.4-6 测量元素及内标元素同位素质量数

元素	测量同位素质量数/u	元素	测量同位素质量数/u
Cr	52	Ag	107
Mn	55	Cd	111
Fe	56（干扰校正）	Sb	121
Co	59	Sn	118
Ni	60	Te	128
Zn	68	Pb	208
As	75	Bi	209
Se	77.82		

（4）校准曲线溶液

分别移取0mL、0.20mL、1.00mL、2.00mL、5.00mL含铬、铁、锰、钴、镍、锌、砷、硒、银、镉、碲、铅各1μg/mL混合标准溶液于一系列100mL塑料容量瓶中，加入2.00mL浓度为1.00μg/mL铟内标溶液，用硝酸（1+99）定容至刻度，混匀。此系列标准溶液1mL含铬、铁、锰、钴、镍、锌、砷、硒、银、锅、碲、铅分别为0ng、2.0ng、10.0ng、20.0ng和50.0ng。

分别移取0mL、0.20mL、1.00mL、2.00mL、5.00mL含锡、锑、铋各1μg/mL混合标准溶液于一系列100mL容量瓶中，加入2.00mL浓度为1.00μg/mL铟内标溶液，补加盐酸1mL（1+1），用水定容至刻度，混匀。此系列标准溶液1mL含锡、锑、铋分别为0ng、2.0ng、10.0ng、20.0ng和50.0ng。

（5）测量及计算

将标准系列溶液引入电感耦合等离子体质谱仪中，输入根据试验所选择的仪器最佳测定条件，在选定各元素测量同位素处，测定系列标准溶液和分析试液中各元素的计数，用内标校正法校正稀土基体对被测元素的非谱干扰，由计算机计算、校正并输出空白试验溶液和分析试液中各待测元素的质量浓度。

3.4.2.4 高纯二氧化锗化学分析方法 电感耦合等离子体质谱法测定镁、铝、钴、镍、铜、锌、铟、铅、钙、铁和砷的量

引用标准：YS/T 37.4—2007《高纯二氧化锗化学分析方法 电感耦合等离子体质谱法测定镁、铝、钴、镍、铜、锌、铟、铅、钙、铁和砷的量》。

（1）方法适用性

本方法适用于高纯二氧化锗中镁、铝、钴、镍、铜、锌、铟、铅、钙、铁和砷含量的测定。各元素质量分数测定范围的见表3.4-7。

表 3.4－7　各元素质量分数测定范围

元素	测量同位素	质量分数/%	元素	测量同位素	质量分数/%
Mg	24	0.000 001～0.0002	In	115	0.000 0006～0.0002
Al	27	0.000 001～0.0002	Pb	208	0.000 001～0.0002
Co	59	0.000 001～0.0002	Ca	40	0.000 0005～0.0002
Ni	58	0.000 0006～0.0002	Fe	56	0.000 002～0.0002
Cu	63	0.000 0005～0.0002	As	75	0.000 001～0.0002
Zn	66	0.000 005～0.0002	Rh	103	—

（2）样品处理

称取 0.5g 试样，精确至 0.0001g。独立地进行二份试料的测定，取其平均值。随同试料做空白试验。将试料置于石英坩埚中，加入 6mL 盐酸、1mL 硝酸，盖上表面皿，置于密闭蒸发装置中，用红外灯和电炉同时加热，于 80℃～100℃ 分解试料（应及时调整温度，维持一定的反应速度，并防止试料溢出）。待坩埚中溶液冷凉，关闭红外灯，继续用电炉加热回流约 0.5h。取下表面皿，再用红外灯和电炉同时加热，温度控制在 120℃ 左右，待溶液蒸至近干，将温度调至 100℃ 左右，直至溶液蒸干，取出坩埚，趁热加入 3 滴硝酸溶解残渣，用去离子水洗至 10mL 比色管中定容，待测。

（3）仪器条件

铁、钙、砷在冷等离子体或动态反应池工作模式下进行检测，其他元素在常规工作模式下进行检测。

（4）测试

工作曲线的绘制：在 4 支 10mL 刻度管中分别加入 0.1mL 硝酸、0.5mL 铑内标，再分别加入 0mL、0.5mL、1.00mL、2.00mL 混合标准溶液，与待测试料溶液同时用 ICP－MS 法测定。

3.4.2.5　高纯镓化学分析方法　痕量元素的测定　电感耦合等离子体质谱法

引用标准：YS/T 474—2005《高纯镓化学分析方法　痕量元素的测定　电感耦合等离子体质谱法》。

（1）本方法适用性

本方法适用于高纯镓（99.999%＜w（Ga）＜99.999%）中铜、铅、锌、铟、铁、锡、镍、镁、钴、铬、锰、钛、铷、钼、铋等痕量元素含量的同时测定。

（2）方法提要

在温度 200℃ 时氯化氢气体与金属镓反应生成三氯化镓气体，将生成的三氯化镓气体挥发排尽，以此达到分离主体镓而富集杂质的目的。剩余的杂质以盐酸-硝酸溶解，将其制成溶液，加入选定的内标元素，富集的杂质铜、铅、锌、铟、铁、锡、镍、镁、钴、铬、锰、钛、铷、钼、铋用电感耦合等离子体质谱测定。

（3）样品处理

试料的分解：将试料置于 3mL 石英坩埚内，再将两只盛有试料的坩埚和一只空白坩埚同时装入干燥的石英雾化反应器，置于电加热套内，连接好气路，打开水龙头抽气。检查装置是否漏气，使洗气瓶中气泡均匀一致，当雾化反应器温度提到 200℃ 时，通入氯化氢气体，洗气瓶产生正压，将此进气阀门关闭，使大量的氯化氢气体进入系统与镓作用，生成氯化镓气体抽出。使温度保持在 210℃～220℃，直至试料全部挥发，坩埚干燥为止，切断电源，打开通气阀门，取出坩埚。

富集杂质：将坩埚内残留的杂质用 $120\mu L$ 高纯盐酸和 $30\mu L$ 高纯硝酸溶解后，再将溶解好的杂质用去离子水转移到 10mL 的聚乙烯刻度管中，分别加入 $10\mu L$ 的铯标准溶液和 $10\mu L$ 钪标准溶液，用去离子水稀释至刻度，混匀。备 ICP - MS 测定。

试样处理装置见图 3.4 - 1。

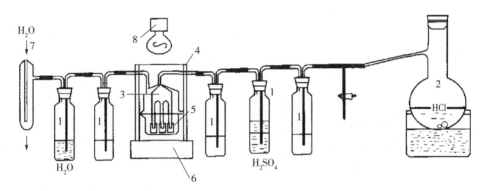

1—洗气瓶；2—盐酸加热器；3—小挥发器；4—石英罩；5—石英坩埚；
6—电加热套；7—玻璃抽气泵；8—红外线灯

图 3.4 - 1　试样处理装置

（4）仪器条件

测量参数：元素扫描方式—跳峰测量和时间分辨测量。分辨率：分辨率可调，优于 0.1u。正常使用为 0.7u，用含有 Be、Co、ln、B1、U 元素且浓度为 1ng/mL 的溶液，调整炬管及离子透镜处于最佳位置。使得仪器灵敏度和精密度达到仪器规定要求。

测定元素：同位素 ^{63}Cu、^{208}Pb、^{64}Zn、^{115}In、^{56}Fe、^{118}Sn、^{60}Ni、^{24}Mg、^{59}Co、^{52}Cr、^{55}Mn、^{47}Ti、^{85}Rb、^{209}Bi。内标同位素元素：^{103}Rh、^{45}Sc。

（5）工作曲线的绘制

取 6 支洁净的 10mL 聚乙烯刻度管，用移液枪分别加入 $0\mu L$、$100\mu L$、$300\mu L$、$500\mu L$、$800\mu L$、$1000\mu L$ 混合标准溶液，$10\mu L$ 铯标准溶液、$10\mu L$ 钪标准溶液和 $200\mu L$ 硝酸用去离子水稀释至刻度。此系列溶液中含铜、铅、锌、铟、铁、锡、镍、镁、钴、铬、锰、钛、铷、钼、铋各为 0ng/mL、3.0ng/mL、5.0ng/mL、8.0ng/mL、10.0ng/mL；内标铯、钪分别为 1.0ng/mL。

3.5　环境样品中 ICP - MS 分析方法与应用技术

3.5.1　基本要求

随着社会的发展，工业生产废物、城市污水的排放，燃料的燃烧等因素，导致自然环境中的有毒重金属及非金属元素的污染风险逐渐增加。环境监测目的就是通过对各种环境样品（空气、水、土壤等）的分析检测，确保人民生活、生产的安全。环境样品主要包括：水样、大气颗粒物样品、土壤以及沉积物样品等。环境水样可分为饮用水、自然水（地下水、雨雪水、湖水、江河水、海水等）、工业废水，生活污水以及各级处理过的污水等。

大气颗粒物是指悬浮于空气中的固体或液体颗粒与气体载体共同组成的多相体系，是一种稳定的或不稳定的系统。大气颗粒物形状复杂，可将大气颗粒物主要分为 TSP、PM10、PM2.5。研究表明，粗粒子多由 Ca、Mg、Na 等 30 多种元素组成，细粒子主要是痕量金属、硫酸盐、硝酸盐等。不同环境条件、不同时间、不同粒径的大气颗粒物其组成成分差异较大。大气颗粒物可长期悬浮于空气中，并伴随大气运动扩散到其他地区，使污染范围扩大或转移。同时 PM10 可进入人体呼吸道，PM2.5 可直接进入人体肺部，对环境保护与人体健康都是产生巨大的危害。对大气颗粒物进行检测与分析已经引起了广泛的重视。

固体废弃物、矿物、岩石中的有害金属元素通过地表径流、大气沉降等多种途径进入环境中，最终累积于土壤与沉积物中。而当环境条件发生变化时，长期累积的金属元素从土壤、沉积物中释放出来再次进入环境中造成二次污染，甚至通过食物链的作用危害人类和生态系统的安全。因此监测土壤、沉积物中金属元素浓度，研究土壤、沉积物中金属元素的释放过程是十分必要的，对于环境监测、环境治理以及环境健康工作都具有重要的指导意义。

目前，无机元素分析技术主要包括：AAS、AES、ICP - AES、ICP - MS。由于环境样品种类的多元性、各类样品物理化学组成的复杂性，以及不同样品中元素浓度范围差异较大，环境样品分析与检测更加的繁琐与复杂。近年来，随着无机质谱技术的逐渐发展与完善，ICP - MS 技术已经具有高灵敏度，低检测限、高通量等特性，并且可以对样品中的多元素进行同时检测。在目前的环境监测、环境科学、环境健康等领域，ICP - MS 已经处于主导地位，成为最主要的无机元素检测技术及环境分析中常规元素、痕量元素测定的主要技术。

3.5.2 样品处理

一般情况下，水样中元素含量测定包括两种方式：测定水溶性元素，测定水中溶解性及以悬浮固体存在的元素总量，也称"酸可溶出"元素总量。测定水溶性元素可将水样先过滤再以酸保护，然后直接分析。测定水溶性与固体悬浮物中的元素总量，则将水样中直接酸化，然后测定"酸可溶出"金属总量。水样过滤时，应注意过滤器皿与水样接触部分的材质，避免元素的污染，过滤前，过滤器皿应用稀酸洗涤，并在酸中浸泡过夜。过滤时使用的滤膜应经过稀硝酸浸泡，用去离子水清洗后再使用，以去除滤膜表面吸附的镉、铅、汞等金属离子。对于饮用水及水源水等清洁用水，采样后可直接测定。

不能及时测定而需要保存的水样，应采取适当的保存措施，以防止水样在储存过程中发生化学与生物过程，造成待测成分的损失。水样的保存时间一般与水样的性质、待测组分性质、储存容器、保存温度以及加入的保护剂有关。一般情况，经酸化后的水样冷冻保存在适当容器中，可以抑制水样中细菌与藻类的光合成及氧化等作用，降低由于细菌和藻类导致的水样中金属元素形态的变化与沉淀、吸附损失。储存容器材料包括聚乙烯、聚丙烯、聚四氟乙烯、硼酸玻璃等。使用中可根据储存材料对待测组分的吸附能力进行选择。而低温或冷冻保存可显著降低样品组分的化学与生化反应速度，延长样品的保存时间。研究表明，在冷冻状态下，未经酸化的海水样品可保持三个月，其中待测元素没有明显变化。除保存温度与保存容器的影响外，样品 pH 值对样品中金属离子的吸附能力有明显影响。在酸性溶液中，吸附现象减少，而随着碱性的增强，吸附现象明显增加。水样加酸酸化至 pH 值小于 4 时，可抑制水中的皂化反应，避免金属形成难溶性的金属皂吸附在容器壁上。

大气颗粒物样品使用大气采样器采集，采样的滤膜使用前需要经过仔细检查，确定表面平整，没有缺陷，经过恒温恒湿平衡 24h 后使用。采样后使用微波消解法消解滤膜，一般采用混合酸体系消解大气颗粒物样品。应根据采集过程中滤膜材料，样品污染程度，目标分析元素等条件确定混合酸体系与各种酸比例。在大气颗粒物样品的采集与处理过程中，需要注意滤膜的保存与消解罐的清洁过程，确保没有污染元素的引入与残留。

对于土壤和沉积物样品，由于其中成分复杂，并且含有难以消解的石块及沙砾，所以在样品消解前还需要经过处理，处理过程一般包括：冷冻干燥、研磨、过筛。在处理过程中避免污染元素的引入。经过处理的土壤与沉积物样品经过消解后可进行 ICP - MS 检测。土壤和沉积物样品的消解是测定其中元素的关键步骤。常用于 ICP - MS 检测的消解方法包括：微波消解和高压密封罐消解法。

微波消解是基于微波与压力的作用，加速酸的氧化反应，提高消解速率，同时由于采用密闭环境，避免了消解过程中试剂与热量的损失，已经广泛应用于土壤、沉积物样品的消解。高压密封罐消解法是在密闭加压容器内用酸或其他试剂，在加温加压下进行湿法消解。该方法酸用量小，消解完全，消解过程损失少等优点。虽然该方法比微波消解法耗时长，但是对于一些易损失金属元素，测定结果准确度和精密度均比较高。一般在测量样品中金属 Hg 等元素时需要采取这种方法。

3.5.3　分析实例

3.5.3.1　水中（包括饮用水、地表水、地下水、污水等）62 种元素检测方法

引用标准：EN/ISO 17294 - 2：2004 Water quality—Application of inductively coupled plasma mass spectrometry（ICP - MS）—Part 2：Determination of 62 elements

（1）方法适用性

本标准由国际标准化组织颁发，用于检测水（包括饮用水、地表水、地下水、污水等）中 62 种元素：Ag、Al、As、Au、B、Ba、Be、Bi、Ca、Cd、Ce、Co、Cr、Cs、Cu、Dy、Er、Eu、Ga、Gd、Ge、Hf、Ho、In、Ir、K、La、Li、Lu、Mg、Mn、Mo、Na、Nd、Ni、P、Pb、Pd、Pr、Pt、Rb、Re、Rh、Ru、Sb、Sc、Se、Sm、Sn、Sr、Tb、Te、Th、Tl、Tm、U、V、W、Y、Yb、Zn、Zr。

本方法亦可用于污泥、沉积物消解液中上述元素的测定。

（2）样品采集与处理

样品采集：根据 ISO 5667 - 1、ISO 5667 - 2、ISO 5667 - 3 标准要求采集水样。选择适宜的样品容器，以避免吸附干扰，进行痕量检测的水样，应使用干净的 PFA、FEP 或石英材料容器保存。当样品中元素浓度较高时，还可使用 HDPE 或 PTFE 容器保存。样品通过 $0.45\mu m$ 滤膜，每百毫升样品加入 0.5mL 硝酸，保持样品 pH 值小于 2。对于易于水解的元素，例如 Sb、Sn、W、Zr，每百毫升加入 1mL 硝酸，保持样品 pH 值小于 1。

样品前处理：对于清洁水样，样品不需进行消解，水样采集后，经过过滤可直接检测。对于污染较严重水样，颗粒物浓度高的水样，需经过硝酸消解后进行检测。对于需要测定锡的样品，采用硫酸消解，每 50mL 水中加入 0.5mL 硫酸和 0.5mL 双氧水。消解液用稀盐酸定容至 50mL。

（3）标准溶液

混和元素标准贮备液：ρ（Ag、Al、As、Au、B、Ba、Be、Bi、Ca、Cd、Ce、Co、Cr、Cs、Cu、Dy、Er、Eu、Ga、Gd、Ge、Hf、Ho、In、Ir、K、La、Li、Lu、Mg、Mn、Mo、Na、Nd、Ni、P、Pb、Pd、Pr、Pt、Rb、Re、Rh、Ru、Sb、Sc、Se、Sm、Sn、Sr、Tb、Te、Th、Tl、Tm、U、V、W、Y、Yb、Zn、Zr）＝1000mg/L。

混合标准溶液 A：ρ（As、Se）＝20mg/L；ρ（Ag、Al、B、Ba、Be、Bi、Ca、Cd、Ce、Co、Cr、Cs、Cu、La、Li、Mg、Mn、Ni、Pb、Rb、Sr、Th、Ti、U、V、Zn）＝10mg/L；ρ（Au、Mo、Sb、Sn、W、Zr）＝5mg/L。硝酸介质。

混合标准溶液 B：ρ（Au、Mo、Sb、Sn、W、Zr）＝5mg/L。盐酸介质

内标溶液：ρ（Y、Re）＝5mg/L。

多元素标准溶液：标准溶液范围 0.1μg/L～50μg/L。标准曲线至少应由 5 个点组成。

基体溶液：ρ（Ca）＝200mg/L、ρ（Cl^-）＝300mg/L、ρ（PO_4^{3-}）＝25mg/L、ρ（SO_4^{2-}）＝100mg/L。基体溶液用于决定干扰校正方程中准确的校正因子，基体溶液由高浓度试剂配制，所以对这些试剂的纯度有很高要求，以免影响校正因子的计算。

（4）分析步骤

测试前使用调谐液调整等离子体质谱仪的各项指标，提高仪器灵敏度，降低氧化物、双电荷离子的干扰。建立校准曲线后，从校准曲线算出样品中各元素的质量浓度（mg/L 或 μg/L）。分析元素和干扰校正方程见表 3.5‐1。

表 3.5‐1　分析元素和干扰校正方程

分析元素	干扰校正方程
As	$^{75}As-3.127$（^{77}Se）$-$（$0.815 \cdot {}^{82}Se$）
	$^{75}As-3.127$（^{77}Se）$-$（$0.3220 \cdot {}^{78}Se$）
Ba	$^{138}Ba-0.0009008 \cdot {}^{139}La-0.002825 \cdot {}^{140}Ce$
Cd	$^{114}Cd-0.02684 \cdot {}^{82}Se$
Ge	$^{74}Ge-0.1385 \cdot {}^{82}Se$
In	$^{115}In-0.01486 \cdot {}^{118}Sn$
Mo	$^{98}Mo-0.1106 \cdot {}^{101}Ru$
Ni	$^{58}Ni-0.04825 \cdot {}^{54}Fe$
Pb	$^{208}Pb+{}^{207}Pb+{}^{206}Pb$
Se	$^{82}Se-1.009 \cdot {}^{83}Kr$
Sn	$^{120}Sn-0.01344 \cdot {}^{125}Te$
V	$^{51}V-3.127$（$^{53}Cr-0.1134 \cdot {}^{52}Cr$）
W	$^{183}W-0.001242 \cdot {}^{189}Os$

（5）质量控制

在一定的样品测定间隔中（例如，每测定 10 个样品），至少使用标准参考物质、标准样品或内部控制样品中的一种对仪器检测的准确度、精密度进行检查。如果需要，重新校正仪器。需要注意的是部分元素（例如，Ag、B、Be、Li、Th）在进样系统中需要较长时间才能冲洗干净。在测定高浓度样品后，需要测定空白标准溶液以确定记忆效应干扰。

测量下限见表 3.5 - 2，测量下限是指在可接受的准确度和精密度的水平上分析物的最低浓度。

表 3.5 - 2 测量同位素及测量下限

测量同位素	测量下限 μg/L	测量同位素	测量下限 μg/L	测量同位素	测量下限 μg/L	测量同位素	测量下限 μg/L
^{107}Ag	1	^{140}Nd	0.1	^{151}Eu	0.1	^{120}Sn	1
^{109}Ag	1	^{58}Ni	1	^{153}Eu	0.1	^{86}Sr	0.5
^{27}Al	5	^{60}Ni	3	^{69}Ga	0.3	^{88}Sr	0.3
^{75}As	1	^{206}Pb	0.2	^{71}Ga	0.3	^{159}Tb	0.1
^{197}Au	0.5	^{207}Pb	0.2	^{157}Gd	0.1	^{126}Te	2
^{10}B	10	^{208}Pb	0.1	^{158}Gd	0.1	^{232}Th	0.1
^{11}B	10	^{108}Pd	0.5	^{74}Ge	0.3	^{203}Tl	0.2
^{137}ba	3	^{141}Pr	0.1	^{178}Hf	0.1	^{205}Tl	0.1
^{138}Ba	0.5	^{195}Pt	0.5	^{165}Ho	0.1	^{169}Tm	0.1
^{9}Be	0.5	^{85}Rb	0.1	^{115}In	0.1	^{238}U	0.1
^{209}Bi	0.5	^{185}Re	0.1	^{193}Ir	0.1	^{51}V	1
^{43}Ca	100	^{187}Re	0.1	^{39}K	50	^{182}W	0.3
^{44}Ca	50	^{103}Ru	0.1	^{139}La	0.1	^{184}W	0.3
^{111}Cd	0.1	^{101}Ru	0.2	^{6}Li	10	^{89}Y	0.1
^{114}Cd	0.5	^{102}Ru	0.1	^{7}Li	1	^{172}Yb	0.2
^{140}Ce	0.1	^{121}Sb	0.2	^{175}Lu	0.1	^{174}Yb	0.2
^{59}Co	0.2	^{123}Sb	0.2	^{24}Mg	1	^{64}Zn	1
^{52}Cr	1	^{45}Sc	5	^{25}Mg	10	^{66}Zn	2
^{53}Cr	5	^{77}Se	10	^{55}Mn	3	^{68}Zn	3
^{133}Cs	0.1	^{78}Se	10	^{95}Mo	0.5	^{90}Zr	0.2
^{63}Cu	1	^{82}Se	10	^{98}Mo	0.3		
^{65}Cu	2	^{163}Dy	0.1	^{147}Sm	0.1		
^{23}Na	10	^{166}Er	0.1	^{118}Sn	1		

3.5.3.2 水和废弃物中痕量元素的 ICP - MS 检测方法

引用标准：美国环境保护署 EPA 200.8《Determination of trace elements in waters and wastes by inductively coupled plasma - mass spectrometry》

（1）方法适用性

本方法适用于地下水、地表水、饮用水、废水、污泥和土壤样品中 Al、Sb、As、Be、Cd、Cr、Co、Cu、Pb、Mn、Hg、Mo、Ni、Se、Th、Tl、U、V、Zn、Ba、Ag 元素的测定。

（2）样品采集、处理和保存

水样品的检测分为可溶性元素的检测和总可回收元素的检测。水样在分取进行处理或

"直接分析"前必须确认其酸度，应酸化保存（pH<2）。如果以适当的酸度保存，样品分析前可存放 6 个月。

对于可溶性元素的测定：样品（混浊度<1NTU 的饮用水）在采集时或其后必须尽快地用 0.45μm 孔径的滤膜过滤。用部分样品清洗过滤瓶，弃去，然后采集所需体积的滤液。用 1∶1 硝酸酸化滤液至 pH<2。取已过滤且酸化保存的水样（≥20mL），转移到 50mL 聚丙烯离心管中，用稀硝酸溶液调节样品溶液酸浓度至大约 1%（体积分数）（数据处理时要考虑稀释倍数），如 20mL 水样中加入 0.4mL 稀硝酸溶液（1+1）（体积分数）。

对于总可回收元素的测定：样品不需过滤，直接用 1∶1 硝酸酸化至 pH<2（对于大多数环境水和饮用水，通常 1L 水样中加入 3mL（1+1）硝酸即可）。建议将样品在采集后两周内运回实验室并且采取酸化保护。样品酸化后混匀，放置 16h。可取混和均匀酸化保存的 100mL（±1mL）水样至 250mL 的加表面皿盖子的烧杯中（也可根据需要取较少量的水样）。在含有一定量水样的烧杯中加入 2.0mL（1+1）HNO$_3$ 和 1.0mL（1+1）HCl，置于电热板上加热回流蒸发 30min（蒸发温度预设为 85℃ 左右，避免剧烈沸腾，因为可能产生 HCl- H$_2$O 恒沸物损失）。溶液体积降至 20mL 左右。最好把溶液转至 50mL 容量瓶中用去离子水稀释至刻度。

对于固体样品中的总可回收元素的测定：称取充分混匀的样品（>20g），记录湿量。（如样品含水率<35%，20g 的称样量即可；样品含水率>35% 时，需 50~100g 的称样量）。于 60℃ 烘干（60℃ 烘干是为了避免汞和其他易挥发金属化合物的挥发损失，便于过筛和研磨）至恒量，记录干量。将干燥后的样品用 5 - 目聚丙烯筛过筛。准确称取样品 1.0±0.01g 至 250mL 烧杯中。在烧杯中加入 4mL（1+1）HNO$_3$ 和 10mL（1+4）HCl。用表面皿盖住，置于电热板上加热。温度控制在 95℃ 左右。待样品冷却后，定量转移至 100mL 容量瓶中。用试剂水稀释至刻度，加盖摇匀。将样品提取液放置过夜让不溶物下沉或取部分溶液离心至澄清。分析前调整氯化物浓度，吸取 20mL 处理好的溶液至 50mL 容量瓶中，稀释至刻度，混匀待测。（如果溶液中可溶性固体含量>0.2%，要进一步稀释以免采样锥或截取锥堵塞。

固体样品分析前不需要处理，只需在 4℃ 保存，没有确定的存放期限。

（3）仪器调试

仪器点燃后至少预热半小时，其间用调谐溶液进行质量数和分辨率的校正和检查。分辨率要调至大约 0.75u 的峰宽。如果漂移超过 0.1u 就要及时进行质量校正。仪器调谐至调谐溶液中所有元素信号强度的相对标准偏差低于 5%，证明仪器处于稳定状态。

常用的内标元素采用 Sc、Y、In、Tb 和 Bi 五种。可直接加入标准、空白和样品溶液中或者在雾化器前使用三通通过蠕动泵在线加入。根据仪器的灵敏度，建议使用 10~200μg/L 浓度范围的内标。

（4）标准溶液

标准元素储备液 A：ρ（Al、Sb、As、Be、Cd、Cr、Co、Cu、Pb、Mn、Hg、Mo、Ni、Se、Th、Tl、U、V、Zn）=10μg/mL。标准元素储备溶液 B：ρ（Ba、Ag）=10μg/mL。

实际校准用的标液浓度范围应参考实际样品而定，一般为 10μg/L~200μg/L。但汞标准溶液浓度要限制在 5μg/L 以内。每隔两周在使用前将储备液用 1%（体积分数）硝酸稀释至要求的浓度。

测定汞时，需要在内标溶液中加入适量金标准储备液，使最终的空白溶液、校正标准

和样品中金浓度达 $100\mu g/L$。

（5）样品分析

利用校准曲线计算样品的测量浓度。干扰元素的校正方程见表 3.5-3。

表 3.5-3　干扰校正方程

测量元素	干扰校正方程
^{75}As	$(1.00)(^{75}C) - (3.127)[(^{77}C) - (0.815)(^{82}C)]$
^{111}Cd	$(1.00)(^{111}C) - (1.073)[(^{108}C) - (0.712)(^{106}C)]$
Pb	$(1.000)(^{206}C) = (1.000)[(^{207}C) + (1.000)(^{208}C)]$
^{98}Mo	$(1.000)(^{98}C) - (0.146)(^{99}C)$
^{51}V	$(1.000)(^{51}C) - (3.127)[(^{53}C) - (0.1130(^{52}C)]$

（6）质量控制

方法检出限见表 3.5-4。用来检验校准标准的质控样品溶液的 3 次测定平均值必须在其标准值的 $\pm10\%$ 范围内。如果用来确定可接受的仪器运行状态，浓度为 $100\mu g/L$ 的质控样品溶液的测定误差要小于 $\pm10\%$。

线性范围的上限应该是该浓度下的观测信号不低于通过较低标准外推信号水平的 90%。待测物浓度超过上限的 90% 时要稀释后重新分析。

表 3.5-4　方法检出限

元素	直接分析 $\mu g/L$	总可回收 $\mu g/L$	元素	直接分析 $\mu g/L$	总可回收 $\mu g/L$
^{27}Al	1.7	0.04	^{202}Hg	—	0.2
^{123}Sb	0.04	0.02	^{98}Mo	0.01	0.01
^{75}As	0.4	0.1	^{60}Ni	0.06	0.03
^{137}Ba	0.04	0.04	^{82}Se	2.1	0.5
^{9}Be	0.02	0.03	^{107}Ag	0.005	0.005
^{111}Cd	0.03	0.03	^{205}Tl	0.02	0.01
^{52}Cr	0.08	0.08	^{232}Th	0.02	0.01
^{59}Co	0.004	0.003	^{238}U	0.01	0.01
^{63}Cu	0.02	0.01	^{51}V	0.9	0.05
$^{206+207+208}$Pb	0.05	0.02	^{66}Zn	0.1	0.2
^{55}Mn	0.02	0.04			

（7）其他说明

为减少潜在的干扰，溶解固体含量不能超过 0.2%（w/V）。如果样品经过适当酸化保存且分析时样品混浊度<1NTU，可不经酸消解处理采用气动雾化装置直接分析。这种总可回收测定步骤称为"直接分析"。

水溶液和固体样品中总可回收元素的测定：当待测元素不在溶液中时（如土壤、污泥、沉积物及含有固体颗粒和悬浮物的水溶液等），分析前需要对样品进行消解/萃取预处理。如果水样中的悬浮物或固体颗粒物含量≥1% （w/V），应按照固体类样品处理方法处理。

本方法提供的总可回收样品消解方法不适合于挥发性有机汞化合物的测定。但采用气动雾化的"直接分析"方法分析饮用水时（混浊度<1NTU），只要在样品和标准溶液中加入金消除记忆效应干扰，就可测定溶液中的无机汞和有机汞总浓度。

氯化物存在时银以微溶态存在，但氯离子过量时可与银形成可溶性的氯化络合物。因此，如果样品、强化的样品基体甚至强化空白未经混合酸消解而采用"直接分析"法或可溶物测定法就会造成样品中银回收率较低。为此，建议测定银之前一定进行样品消解。本方法提供的总可回收样品消解步骤适用于水溶液样品中浓度低于 0.1mg/L 的银测定，对于银含量高的废水样品分析，应取小体积进行稀释混匀，直至分析溶液中银的浓度小于 0.1mg/L。含银量大于 50mg/kg 的固体样品也要采用类似方法处理。

在有游离硫酸盐存在的情况下，本方法提供的总可回收样品消解步骤可能使钡产生硫酸钡沉淀。因此对于样品中含有未知浓度的硫酸盐，样品处理后要尽可能快地分析。

3.5.3.3　饮用水及其水源中金属元素的等离子体质谱检测方法

引用标准：GB/T 5750.6—2006《生活饮用水标准检验方法　金属指标》。

（1）方法适用性

本方法适用于用电感耦合等离子体质谱法测定生活饮用水及其水源水中银、铝、砷、硼、钡、铍、钙、镉、钴、铬、铜、铁、钾、锂、镁、锰、钼、钠、镍、铅、锑、硒、锶、锡、铊、铯、钛、铀、钒、锌、汞。本方法各元素最低检测质量浓度（$\mu g/L$）分别为银 0.03、铝 0.6、砷 0.09、硼 0.9、钡 0.3、铍 0.03、钙 6.0、镉 0.06、钴 0.03、铬 0.09、铜 0.09、铁 0.9、钾 0.3、锂 0.3、镁 0.4、锰 0.06、钼 0.06、钠 7.0、镍 0.07、铅 0.07、锑 0.07、硒 0.09、锶 0.09、锡 0.09、铊 0.06、铯 0.01、钛 0.4、铀 0.04、钒 0.07、锌 0.8、汞 0.07。

（2）仪器操作

使用调谐溶液调整仪器各项指标，使仪器灵敏度、氧化物、双电荷、分辨率等各项指标达到测定要求，仪器参考条件：RF 功率为 1280W，载气流量为 1.14L/min，采用深度为 7mm。

（3）标准溶液

混合标准使用溶液：取适量的混合标准溶液或各单标标准储备溶液，用硝酸溶液逐级稀释至相应的浓度，配制成下列质量浓度的混合标准使用溶液：钾、钠、钙、镁（$\rho = 100.0\mu g/mL$）锂、锶（$\rho = 10.0\mu g/mL$），银、铝、砷、硼、钡、铍、镉、钴、铬、铜、铁、锰、钼、镍、铅、锑、硒、锶、锡、铊、铯、钛、铀、钒、锌（$\rho = 1.0\mu g/mL$），汞（$\rho = 0.1\mu g/mL$）。

推荐选用锂、钪、锗、钇、铟、铋为内标溶液，混合溶液 Li、Sc、Ge、Y、In、Bi 的浓度为浓度为 $10\mu g/mL$，使用前用硝酸溶液稀释至 $1\mu g/mL$，可选用全部或部分元素作为内标溶液。

标准溶液标准系列的制备：吸取混合标准使用溶液，用硝酸溶液（1＋99）配制成铝、锰、铜、锌、钡、钴、硼、铁、钛浓度为 0ng/mL、5.0ng/mL、10.0ng/mL、50.0ng/mL、100.0ng/mL、500.0ng/mL；银、砷、铍、铬、镉、钼、镍、铅、硒、锑、锡、铊、铀、钍、钒浓度为 0ng/mL、0.5ng/mL、1.0ng/mL、10.0ng/mL、50.0ng/mL、

100.0ng/mL；钾、钠、钙、镁浓度为 0μg/mL、0.5μg/mL、5μg/mL、10.0μg/mL、50.0μg/mL、100.0μg/mL；锂、锶浓度为 0μg/mL、0.05μg/mL、0.10μg/mL、0.50μg/mL、1.0μg/mL、5.0μg/mL；汞浓度为 0ng/mL、0.10ng/mL、0.50ng/mL、1.0ng/mL、1.5ng/mL、2.0ng/mL 的标准系列。

（4）计算

以样品管中各元素的信号强度（cps），从标准曲线或回归方程中查得样品管中各元素的质量浓度（mg/L 或 μg/L）

3.5.3.4　空气和废气颗粒物中铅等金属元素的测定　电感耦合等离子体质谱法

引用标准：HJ 657—2013《空气和废气颗粒物中铅等金属元素的测定　电感耦合等离子体质谱法》

（1）方法适用性

本标准适用于环境空气 PM2.5、PM10、TSP 以及无组织排放和污染源废气颗粒物中的 Sb、Al、As、Ba、Be、Cd、Cr、Co、Cu、Pb、Mn、Mo、Ni、Se、Ag、Tl、Th、U、V、Zn、Bi、Sr、Sn、Li 等金属元素的测定。

（2）样品采集与样品处理

玻璃纤维或石英滤膜：对粒径大于 $0.3\mu m$ 颗粒物的阻留效率不低于 99％，本底浓度值应满足测定要求。玻璃纤维或石英滤筒：对粒径大于 $0.3\mu m$ 颗粒物的阻留效率不低于 99.9％，本底浓度值应满足测定要求。

切割器：TSP 切割器：切割粒径 D_{a50} =（100±0.5）μm，其他性能和技术指标应符合 HJ/T 374 的规定。PM_{10} 切割器：切割粒径 D_{a50} =（10±0.5）μm，捕集效率的几何标准差为 σ_g =（1.5±0.1）μm，其他性能和技术指标应符合 HJ/T 93 的规定。$PM_{2.5}$ 切割器：切割粒径 D_{a50} =（2.5±0.2）μm，捕集效率的几何标准差为 σ_g =（1.2±0.1）μm，其他性能和技术指标应符合 HJ/T 93 的规定。

颗粒物采样器：环境空气（无组织排放）大流量采样器工作点流量为 1.05m³/min；中流量采样器工作点流量为 0.100m³/min，大流量及中流量采样器的其他性能和技术指标应符合 HJ/T 374 的规定。污染源废气烟尘采样器的采样流量为 5L/min～80L/min，其他性能和技术指标应符合 HJ/T 48 的规定。

样品采集与保存：环境空气采样点的设置应符合《环境空气质量监测规范（试行）》中相关要求，采样过程按照 HJ/T 194 中颗粒物采样的要求执行，环境空气样品采集体积原则上不少于 10m³（标准状态），当重金属浓度较低或采集 PM_{10}（$PM_{2.5}$）样品时，可适当增加采气体积，采样同时应详细记录采样环境条件。无组织排放样品采集按照 HJ/T 55 中相关要求设置监测点位，其他同环境空气样品采集要求。污染源废气样品采样过程按照 GB/T 16157 中有关颗粒物采样的要求执行，使用烟尘采样器采集颗粒物样品原则上不少于 0.600m³（标准状态干烟气），当重金属浓度较低时可适当增加采气体积，如管道内烟气温度高于需采集的相关金属元素的熔点，应采取降温措施，使进入滤筒前的烟气温度低于相关金属元素的熔点，具体方法可参考 HJ/T 77.2 中相关内容。样品的保存：滤膜样品采集后将有尘面两次向内对折，放入样品盒或纸袋中保存；滤筒样品采集后将封口向内折叠，竖直放回原采样套筒中密闭保存。分析前样品保存在 15℃～30℃ 的环境下，样品保存最长期限为 180 天。

试样的制备：微波消解系统取适量滤膜样品，大张 TSP 滤膜（尺寸约为 20cm×

25cm）取 1/8，小张圆滤膜（如直径为 90mm 或以下）取整张。用陶瓷剪刀剪成小块置于消解罐中，加入 10.0mL 硝酸－盐酸混合溶液，使滤膜浸没其中，加盖，置于消解罐组件中并旋紧，放到微波转盘架上。设定消解温度为 200℃、消解持续时间为 15min，开始消解。消解结束后，取出消解罐组件，冷却，以超纯水淋洗内壁，加入约 10mL 超纯水，静置半小时进行浸提，过滤，定容至 50.0mL 待测。也可先定容至 50.0mL，经离心分离后取上清液进行测定。滤筒样品取整个，剪成小块后，加入 25.0mL 硝酸－盐酸混合溶液使滤筒浸没其中，最后定容至 100.0mL，其他操作与滤膜样品相同；若滤膜样品取样量较多，可适当增加硝酸-盐酸混合溶液的体积，以使滤膜浸没其中。

电热板消解取适量滤膜样品，大张 TSP 滤膜（尺寸约为 20cm×25cm）取 1/8，小张圆滤膜（如直径为 90mm 或以下）取整张。用陶瓷剪刀剪成小块置于 Teflon 烧杯中，加入 10.0mL 硝酸－盐酸混合溶液，使滤膜浸没其中，盖上表面皿，在 100℃加热回流 2.0 h，然后冷却。以超纯水淋洗烧杯内壁，加入约 10mL 超纯水，静置半小时进行浸提，过滤，定容至 50.0mL，待测。也可先定容至 50.0mL，经离心分离后取上清液进行测定。滤筒样品取整个，加入 25.0mL 硝酸－盐酸混合溶液，最后定容至 100.0mL，其他操作与滤膜样品相同；若滤膜样品取样量较多，可适当增加硝酸-盐酸混合溶液的体积，以使滤膜浸没其中。

（3）标准溶液与内标溶液

在容量瓶中依次配制一系列待测元素标准溶液，浓度分别为 0μg/L、0.100μg/L、0.500μg/L、1.00μg/L、5.00μg/L、10.0μg/L、50.0μg/L、100.0μg/L，介质为 1% 硝酸，校准曲线的浓度范围可根据测量需要进行调整。内标元素采用 ^{6}Li、^{45}Sc、^{89}Y、^{103}Rh、^{115}In、^{139}La、^{186}Re、^{209}Bi。

（4）电感耦合等离子体质谱仪

质量范围为 5amu～250amu，分辨率在 5% 波峰高度时的最小宽度为 1amu。

（5）结果计算

颗粒物中金属元素的浓度按下式计算：

$$\rho_m = (\rho \times V \times 10^3 \times n - F_m)/V_{std}$$

式中：ρ_m 为颗粒物中金属元素的质量浓度，$\mu g/m^3$；ρ 为试样中金属元素的浓度，$\mu g/L$；V 为样品消解后的试样体积，mL；n 为滤纸切割的份数，若为小张圆滤膜或滤筒，消解时取整张，则 $n=1$；若为大张滤膜，消解时取八分之一，则 $n=8$；F_m 为空白滤膜（滤筒）的平均金属含量，μg。对大批量滤膜（滤筒），可任意选择 20～30 张进行测定以计算平均浓度；而小批量滤膜（滤筒），可选择较少数量（5%）进行测定；V_{std} 为标准状态下（273K，101.325Pa）采样体积，m^3，对污染源废气样品，V_{std} 为标准状态下干烟气的采样体积，m^3。

（6）质量控制

通常情况下，校准曲线的相关系数要达到 0.999 以上。校准空白的浓度测定值不得大于检出限（见表 3.5-5），实验室试剂空白平行双样测定值的相对偏差不应大于 50%，每批样品至少应有 2 个实验室试剂空白。每 10 个实际样品应有一个现场空白样品。实验室试剂空白、现场空白样品的浓度测定值不得大于测定下限（测定下限为检出限的 4 倍）。平行样应尽可能抽取（10～20）% 的样品进行平行样测定，平行样测定值的差值应小于各元素对应的重复性限值 r。

表 3.5-5 检出限和校正方程

元素	推荐分析质量	检出限 空气 ng/m³	检出限 废气 μg/m³	最低检出量	校正方程
Sb	121	0.09	0.02	0.015	
Al	27	8	2	1.25	
As	75	0.7	0.2	0.100	(1.000) (75C) − (3.127) [(77C) − (0.815) (82C)] (1)
Ba	137	0.4	0.09	0.050	
Be	9	0.03	0.008	0.005	
Cd	111	0.03	0.008	0.005	(1.000) (111C) − (1.073) [(108C) − (0.712) (106C)] (2)
Cr	52	1	0.3	0.150	(Cr) (1.000) (52C) (3)
Co	59	0.03	0.008	0.005	
Cu	63	0.7	0.2	0.100	
Pb	206、207、208	0.6	0.2	0.100	(1.000) (206C) + (1.000) (207C) + (1.000) (208C) (4)
Mn	55	0.3	0.07	0.040	
Mo	98	0.03	0.008	0.005	(Mo) (1.000) (98C) − (0.146) (99C) (5)
Ni	60	0.5	0.1	0.100	
Se	82	0.8	0.2	0.150	(Se) (1.000) (82C) (6)
Ag	107	0.08	0.02	0.015	
Tl	205	0.03	0.008	0.005	
Th	232	0.03	0.008	0.005	
U	238	0.01	0.003	0.002	
V	51	0.1	0.03	0.020	(1.000) (51C) − (3.127) [(53C) − (0.113) (52C)] (7)
Zn	66	3	0.9	0.500	
Bi	209	0.02	0.006	0.004	
Sr	88	0.2	0.04	0.025	
Sn	118、120	1	0.3	0.200	
Li	7	0.05	0.01	0.010	

分析条件：空气采样体积为 150m³（标准状态），废气采样体积为 0.600m³（标准状态干烟气）。

(1) 氯干扰修正，可从试剂空白中调整 Se77、ArCl 75/77 的比值；

(2) MoO 干扰修正，如有钯存在，须额外使用同重元素修正；

(3) ClOH 正常背景浓度含 0.4%（体积分数）HCl，可视为试剂空白；

(4) 铅同位素容许变异度；

(5) 同重元素修正钌；

(6) 有些氩气含有氪（Kr）等不纯物，Se 对 Kr82 作背景扣除；

(7) 氯干扰修正，可从试剂空白中调整 Cr53 的比值；

3.6　食品、农业、生物和医药样品中 ICP - MS 分析方法与应用技术

3.6.1　基本要求

当前食品药品安全出现的问题经常引起公众的关注。早在 2003 年 4 月国家认监委首次提出在我国建立良好农业规范（Good Agricultural Practices，简称 GAP）体系，并于 2004 年启动了 ChinaGAP 标准的编写和制定工作。2005 年 12 月 31 日，国家质检总局、国家标准委联合陆续发布了 GB/T 20014.1～20014.27《良好农业规范》国家标准，并于 2006 年 5 月 1 日正式实施。对食品生产源头（种植业养殖业）实施监督，同时也包括了加工和包装等过程。迎合了 2001 年欧洲零售商农产品工作组（EUREP）秘书处颁布的 EU-REPGAP 标准。在我国加入世界贸易组织之后，GAP 认证也成为农产品进出口的一个重要条件。

2003 年 3 月国家食检与药检结构合并，成立了食品药品监督管理局（CFDA）。

2009 年 2 月 28 日《食品安全法》由中华人民共和国第十一届全国人大常务会第七次会议通过，并自 2009 年 6 月 1 日起施行。食品安全法中第二十条规定的部分内容有：食品、食品相关产品中的致病性微生物、农药残留、兽药残留、重金属、污染物质以及其他危害人体健康物质的限量规定；与食品安全有关的质量要求；食品检验方法与规程；其他需要制定为食品安全标准的内容等。食品安全法中提到的检验方法是指对食品进行检测的具体方法，检验规程是指对食品进行检测的具体操作流程或程序，采用不同的检验方法或规程会得到不同的检验结果，所以建立国家检测标准要对检测或试验的原理、抽样、操作、精度要求、步骤、数据计算、结果分析等检验方法或规程作出统一规定。由此以后许多食品和食品检测的国家标准和行业标准相续颁布。

2010 年版《中华人民共和国药典》由国家药典委员会颁布，在 2010 年 7 月 1 日起正式实施。新版药典重点增加了安全性控制指标和检测方法。如加强对重金属及有害元素等外源污染物的检测，扩大测定品种的数量和项目，检验方法等方面也有较大的变化和进步。药典附录里介绍了一些分析仪器和检测方法，这些主要是针对药物主成份和药物杂质成分的分析。但对杂质元素和杂质元素形态的分析涉及得仍较少。附录里公布了 ICP - MS 方法，但仍需要完善。

为了完善食品检测工作方面的质量控制，中国合格评定国家认可委员会于 2006 年 6 月颁布了《化学分析中不确定度的评估指南》（CNAS - GL06），2006 年 7 月得到实施。该指南旨在为化学检测实验室进行不确定度评估提供指导。由于食检与药检系统的合并，也有许多实验室参考国外的一些法规要求对分析方法进行验证和验实，如参考美国食品药品监督管理检验局（FDA）的 cGLP、GMP 以及国际协调会议（CHI）的 CHI 文件第 12 章的要求，参考 ISO 标准，其中与化学实验室最为相关的 ISO/IEC 17025，也有的直接参考美国药典 USP 通则〈1225〉〈1226〉的要求。检测分析方法的验证包括了准确度、精密度、专属性、检出限、定量限、线性、范围、耐用性等。

3.6.2　样品处理

食品、农业、生物和医药样品中金属元素前处理方法一般采用湿法消解、干法消解处理。湿法消解分为敞开体系和密封体系，电热板消解属敞开体系，高压密封罐消解和微波消解属密闭体系；干法消解分为高温马弗炉、微波马弗炉等。

湿法消解、干法消解各有优缺点，比如电热板消解，实验成本低，但消耗时间较长，易挥发性元素损失，用到高氯酸和硫酸，会影响 ICP - MS 对 V、Cr、As、Se、Zn 等元素的测定，并不适合 ICP - MS 分析方法。常规干法用到干灰化试剂，ICP - MS 分析方法也较少使用，因此 ICP - MS 分析方法常用的样品前处理主要为微波消解法和高压密封罐消解法。

3.6.2.1　消解方法

（1）湿法消解

湿法消解通常采用硝酸作为氧化剂消解样品，方法主要分为是以下几种：

电热板消解：选用烧杯和三角烧瓶加上硝酸等强氧化性的试剂，在电热板上加热消解。

高压罐消解法：高压罐消解可同时处理大量样品，避免易挥发性元素损失，但时间也较长，由于采用特氟隆内衬容样器，温度不易高于200℃，有些难消解样品不能处理完全。

高压罐消解法例子：根据试样状态，一般液体试样称取 2.0g～5.0g（精确至 0.01g），固体试样称取 0.5g～1.0g（精确至 0.01g）。将试样置于聚四氟乙烯消化罐中，加入 4mL 硝酸，盖上密封盖，放入恒温干燥箱或微波消解炉中。使用恒温干燥箱，设定升温程序：1h室温升至150℃，然后40min从150℃升至300℃并保持 1.5 h；冷却至室温后，置于通风橱中，打开消解罐，将消化液转移至25mL容量瓶中，用去离子水稀释至刻度（样液中硝酸浓度尽量与制作校准曲线的标准溶液保持一致），混匀，待测。若样品中脂肪含量高，消解时，加完硝酸后浸泡 1h，再加入 0.5mL～1mL 过氧化氢。

微波消解：目前应用最好的消解方法是采用微波消解系统，微波加热是具有较强的穿透能力，微波渗入到加热物体的内部，使加热物内部分子间产生剧烈振动和碰撞，从而导致加热物体内部的温度急剧升高，消解时样品表面层和内部在热运动下破裂、分解，不断产生新鲜的表面与酸反应，促使样品迅速消解。食物中油脂含量较大时，应采用更大的消解压力，增加消解时间或加入过氧化氢等试剂以保证样品分解完全。

微波系统消解法实例：根据试样状态，一般液体试样称取 2.0g～5.0g（精确至 0.01g），固体试样称取 0.5g～1.0g（精确至 0.01g）。将试样置于聚四氟乙烯消化罐中，加入 4mL 硝酸，盖上密封盖，放入微波消解炉中。5min从100W～600W，保持5min，然后升至1000W，保持10min，20min～25min冷却至室温后，置于通风橱中，打开消解罐，将消化液转移至25mL容量瓶中，用去离子水稀释至刻度（样液中硝酸浓度尽量与校准曲线保持一致），混匀，待测。若样品中脂肪含量高，消解时，加完硝酸后浸泡 1h，再加入 0.5mL～1mL 过氧化氢。同时做样品空白。

（2）干法消解

干灰化法：通常用铂或瓷坩埚让样品在电热板上碳化后再在马弗炉灰化，或在马弗炉碳化灰化。优点是方法简单、速度快、大量有机组分烧失后，无机残渣少，溶解时用酸量少，空白低。缺点是完全灰化所要求的高温（450℃～600℃），会引起一些痕量元素的部分或全部挥发损失（如 As、Hg、Se）。有些不挥发元素也有可能会和基体中某些组分形成挥发性物质（如氯化物）损失。加入助灰化剂（如锆、镁以及铝的硝酸盐）改善灰化效果（但同也会带来空白问题和盐类增大问题）

微波灰化技术：微波灰化技术是利用微波所产生的高效热能结合排风送氧的方法，使灰化时间由传统的"小时"变为"分钟"来记时，同时由于微波灰化具有很高的控温精度

（±2℃）和非常洁净的灰化环境，因此微波灰化在农业领域有着广阔的应用前景。

实际样品处理大多用酸溶解，根据检测组分含量，称取适量样品进行消解。

3.6.2.2　实际样品前处理

（1）食品样品前处理

食品样品一般测定砷、镉、铅、汞等重金属元素。蔬菜、水果等含水分高的样品，称取 2.00g～4.00g 样品于消解罐中（或按消解罐使用说明称取样品），加入 5mL 硝酸，1mL～2mL 过氧化氢（根据样品而定，也可不加）；粮食（干样需粉碎混匀过 40 目筛）、肉类、鱼类等样品，称取 0.40g～0.70g 样品于消解罐中，加入 5mL 硝酸、1mL 超纯水，预消解后加入 1mL～2mL 过氧化氢（视样品而定，也可不加），同时做两份试剂空白。盖好安全阀，将消解罐放入微波消解系统中，根据不同类型的样品，设置适宜的微波消解程序（参见表 3.6-1 和表 3.6-2），按相关步骤进行消解，消解完全后赶酸，然后用去离子水将消解液转移、定容至 25mL，摇匀备用。

表 3.6-1　粮食、蔬菜、水果类试样微波消解参考条件

步骤	功率/W	升温时间/min	控制温度/℃	保持时间/min
1	1200　100%	5	120	3
2	1200　100%	5	160	5
3	1200　100%	5	190	20

表 3.6-2　乳制品、肉类、鱼肉类试样微波消解参考条件

步骤	功率/W	升温时间/min	压力/（psi）	控制温度/℃	保持时间/min
1	1200　100%	5	500	120	6
2	1200　100%	6	500	180	5
3	1200　100%	2	500	190	10

（2）生物样品前处理

生物样品包括人体、动物各组织器官、毛发、血、尿等样品。除了尿液样品可以直接稀释外，一般采用硝酸消解，对于有机基质比较高的，采用硝酸/双氧水消解。

组织样品：剪碎后，放入真空冷冻干燥机中低温干燥 48h，取出研磨成粉状并记下干重。称量 0.20g 样品置于消解罐中，加入 1.5 硝酸、2mL 过氧化氢和 1mL 超纯水，按表 3.6-3 放入微波消解系统进行消解。

表 3.6-3　微波消解条件

程序	功率/W	温度/℃	升温时间/min	保持时间/min
1	1200	室温～160	10	25
2	1200	160～200	10	20
3	1200	200～100	10	15

（3）医药样品

ICP-MS 已应用在药物及其代谢产物定量分析、体内药物分析、药物中间体以及原料药的一般杂质检查及中药质量评价和控制等方面。药物分析检测的元素为碱金属和碱土

金属；过渡元素中的铬、铁、铜、锌等；与抗癌药物治疗相关的贵金属元素、铂等；非金属元素磷、硫、硒、氯、溴、碘等；汞和砷等无机杂质分析及放射性元素。根据医药样品基质和要检测的元素选择合适的消解方法。

中药材微量元素测定前处理：准确称取样品 0.3g 于聚四氟乙烯消解罐中，加入 5mL HNO_3 和 1mL H_2O_2 静置过夜进行预消解，加盖密闭后按表 3.6 - 4 程序微波消解，冷却至室温后，打开消解罐，转移至 50mL 聚乙烯瓶管中。

表 3.6 - 4　微波消解条件

步骤	最大功率/W	温度/℃	保持时间/min
1	1200	120	5
2	1600	150	5
3	1600	180	15

3.6.3　分析实例

3.6.3.1　ICP - MS 测定植物性食品中的稀土元素

引用标准：GB 5009.94—2012《植物性食品中稀土元素的测定》。

（1）方法适用性

本标准适用于谷类粮食、豆类、蔬菜、水果、茶叶等植物性食品中钪、钇、镧、铈、镨、钕、钐、铕、钆、铽、镝、钬、铒、铥、镱、镥的测定。

（2）试样消解

干样：谷类粮食、豆类等取可食部分，经高速粉碎机粉碎，混匀，备用。

湿样：蔬菜、水果等取可食部分，水洗干净，晾干或纱布揩干，经匀浆器匀浆，备用。

微波消解法：称取 0.2g～0.5g（精确到 0.001g）于消解罐中，加入 5mL HNO_3，旋紧罐盖，放置 1h，按照表 3.6 - 5 消解程序消解。冷却后取出消解罐，置于控温电热板上，于 140℃ 赶酸。消解罐取出放冷，将消化液转移至 10mL～25mL 容量瓶中，用少量水分 3 次洗涤罐，洗液合并于容量瓶中并定容至刻度，混匀备用；同时作试剂空白。

表 3.6 - 5　微波消解条件

步骤	控制温度/℃	升温时间/min	恒温时间/min
1	120	5	5
2	140	5	10
3	180	5	10

高压消解罐消解法：称取样品 0.5g～1g（精确到 0.001g）于消解内罐中，加入 5mL 硝酸浸泡过夜。盖好内盖，旋紧不锈钢外套，放入恒温干燥箱，140℃～160℃ 保持 4h～6h，在箱内自然冷却至室温，缓慢旋松不锈钢外套，将消解内罐取出，放在控温电热板上，于 140℃ 赶酸。消解内罐放冷后，将消化液转移至 10mL～25mL 容量瓶中，用少量水分 3 次洗涤罐，洗液合并于容量瓶中并定容至刻度，混匀备用；同时作试剂空白。

（3）仪器工作参数和元素标准溶液

优化电感耦合等离子体质谱工作条件，使灵敏度、氧化物和双电荷化合物达到测定要求。铕（Eu）元素校正方程采用：

$$[^{151}Eu] = [151] - [(Ba(135)O)/Ba(135)] \times [135]$$

取适量 16 种混合稀土元素标准溶液，用 5％硝酸溶液配制成浓度为 $0\mu g/L$、$0.05\mu g/L$、$0.1\mu g/L$、$0.5\mu g/L$、$1.0\mu g/L$、$2.0\mu g/L$、$5.0\mu g/L$、$10.0\mu g/L$、$20.0\mu g/L$ 的标准系列。内标储备液（$10\mu g/mL$）（Rh、In、Re）用 5％硝酸稀释至适当浓度（浓度视不同仪器型号的灵敏度而定）。

（4）测定

用校准曲线计算被测样品溶液中相应元素的浓度。平行测定次数不少于两次。计算结果以重复性条件下获得的两次独立测定结果的算术平均值表示，保留三位有效数字。

3.6.3.2 ICP - MS 测定食品中砷、汞、铅、镉元素

引用标准：SN/T 0448—2011《进出口食品中砷、汞、铅、镉的检测方法电感耦合等离子体质谱法》。

（1）方法适用性

本标准适用于进出口食品（不包括食品添加剂）中砷、汞、铅、镉。

（2）试样消解

在采样和制备过程中应注意不使试样受到污染。所有玻璃器皿及消化罐均需要以（1＋4）硝酸浸泡 24h，用水反复冲洗，最后用去离子水洗干净。根据试样状态，一般液体试样称取 2.0g～5.0g（精确至 0.01g），固体试样称取 0.5g～1.0g（精确至 0.01g）。将试样置于聚四氟乙烯消化罐中，加入 4mL 硝酸，浸泡 1h，再加入 1mL 过氧化氢，盖上密封盖，放入恒温干燥箱或微波消解炉中，调节恒温干燥箱温度 140℃～160℃，加热 3h～4h；微波消解炉功率和加热时间至最佳程序，按表 3.6 - 6 消解结束后，冷却，将消化液转移至 50mL 容量瓶中，用去离子水冲洗消化罐内壁 3 次以上，稀释至刻度，混匀，待测。可根据样品中元素的实际含量适当稀释样液，确定稀释因子。取与消化试样相同量的硝酸和过氧化氢，按同一试样消解方法做试剂空白试验。

表 3.6 - 6　微波消解条件

消解条件	消解程序			
	1	2	3	4
控制温度/℃	120	120	160	160
加热时间/min	6	2	5	15

（3）仪器和试剂

电感耦合等离子体质谱仪。砷、镉、铅、汞、金标准储备溶液分别为 100mg/L。内标溶液（^{6}Li、Sc、Ge、Y、In、Tb、Bi）的浓度视不同仪器的灵敏度响应而定。标准系列工作溶液中 As、Cd、Pb 的浓度为 2.00ng/mL、5.00ng/mL、10.00ng/mL、50.00ng/mL，Hg 的浓度为 0ng/mL、0.40ng/mL、1.00ng/mL、2.00ng/mL、4.00ng/mL、10.00ng/mL。Hg 标准溶液为金汞混合储备溶液配制。元素同位素和内标元素的选择见表 3.6 - 7。

表 3.6 - 7　元素同位素和内标元素的选择

元素	同位素/u	积分时间/s	内标元素
As	75	0.3	Ge 72
Cd	111、114	0.1	In 115
Hg	202	1.0	Bi 209
Pb	206、207、208	0.1	Bi 209

（4）测定

按照 ICP-MS 仪器的操作规程，调整仪器至最佳工作状态。分析中应用内标，采用 ICP-MS 分析方法中内标校正定量方法测定。待仪器稳定后，按顺序依次对标准溶液、空白溶液和试样溶液进行测定。

3.6.3.3　ICP-MS 测定水产品中钠、镁、铝、钙、铬、铁、镍、铜、锌、砷、锶、钼、镉、铅、汞、硒

引用标准：SN/T 2208—2008《水产品中钠、镁、铝、钙、铬、铁、镍、铜、锌、砷、锶、钼、镉、铅、汞、硒的测定-微波消解-电感耦合等离子体质谱法》。

（1）方法适用性

本标准适用于鱼类、贝类、藻类中钠、镁、铝、钙、铬、铁、镍、铜、锌、砷、锶、钼、镉、铅、汞、硒等元素的微波消解-电感耦合等离子体质谱法检测。

（2）试样制备

样品前处理：对于鲜活或水分含量高的水产品，取有代表性可食用部分 500g，捣成匀浆，储存于－18℃以下冰柜中备用。对于冷冻水产品，解冻后取有代表性可食用部分 500g，捣成匀浆，储存于－18℃以下冰柜中备用。

样品消解方法：称取干态试样 0.5g（精确至 0.001g）或湿态试样 1g（精确至 0.001g）置于聚四氟乙烯消解罐中，加入 5mL 硝酸，浸泡 1h，再加入 2mL 过氧化氢，密封，放入微波消解装置中，参照表 3.6-8 设定微波消解程序。消解结束后，冷却，将消解液转移至 50mL 容量瓶中，用超纯水稀释至刻度，摇匀，待测定。

表 3.6-8　微波消解程序

消解条件	消化程序				
	1	2	3	4	5
微波功率/W	250	0	250	450	600
加热时间/min	1	2	5	5	5

（3）仪器和标准溶液

仪器为等离子体质谱仪器。混合标准元素溶液的浓度见表 3.6-9。

表 3.6-9　混合标准溶液中各元素浓度　　　　单位为微克每升（μg/L）

元素	浓度 1	浓度 2	浓度 3	浓度 4	浓度 5	浓度 6
Na	0.0	100.0	500.0	1000.0	5000.0	10000.0
Mg	0.0	100.0	500.0	1000.0	5000.0	10000.0
Al	0.0	1.0	5.0	10.0	50.0	100.0
Ca	0.0	100.0	500.0	1000.0	5000.0	10000.0
Cr	0.0	1.0	5.0	10.0	50.0	100.0
Fe	0.0	100.0	500.0	1000.0	5000.0	10000.0
Ni	0.0	1.0	5.0	10.0	50.0	100.0
Cu	0.0	1.0	5.0	10.0	50.0	100.0
Zn	0.0	1.0	5.0	10.0	50.0	100.0

续表 3.6 - 9

元素	浓度 1	浓度 2	浓度 3	浓度 4	浓度 5	浓度 6
As	0.0	1.0	5.0	10.0	50.0	100.0
Sr	0.0	10.0	50.0	100.0	500.0	1000.0
Mo	0.0	1.0	5.0	10.0	50.0	100.0
Cd	0.0	1.0	5.0	10.0	50.0	100.0
Pb	0.0	1.0	5.0	10.0	50.0	100.0
Se	0.0	1.0	5.0	10.0	50.0	100.0

（4）测定

调谐好仪器，参照表 3.6 - 10 选取内标元素，按顺序依此对标准溶液、空白溶液和试样溶液进行测定。若测定结果超出标准曲线的线性范围，应将试样稀释后再测定。

表 3.6 - 10 内标元素选择

元素	同位素	积分时间/s	内标元素
Fe	57	0.1	Sc
Ni	60	0.1	Sc
Sr	88	0.1	Ge
Mo	95	0.1	Ge
Ca	44	0.1	Sc
Cr	52	0.1	Sc

3.6.3.4 ICP - MS 测定食品中铝

引用标准：GB/T 23374—2009《食品中铝的测定电感耦合等离子体质谱法》。

（1）方法适用性

本标准适用于食品中铝的测定，本方法最低检出限为 0.03mg/kg，最低定量限为 0.1mg/kg

（2）操作步骤

微波消解法：称取试样（油炸食品、膨化食品等称取 0.2g～0.5g，水产品、豆制品等称取 0.5g～1.0g，精确至 0.0001g）于微波消解中，加硝酸 4mL～5mL，再加入过氧化氢 1mL～2mL，旋紧外盖置于微波消解中，按表 3.5 - 11 进行微波消解。待冷却至室温后，打开消解罐，于电热板上（120℃～160℃）赶酸至 1mL 左右，用水洗涤消化罐 3～4 次，洗液合并于 50mL 容量瓶中，同时加入 2.5mL 内标液（10mg/L 钪），用水定容至刻度，混匀备用。同时做空白。

表 3.6 - 11 微波消解条件

参数	数值
升温时间/min	10
最终温度/℃	180
保持时间/min	10
冷却时间/min	10

压力消解罐消解法：称取试样（油炸食品、膨化食品等称取 0.2g～0.5g，水产品、豆制品等称取 0.5g～1.0g，精确至 0.0001g）于压力消解罐中，加硝酸 4mL～5mL，再加入过氧化氢 1mL～2mL，盖好内盖，旋紧外盖，置于恒温干燥箱中，140℃保持 3h～4h。冷却至室温后，打开压力消解罐，于电热板上（120℃～160℃）赶酸至 1mL 左右，用水洗涤消化罐 3～4 次，洗液合并于 50mL 容量瓶中，同时加入 2.5mL 内标液（10mg/L 钪），用水定容至刻度，混匀备用。同时做空白。

（3）仪器和试剂

电感耦合等离子体质谱仪调谐至最佳参数。铝标准系列浓度为 0、0.200、0.400、0.600、0.800、1.00mg/L，内标储备液（Sc）10mg/L。

3.6.3.5　ICP-MS 测定食品中砷、汞、铅、镉元素

引用标准：英国标准（British Standard）BS EN 15763：2009 Foodstuffs-Determination of trace elements-Determination of Arsenic Cadmium Mercury and Lead in foodstuffs by inductively coupled plasma spectrometry after pressure digestion

（1）方法适用性

本标准方法适用于等离子体质谱法测定食品中的砷、镉、汞和铅。颁布的数据包括了胡萝卜、鱼肉匀浆、蘑菇（CRM）、全麦面粉、模拟饮食 E（CRM）、龙虾、贻贝和 Tort-2（CRM）等食品。

（2）试样消解

本标准方法的样品消解方法直接引用英国 EN13805 Foodstuffs-Determination of trace elements-Pressure digestion

微波消解系统消解例子：当使用 70mL～100mL 消解罐时，称 1g～2g 的肉类样品，或 3g 的生菜叶（新鲜的重量），加 3mL 硝酸和 0.5mL 双氧水，盖上消解罐盖子，置入消解罐的支架。在消解过程的开始过程中使用低功率，慢慢提升功率至最大功率。如开始功率为 100W，然后在 5min 内功率上升至 600W，保持 5min，升到 1000W，保持 10min，最后最少冷却 20min～25min。

高压灰化消解例子：当使用 70mL～100mL 消解罐时，称 1g～2g 的肉类样品，或 3g 的生菜叶（新鲜的质量），加 3mL 硝酸后以准确方式密封消解罐和压力容器，在 60min 里加热从室温升温到 150℃，然后在 40min 内升温至 300℃，在 300℃保持 90min，最后冷却。

（3）仪器和标准溶液

等离子体质谱仪：RF 功率 1500W，等离子体气 15L/min，辅助气 1.0L/min，载气 1.2L/min，雾化室温度 2℃，分辨率 0.8u，积分时间（点/质量）3s，每峰点数 3 点，重复 3 次。

内标溶液（5μg/mL）：分别吸取 0.5mL Au，Lu 和 Rh 溶液于 100mL 容量瓶中，加入 1mL 硝酸，用去离子水稀释至刻度。标准工作系列溶液 ρ（AS）为 0、1、5、20μg/L，ρ（Cd，Hg，Pb）为 0、0.5、2.5、10μg/L。同位素、内标元素和仪器检测限见表 3.6-12。

表 3.6-12　推荐的同位素、内标元素和仪器检测限

元素	仪器检出限	干扰	可能的多原子离子干扰
^{75}As	0.5（μg/L）		$ArCl^+$、KAr^+、$CaCl^+$、KS^+、CoO^+、$CoNH^+$、NiN^+、$NiNH^+$
^{103}Rh	内标		Pb^{2+}、$CuAr^+$、SrO^+、$SrOH^+$、$SrNH^+$、$KrOH^+$、$ZnCl^+$
^{111}Cd	0.5（μg/L）		MoO^+、$MoOH^+$、$AsAr^+$、eCl^+、SeS^+、BrS^+、$ZnAr^+$

续表 3.6‑12

元素	仪器检出限	干扰	可能的多原子离子干扰
^{114}Cd	0.2（μg/L）	^{114}Sn	MoO^+、$MoOH^+$、$SeCl^+$、SeS^+、$SeAr^+$、$BrCl^+$、BrS^+
^{175}Lu	内标		$BaCl^+$、$BaAr^+$、$CeCl^+$、$LaAr^+$
^{197}Au	内标		TaO^+、$HfOH^+$、WHO^+
^{202}Hg	0.2（μg/L）		WO^+、$HgH+$
^{208}Pb	0.2（μg/L）		PbH^+、HgC^+、PtO^+、PbH^+

3.6.3.6 ICP‑MS 测定精油中砷、钡、镉、铬、汞、铅、锑元素

引用标准：SN/T 2484—2010《精油中砷、钡、铋、镉、铬、汞、铅、锑含量的测定方法 电感耦合等离子体质谱法》。

（1）方法适用性

本标准适用于精油中砷、钡、铋、镉、铬、汞、铅、锑含量的测定。

（2）仪器和标准溶液

电感耦合等离子体质谱仪参考工作条件见表 3.6‑13。系列标准工作溶液：吸取 10mL 的 5μg/mL 砷、钡、铋、镉、铬、铅、锑混合标准溶液和 10mL 的 5μg/mL 汞标准溶液于 100mL 容量瓶中，后用硝酸定容，得到 500μg/L 的混合标准溶液。之后，逐级稀释配制浓度为 0.5μg/L、5μg/L、50μg/L 的标准溶液。

表 3.6‑13 等离子体质谱的参考工作条件

仪器参数	设定值	仪器参数	设定值
射频功率/W	1500	分析模式	全定量
等离子体气流量/（L/min）	15	积分时间	AsHg 为 0.5s，其余为 0.1s
辅助气流量/（mL/min）	1.0	重复次数	3
载气流量/（mL/min）	1.15	测定同位素	$^{53}Cr^{75}As^{111}Cd^{121}Sb$
采样深度/mm	8.8	测定同位素	$^{137}Ba^{202}Hg^{208}Pb^{209}Bi$
样品提升率/（mL/min）	200		

（3）样品处理

微波消解称取试样约 200mg，精确至 0.1mg。置于微波消解罐中，分别加入 10mL 硝酸、1mL 过氧化氢。将消解罐封闭，按照表 3.6‑14 给出的微波消解程序进行消解。消解罐冷却至室温后，打开消解罐，将消解溶液转移至 50mL 的容量瓶中，用少量硝酸洗涤内罐和内盖 3 次，将洗涤液并入容量瓶，用水稀释至刻度。

表 3.6‑14 高压密闭微波消解仪工作条件

步骤	时间/min	温度/℃
升温 1	15	210
恒温 2	20	210
恒温 3	—	室温

（4）测定

电感耦合等离子体质谱仪进行最佳化调谐后按浓度由低至高依次测定系列标准工作溶液，绘制校准曲线，各元素校准曲线的线性相关系数 r 应大于或等于 0.999。每个试样进行两次平行测定。在相同条件下测量试剂空白溶液和样品溶液。根据工作曲线和消解溶液的谱线强度值，仪器给出消解溶液中待测元素的浓度值。

3.6.3.7 ICP－MS 检测尿中总铀和铀同位素比值铀-235/铀-238

引用标准：美国材料与试验协会标准 ASTM C1379－10 Standard test method for analysis of urine for Urannium－235 and Uranium－238 isotopes by Inductively Coupled Plasma Mass Spectroemtry

同时引用和参考国家标准征求稿《尿中总铀和铀同位素比值铀-235/铀-238 的分析方法　电感耦合等离子体质谱法（ICP－MS)》。

（1）方法适用性

适用于尿中总铀分析：将尿样用 $HNO_3＋H_2O_2$ 消解后，加入 ^{209}Bi 作为内标，定容，采用外标法用 ICP－MS 分析总铀含量。

适用于尿中 $^{235}U/^{238}U$ 比值分析：样品中的铀元素通过阴离子交换树脂或磷酸三丁酯萃淋树脂（TBP）用稀硝酸淋洗与氯化物分离，用 ICP－MS 分析 ^{235}U 与 ^{238}U 的比值，质谱仪质量歧视采用同位素标准物质校正。

（2）操作和样品处理

使用尿液采集容器采集尿液。采集 24h 尿或者分时计时尿，收集后加盖拧紧，用酒精棉球擦干净样品瓶外部保存于 4℃下冰箱中。

总铀分析样品制备：取 5mL 尿样置于 PFA 密闭消解罐中，罐中加入 3mL H_2O_2，静置过夜。消解前加入 3mL HNO_3，盖紧盖子，在电热板上 150℃加热 10h，之后冷却至室温，所有样品均变为澄清溶液。消解液转移至 15mL 塑料管中，称重，记录。取 1mL 待测样品，用超纯水稀释至 10mL，加入浓度为 $1\mu g/L$ 的铋作为内标。充分摇匀，待测。

$^{235}U/^{238}U$ 比值测试的分析样品制备：准确量取 20mL 尿样，置于聚四氟乙烯烧杯中，加入 5mL HNO_3 后加盖表面皿，电热板 95℃加热，15min～20min 后去除表面皿盖，蒸发至近干。静置冷却，加 3mL HCl 后，再次放到电热板上蒸发至近干。冷却后取下烧杯加 10mL 6mol/L 的 HCl 溶液，再进行下一步分离处理。

尿铀分离浓缩：

使用阴离子交换柱的柱准备和分离：一次性阴离子树脂用去离子水浸泡过夜，20mL 的柱子内置 0.75g 树脂，用 15mL 的 0.8mol/L HNO_3 淋洗，流量控制不超过 4mL/min。最后用 10mL 的 6M 盐酸淋洗平衡后备用。把制备好的样品溶液转移到柱子的漏斗口，允许样品溶液流出柱子，然后用 25mL 硝酸溶液（0.8mol/L）淋洗柱子洗出铀，淋洗出的溶液用干净的烧杯接着，然后把烧杯放置到 95℃的电热板上，将溶液加热浓缩至体积为 1～2mL，冷却后加入 1mL 的 Bi 内标溶液（$20\mu g/L$），最后将它们转移到 10mL 的带刻度试管，用 0.01M 的硝酸溶液定容至 10mL 后备测。

使用 TBP 萃淋柱的柱准备和分离：TBP 萃淋树脂装柱前用去离子水浸泡 24h 以上，湿法装柱，柱的底部和树脂层上部都塞上一层玻璃纤维，防止树脂流出。树脂层上部应保持一定的液面，防止树脂层干涸及产生气泡，影响流速、吸附和解吸。柱子装好后，先用 10mL 50g/L Na_2CO_3 溶液过柱，洗涤两次，以除去可能存在的磷酸一丁酯和磷酸二丁酯。

用超纯水调节至中性后，备用。分离过程：取预先装好的 TBP 色层柱，用 15mL 5mol/L HNO₃ 淋洗预平衡。将样品溶液小心的加入柱子，控制流速在 1.2mL/min。用 20mL 5mol/L HNO₃ 淋洗干扰杂质，用 10mL 超纯水洗脱铀并收集于试管中。

（3）仪器和试剂

等离子体质谱仪，质量范围（5～254）amu，质量分辨率≥300。铀同位素标准溶液，浓度与同位素丰度比值尽量与待测溶液相当。一次性阴离子交换柱子或 TBP 萃淋树脂（60～80 目）。

（4）测定

总铀分析：采用外标法。配制浓度为 $10\mu g/L$、$5\mu g/L$、$1\mu g/L$、$0.5\mu g/L$、$0.1\mu g/L$、$0.02\mu g/L$ 标准溶液，分别加入铋内标。

铀同位素分析：采用同位素标准物质校正质谱仪的质量歧视。测量时，按照标准—样品—标准的顺序，即先测定铀同位素标准溶液中 ^{235}U/^{238}U 同位素比值，再测定样品中铀的 ^{235}U/^{238}U 同位素比值，最后再次测量铀同位素标准溶液中的 ^{235}U/^{238}U 同位素比值。取标准物质两次测量结果的平均值，与该标准物质的量值进行比较，获得质量偏倚校正因子，此因子用 K 表示。然后将 K 与样品中铀同位素比相乘，即获得待测样品中铀的同位素比值。

尿样中总铀的质量浓度计算采用常规方法，尿中铀同位素比值（铀-235/铀-238）计算：实验中通过测定标准溶液 ^{235}U/^{238}U 同位素比率来计算仪器的质量偏倚（Mass bias）因子 K：

$$K = R_c/R_m$$

式中：R_c 和 R_m 分别为标准溶液同位素比率的标准值和测定值。

样品溶液中 ^{235}U 和 ^{238}U 同位素比率：

$$R = K \times R_{测量}$$

3.6.3.8 ICP－MS 检测血液中 Mn、Cu、Pb、Fe、Mg

引用和参考卫生部卫医发（2006）10 号《血铅临床检验技术规范》，2006 年 11 月《全国临床检验技术规范》的第 4 篇第 3 章第 12 节的《全血铅测定》。

（1）方法适用性

适用于血清血浆中 Mn、Cu、Pb、Fe、Mg 的检测。

（2）操作和样品处理

低温（4℃）和密封容器保存血样，以防止腐败和蒸发。血样置 4℃冰箱保存。保存时间不得超过 2 周，门诊样品不得超过 48h。需要进行血样抗凝状态的检查。

采血空白溶液的采集，在每次采血开始前、采血中和采血结束时，分别用经过空白检验的 0.5％硝酸替代血液，各做两个采样空白（包括真空采血管和聚乙烯管）。

在处理样品前利用摇床将血样充分混匀，稀释加样前测定前再次将血样振荡混匀。血样稀释时宜采用现用现配的稀释液，稀释液有二种：一种碱性，另一种酸性。过高浓度的酸溶液容易使蛋白凝结，碱性稀释液不易使蛋白凝结。测试前血样可以进行 1＋9（血＋稀释液）的稀释，测试时再次使用稀释液稀释，最终稀释比为 20 倍。也可对血样用稀释液直接稀释 20 倍后备测。灵敏度高的仪器也可以使用 50 倍的稀释。

碱性稀释液：0.1％NH₃·2H₂O、0.1％ ETDA、0.1％曲拉通 Triton X－100。

酸性稀释液：0.05％或 0.1％ HNO₃、0.1％ ETDA、0.1％9 曲拉通（Triton X－100）。

混合内标溶液可以直接加入到稀释液里，常用内标为 ^{72}Ge、^{103}Rh、^{185}Re、^{205}Tl。稀释液中的大部分内标元素溶液浓度为 10 或 20ng/mL，Ge 的浓度可以 50 或 100ng/mL。

消解方法：血清血浆也可以采用硝酸消解方法进行消解，消解后采用外标法检测。

（3）仪器和试剂

等离子体质谱仪器利用调谐溶液调谐至最佳状态。所有试剂均应采用最高的纯度级别，并对其进行空白检验，包括抗凝剂（肝素或 EDTA）、清洁和消毒采血部位的药剂等。

（4）测试

常用方法是标准加入法联合内标校正基体干扰，取稀释 10 倍后血液样品备用；取 5 根塑料管，各加入 600μL 上述血液稀释液作为本底；在上述塑料管中分别加入标准溶液（1 标、2 标、3 标、4 标、5 标，见表 3.6-15）600μL，混匀后上机测定。

使用外标法检测时，标准系列溶液和样品溶液中可以加 3% 的丁醇（butanol）或 1.5% 异丙醇（isopropanol），以减轻二者溶液之间的基体差异。

如果需要检测其他元素，如 Cr、As、Se，则要采用碰撞/反应池模式来抑制多原子离子的干扰，采用的谱线可以是 ^{52}Cr、^{75}As、^{78}Se。碰撞/反应池模式的内标为 ^{72}Ge。如需测 Hg 需要在稀释液加入 Au 溶液使其浓度为 200ng/mL。

表 3.6-15　标准溶液浓度

元素	^{55}Mn	^{65}Cu	^{66}Zn	^{208}Pb	^{56}Fe	^{24}Mg
标 1	0	0	0	0	0	0
标 2	0.08μg/L	4.0μg/L	4.0μg/L	0.8μg/L	5mg/L	0.5mg/L
标 3	0.4μg/L	20.0μg/L	20.0μg/L	4.0μg/L	10mg/L	1.0mg/L
标 4	2.0μg/L	100μg/L	100μg/L	20.0μg/L	20mg/L	2.0mg/L
标 5	10.0μg/L	500μg/L	500μg/L	100μg/L	40mg/L	4.0mg/L

3.7　ICP-MS 在石油、化工中的应用

3.7.1　基本要求

石油产品包括汽油、煤油、柴油和润滑油四大系列，现在我国已发展了一百多个品种。对于石油产品中金属元素含量的检测，不仅可评估石油产品质量，亦可对其加工工艺进行研究。而在石油产品使用过程中，对于其中的部分金属元素含量检测是十分必要的，如测定运行变压器油中金属的含量，不仅能准确反应运行变压器油的使用性能，还可以在一定程度上了解变压器的运行状态，因此作为变压器运行状况的监控方法就显得特别必要。

化工产品中金属元素含量检测不仅是生产工艺要求，还是产品质量评价的标准。如某些精细化工产品中重金属含量检测，是决定产品是否可以进入市场的指标。

3.7.2　样品处理

石油、化工样品，种类繁多，来源复杂。样品种类涉及有机物、金属有机化合物和无机物，样品状态涉及固态、液态和气态，包括粉尘、胶状悬浮物、气溶胶，样品性能有易燃易爆、有毒有害、稳定与不稳定，被测元素种类多、含量范围跨度大等。样品的多样性决定了样品预处理和制样方法的多样性。此外，由于 ICP-MS 检测对象为痕量元素含量，对处理过程使用的试剂纯度及器皿洁净度均有严格要求。

以下介绍几种石化样品通常使用的样品处理方法。

3.7.2.1 湿消解法

在敞开容器中用适当的酸或混酸分解样品，可使被测元素形成可溶性盐。

对于石油样品，需要采用硫酸、盐酸、硝酸、过氧化氢等不同的混合酸进行氧化分解，其中硫酸起强氧化作用和碳化作用。这方法的弱点是需要酸量大，约每 0.5g 油类样品需要 10mL 混酸，试剂空白增大，而且消解时间很长。所以这种油类样品前处理方法已不适合用于 ICP - MS 分析。

3.7.2.2 干法灰化

在一定气氛和一定温度范围内加热，灼烧破坏有机物和分解样品，将残留的矿物质灰分溶解在合适的稀酸中作为随后测定的试样。此法操作简单，容易根据随后测定方法的需要灵活地选择溶解灰分的酸及用量。适用于黏度较高的石油样品处理。

干法灰化法分为高温灰化法和低温灰化法。高温灰化是将石油类样品置于石英、铂坩埚或其他材质的坩埚中，在电热板上加热，坩埚加半开的坩埚盖，油蒸汽出来时也可用火点燃，样品加热至碳化完成。然后坩埚放入高温马弗炉中灰化，灰化温度为 500℃ 左右。灰化时间的长短取决于样品的种类和样品量，一般控制在 4h～8h。高温灰化法的优点是能灰化大量样品，但容易造成 Hg、Cd、As、Sb、Pb 和 Se 等元素的挥发损失，Cr、Ni、Cu、Fe、V 和 Zn 等也会以金属、氧化物、氯化物或有机金属化合物的形式挥发而损失，损失的程度取决于元素及其在样品中的存在形态，亦受灰化温度和灰化时间的影响。

低温灰化法又称氧等离子体灰化法，是在 130Pa～670Pa 压力和高频电场下，使氧形成具有极强氧化能力的氧等离子体（活性氧），在低温下（<150℃）缓慢氧化分解石油样品。灰化速度与等离子体的功率、流速和样品量等有关。灰化时间取决于样品性质和样品量，一般需 4h～8h。低温灰化法的优点是减少了沾污，避免了挥发损失。此法特别适于处理需测定 Se、As、Sb、Pb 和 Cd 等较易挥发元素的有机样品。

3.7.2.3 燃烧法

将样品置于充有常压或高压氧的密闭容器中进行燃烧，被测元素转化为氧化物或气态化合物被吸收液吸收，随后将吸收液作为试液。其优点是被测元素没有挥发损失，除吸收液外不消耗试剂，空白值低，不污染环境。

该方法适合于煤等固体样品的消解，但高灰分煤会分解不完全。

3.7.2.4 萃取浓缩分离法

此法适用于汽油、石脑油、煤油等轻油样品。此法加入一种有效氧化剂如碘和二甲苯、硫酰氯、过氧化氢，使样品金属与碳链断裂后，被 10% 的硝酸或盐酸溶液萃取而分离。

一种液液提取的方法可以被用于油页岩的痕量元素分析。有文献指出过热水用于油液岩的痕量元素提取的最佳过热水温度是 250℃，提取时间是 30min。Cr、Cd、Mn、Ni 都显示很好的提取率，而 V 的提取率比酸消解还更好。

3.7.2.5 微波消解法

微波消解系统可以消解大部分不同种类的样品，应用面很广。微波消解是将样品装入密闭的容器中，与酸（如 HNO_3，$HNO_3 - H_2SO_4$，$HNO_3 - H_2O_2$ 等）混合，放入消解系统中，在一定的微波条件（如压力、微波功率、微波程序等）下，容器中产生大量气体产物，使系统压力上升温度上升，在高温高压中样品被分解。此法具有一定的危险性，因此要控制取样量和消解酸的类型和加入量，以达到安全而又分解完全的目的。此法具有快速、分解完全、元素无挥发损失、酸消耗少、环境污染小等优点。

着重指出，易挥发易燃有机试剂（如汽油，航空燃油，丙酮等）不能使用微波消解。

美国环境保护公署在标准方法 EPA 3051（1994）中采用微波消解系统消解油品（oil），取样一般不超过 0.250g，如果样品不能很好混合均匀的，需要在事先均匀化处理，再 60℃ 干燥后，过筛匀化。样品加入消解罐，再加 10mL 浓硝酸或者可选用另外一种方法，加 9mL 浓硝酸和 3mL 浓盐酸，盐酸可以保持 Ag、Ba、Sb 以及高浓度的 Fe、Al 在溶液中的稳定。微波消解升温程序为在 5.5min 内升温至 175℃±5℃ 左右，并保持 4.5min，最后冷却 5min。典型的功率控制为 600W～1200W。

EPA3052 标准方法中描述有机基质类样品允许取 0.5g～1.0g，加 9mL 浓硝酸和 3mL 浓盐酸，微波消解系统在 5.5min 内升温至 180℃±5℃，在 180℃±5℃ 保持 9.5min。

3.7.2.6 有机溶剂稀释法

有机试剂稀释法适合于石油类液体样品或可溶于有机试剂的其他固体类化工产品。

石油类液体样品许多是比较黏稠的，可以采用有机溶剂稀释的方法，直接将稀释后的样品引入 ICP-MS 进行检测。美国材料试验学会标准方法 ASTM D5863-00 a（2005）对原油重油的分析采用稀释后，在火焰原子吸收光谱仪上直接检测。美国材料试验学会标准方法 ASTM D5185 采用航空煤油稀释润滑油，用白油匹配基体黏度，在等离子体光谱上进行检测。

对于等离子体质谱分析而言，尽管直接稀释法简单方便，但有机试剂和处理积碳的加氧所引起的等离子体炬焰不稳定现象，有机试剂的本底空白等问题仍不忽视。有机样品直接进样检测，也需重视的是有机试剂产生的 C、N 多原子离子的干扰。另外大部分有机试剂需要使用昂贵的有机标准元素溶液也是一个不小的问题。

常用的有机试剂有二甲苯、煤油、甲基异丁基酮（MIBK）、正己烷、二甲苯、1-丙醇、异丙醇和它们的混合物等。

3.7.2.7 乳化技术法

二种不能互溶的液体在搅拌过程中可得到较大的乳胶，在加入表面活性剂后，这些乳胶或微乳胶可以形成胶束或囊状而得到稳定。

乳化技术方法（Emulsion methodology）针对油类样品的。油类样品加入适当的乳化剂，如曲通 Triton X-100、聚氧乙烯辛烷基酚醚（OP-10）、吐温-20（聚氧乙烯山梨糖醇酐单月桂酸酯（Tween-20））等后，可以使油样品与水形成均匀的乳浊液，或者称微乳浊液（micro-emulsion）（为三相组分系统）。乳化后的溶液可以加入水溶液元素标准溶液，也可以加入有机金属元素标准溶液，超声波震荡器可以用于乳化处理的过程。采用异丙醇和 6mol/L 的硝酸溶液可以得到无需加表面活性剂的微乳浊液，这种乳浊液被报告可以稳定 80h。

乳化方法提供了一种简单快速的样品制备方法，可以使用水溶液元素标准溶液而不是使用昂贵的有机标准溶液。

3.7.3 ICP-MS 在石油、化工分析中的应用

3.7.3.1 原油中痕量稀土元素的 ICP-MS 分析

（1）方法适用性

本方法适用于原油样品中痕量稀土元素的测定。

（2）仪器与标准溶液

使用电感耦合等离子体质谱仪，能对（5～250）u 质量范围内进行扫描，最小分辨率为在 5％峰高处 1u 峰宽。然后经过逐级稀释配制成混合稀土工作液，各单元素的浓度为 20μg/L，Re 作内标，最终标准液的介质为 0.8mol/L 的 HNO_3。

（3）操作步骤

准确称取原油样品 10g～50g 于 250mL 烧杯中，加入 5mL～10mL H_2SO_4，置于低温电热板上加热，待其"干枯"，移至电炉上进一步加热，使其形成焦炭，再将其置于灰化炉中，逐渐升温至 650℃～700℃，保温 2h 以上，炉内要有充足的空气，以保证焦炭完全灰化。

灰化后的样品加 5mL 浓度为 6mol/L 的 HCl，加盖，电热板上加热分解，蒸至约 1mL，补加 3mL HCl，几滴 H_2O_2（$\phi=30\%$），继续加热 30min，取下，水洗杯壁，开盖蒸至近干，加 0.5mL HNO_3 溶解盐类，转入已加有 100μL Re（10mg/L）内标溶液的 10mL 比色管中，水稀释至刻度，摇匀待测。

3.7.3.2 ICP-MS 检测玩具材料中可迁移元素

引用标准：GB/T 26193—2010《玩具材料中可迁移元素锑、砷、钡、镉、铬、铅、汞、硒的测定电感耦合等离子体质谱法》。

（1）方法适用性

本方法适用于 GB 6675 规定的所有玩具材料中上述可迁移元素的测定。方法检出限：内标采用非在线添加的 Sb、As、Ba、Cd、Cr、Pb、Hg、Se 检出限均为 0.25 mg/kg；内标采用在线添加的 Sb、As、Ba、Cd、Cr、Pb、Hg、Se 检出限均为 0.05 mg/kg。

（2）样品制备

试样提取液的制备：按 GB 6675 要求进行测试试样的制备和提取。

试样待测液的制备：取 2.00mL 经 GB 6675 处置的试样提取液（或试样提取液经盐酸溶液稀释过的溶液）于 10.0mL 的容量瓶中，同时加入 1.00mL 混合内标溶液，用盐酸溶液稀释至刻度，混匀，待测。同时做试剂空白。在试样处理过程中，引入到待测液的氯离子的质量分数如大于 0.5％时，无碰撞反应池的 ICP-MS 不宜用于该待测液中砷含量的测定。

如果电感耦合等离子体质谱仪具有且采用在线自动添加内标的功能，宜省去试样待测液的制备过程，直接对试样提取液（或试样提取液经盐酸溶液的稀释过的溶液）进行测试。

（3）仪器和标准溶液

电感耦合等离子体质谱仪，同位素及内标元素的选择见表 3.7-1。混合标准工作溶液 0μg/L、0.050μg/L、0.100μg/L、0.200μg/L、0.500μg/L、1.00μg/L、2.00μg/L 的锑、砷、镉、铬、铅、汞，以及 0μg/L、0.500μg/L、1.00μg/L、2.00μg/L、5.00μg/L、10.0μg/L、20.0μg/L 的钡、硒。

表 3.7-1 质量数及内标元素

元素	Cr	As	Se	Cd	Sb	Ba	Hg	Pb
质量数	53	75	82	111	121	137	202	208
选用内标元素	45Sc	72Ge	89Y	115In	115In	115In	185Re	185Re

3.7.3.3 ICP-MS 检测化妆品中 Be、Cd、Tl、Cr、As、Te、Rb、Pb 元素含量

引用标准：SN/T 2288—2009《进出口化妆品中铍、镉、铊、铬、砷、碲、铷、铅的

检测方法　电感耦合等离子质谱法》。

（1）方法适用性

适用于化妆品中铍、镉、铊、铬、砷、碲、钕、铅的测定。

（2）操作步骤

称取 0.3g～1.0g 试样（精确至 0.01g），置于微波消解系统的消解罐里，按表 3.7-2 加入消化试剂，浸泡 30min。按表 3.7-3 条件消解，消解程序完成后，将消化液移入 50mL 的刻度试管，用水少量多次洗涤消解罐，洗液合并于试管，用水定容至刻度，混匀备用。

表 3.7-2　不同基质化妆品消解试剂

样品	试剂	状态
溶液	3mL HNO_3，2mL H_2O_2	澄清
膏霜	4mL HNO_3，2mL H_2O_2	澄清，有悬浮液和少许沉淀
粉底	5mL HNO_3，2mL H_2O_2	澄清，有少许悬浮液和沉淀

表 3.7-3　微波消解程序

程序	温度/℃	时间/min
1	0～200	10～15
2	200	20

（3）仪器条件

射频功率 1000W，等离子体氩气流量 15L/min，雾化气氩气流量 0.75L/min，样品抽提速率 1mL/min，扫描方式为峰跳扫，峰通道数 1 个，每个峰停留时间 100ms，积分时间 1.5s，重复次数 4 次。

分析中应采用 ICP-MS 分析方法中内标校正定量分析方法测定，实验中内标使用浓度均为 20μg/L，见表 3.7-4。

表 3.7-4　内标的选择

序列	内标	测定元素
01	^6Li	^9Be
02	^{89}Y	^{52}Cr、^{53}Cr、^{75}As
03	^{115}In	^{114}Cd、^{125}Te、^{143}Nd
04	^{209}Bi	^{205}Tl、^{208}Pb

干扰校正：由两个或三个原子组成的多原子离子并且具有和某待测元素相同的质核比的多原子（分子）离子干扰，可以采用数学校正干扰方程进行校正，如 ^{75}As 受 $^{40}Ar^{35}Cl$ 干扰，修正方程为（$-3.127\times^{77}ArCl+2.73^{82}Se$），或者使用碰撞/反应池技术。

3.7.3.4　ICP-MS 检测煤或焦炭中砷、溴、碘的元素含量

引用标准：SN/T 2263—2009《煤或焦炭中砷溴碘的测定电感耦合等离子体质谱法》。

（1）方法适用性

本方法适用于微波消解 ICP-MS 测定煤或焦炭中砷溴碘，其测定范围为砷 0.30mg/

kg～200mg/kg；溴 30mg/kg～300mg/kg；碘 0.5mg/kg～200mg/kg。

（2）方法提要

试样采用高温压力微波密闭消解－混合酸处理，再经氧化剂稳定，稀释定容后，用铟做内标进行 ICP－MS 测定，以质荷比强度与其元素浓度的定量关系，测定样品中的砷，溴和碘的含量。

（3）样品处理

样品制备：样品通过 1.0mm 孔径筛，混匀，分析前 105℃烘干待用。称取 0.05g～0.1g（准确至 0.1mg）样品，将试料置于高温压力密封消解罐中，加入 8mL 硝酸，2mL 过氧化氢，约 2mL 氢氟酸或四氟硼酸，摇匀，将密封消解罐置于微波炉所带的外套，拧紧，放入微波炉中按表 3.7－5 中的微波消解炉工作程序进行消解。

将微波消解罐取出，冷却至室温，打开消解罐，消解后的澄清溶液直接转移至 100mL 的聚乙烯材料容量瓶中，用亚沸蒸馏水洗消解罐 3～5 次，清洗液并入容量瓶，加入过硫酸钠 1mL，再加 1 滴硝酸银，室温下放置 3min～5min，待充分氧化后，加入 0.1g 硼酸，再加 1mL 铟内标，用水稀释至刻度，用做测试液。

表 3.7－5　微波中压消解的功率控制程序

步骤	时间/min	温度/℃
升温 1	5	120
升温 2	10	160
恒温 3	10	190
降温 4		0

如消解后的溶液浑浊不澄清，可补加 1mL～2mL 硝酸和 0.5mL 氢氟酸或四氟硼酸于消解罐中，参考消解程序，消解时间减半，再重复消解一次，可得到澄清透明试液，如消解样品前加四氟硼酸，消解后的溶液在加过硫酸钠时，不用加硼酸。

（4）仪器和标准溶液

RF 功率 1250W～1350W，冷却气体流量 13.6L/min，辅助气流量 0.65L/min～0.8L/min，雾化气流量 0.6L/min～0.8L/min，进样速度 0.7mL/min～1.2mL/min，质谱峰检测方法跳锋 3/mass。同位素谱线 ^{75}As、^{52}Cr、^{53}Cr、^{111}Cd、^{114}Cd、^{200}Hg。

标准溶液配制：砷，溴，碘的混合离子标准溶液，溶液介质为（2＋98）硝酸，并加入过硫酸钠和硝酸银，放置氧化后定容。混合标准溶液浓度为 1μg/L、5μg/L、10μg/L。内标溶液为 10μg/L 的铟液。混合清洗液，5mL 乙醇加 95mL 水，0.5mL 硝酸混匀。

3.7.3.5　ICP－MS 检测进出口化肥中有害元素砷铬镉汞铅

引用标准：SN/T 0736 12—2009《进出口化肥检验方法电感耦合等离子体质谱法测定有害元素砷、铬、镉、汞、铅》。

（1）方法适用性

本方法适用于化肥中的砷、铬、镉、汞和铅的等离子体质谱测定。其检测范围为砷 0.3mg/kg～100mg/kg；铬 0.3mg/kg～100mg/kg；镉 0.15mg/kg～100mg/kg；汞 0.15mg/kg～100mg/kg；铅 0.5mg/kg～100mg/kg。

（2）方法原理

试样采用高温压力微波密闭酸消解处理，或者用硝酸/氧化剂湿法消解处理，处理后的溶液加甲醇，用水稀释定容，采用铟内标，直接进行 ICP－MS 测定。

（3）分析步骤

样品处理：称取样品 0.05g～0.1g（准确至 0.1mg）（微波高压消解）或 0.1g～0.3g（准确至 0.1mg）（硝酸氧化剂消解）。随同试料做空白试验。

微波消解：将试料置于高温压力密封消解罐中，加入 2mL～3mL 硝酸，加 5～10 滴的过硫酸钠，加氢氟酸 1mL～2mL，摇匀，将密封消解罐拧紧，放入微波炉中。参照表 3.7－6 的程序进行微波消解。取出，冷却至室温，打开容器，将消解后的澄清溶液直接转移至聚乙烯塑料容量瓶中（或将消解后的澄清溶液转移至聚四氟乙烯烧杯中，低温加热蒸近干再转移至容量瓶），用亚沸蒸馏水冲洗容器 3～5 次合并至母液中，再加入 0.05g～0.1g 硼酸、2mL 甲醇、1mL 内标铟，用水稀释至刻度，用做测试液。

对于只测定化肥中 As、Cr、Cd、Pb 四元素，消解后的澄清溶液可直接转移至容量瓶，加入 0.05g～0.1g 硼酸、2mL 甲醇、1mL 内标铟，用水稀释至刻度，用做测试液；对于含有机肥样品或测定包括汞元素在内的上述元素化肥样品，消解后的澄清溶液转移至PTFE 烧杯中，低温加热蒸近干，再转移至容量瓶，再同上后续步骤，得到测试液。

硝酸氧化剂消解：将试料置于聚四氟乙烯烧杯中，加入 2mL～3mL 硝酸，5～10 滴的高锰酸钾，加 1mL～2mL 氢氟酸，将聚四氟乙烯杯置于电炉上，控制温度 300℃以下，加热溶解样品。溶样过程中，可适当补 1mL～2mL 硝酸，蒸至近干，转移，用亚沸蒸馏水洗涤聚四氟乙烯杯 3～5 次，补加 2mL 硝酸、2mL 甲醇、1mL 内标铟，用水稀释至刻度，用做测试液。

表 3.7－6　微波中压消解的功率控制程序

步骤	时间/min	温度/℃
升温 1	5	120
升温 2	10	160
恒温 3	10	190
降温 4		0

（4）仪器和标准溶液

等离子体质谱 RF 功率 1250W～1350W，冷却气体流量 13.6L/min，辅助气流量 0.65L/min～0.8L/min，雾化气流量 0.6L/min～0.8L/min，进样速度 0.7L/min～1.2mL/min，质谱峰检测方法跳锋 3/mass。元素混合标准溶液浓度见表 3.7－7，介质为 2％硝酸。清洗液为 10mL 硝酸加 2mL 甲醇，定容至 100mL。

表 3.7－7　元素混合标准溶液浓度

元素	As	Cr	Cd	Hg	Pb	In（内标）
标 0	0	0	0	0	0	10
标 1	5	5	5	1	5	10
标 2	15	15	15	5	15	10
标 3	30	30	30	15	30	10

3.8 微电子工业 ICP‐MS 分析方法及应用技术

本节中部分内容引用自文献［27］的有关章节和该章节中引用的公开论文。

3.8.1 基本要求

微电子工业技术是在电子器件电子电路超小型化过程中逐渐发展起来的。1947 年晶体管的发明又结合印刷电路，使电子电路在小型化的方面前进了一大步。到 1958 年成功研制出以这种组件为基础的混合组件。1962 年产生出晶体管理逻辑电路和发射极藕合逻辑电路，出现 MOS 集成电路。20 世纪 70 年代，微电子技术进入了以大规模集成电路为中心的新阶段。随着集成密度日益提高，得益于计算机的帮助集成电路正向集成系统发展。与大规模集成和超大规模集成的高速发展相适应，有关的材料科学、测试科学和和超净技术等都有重大的进展。

微电子工业、光伏工业、原子工业以及空间技术都涉及高纯材料的生产和检测，它们杂质含量一般要求小于 10ppm，也就是纯度 5 个 N 以上。涉及用于半导体材料掺杂的高纯金属有 Ga、In、Sb、Cd、Pb、Zn、Al、Bi 等，掺杂的高纯非金属有 A、P、B 等，本书将高纯金属和非金属的检测放在有色金属章节里。

微电子工业和光伏工业中实际样品种类可以涉及原料气体，如 SiH_4、$SiHCl_3$、NH_3、三甲基镓、三甲基铟、NF_3、N_2 等；化学气相沉积气体（如硅烷）、刻蚀气体（如氟基气体、氯基气体、溴基气体等）。固体样品如多晶硅、单晶硅、石英、SiC、高纯金属等。液体试剂主要包括清洗试剂和刻蚀试剂，无机试剂包括超纯水、氨水、双氧水、氢氟酸、硝酸、盐酸、硫酸、磷酸，有机试剂包括丙酮、甲醇、甲苯、二甲苯、IPA 等清洗溶剂，以及强碱性的 TMAH 等刻蚀试剂等。液体样品还包括晶圆片及 GaAs 等单晶切片的表面污染清洗液（VPD）、黏稠性强的光刻胶和液晶材料。

硅中的杂质金属元素特别是过渡金属元素，具有很高的电活性，铁铜镍锌铬等是半导体硅材料中危害较大的金属元素，对于直径 300mm 的硅片，要求上述每种元素的表面含量少于 $10^{-11}cm^2$。

在大规模和超大规模集成半导体电路的生产过程中，由于芯片中元件密度的增加，生产过程中污染杂质元素监控的要求越来越高，分析要求最低可达亚 ng/L 量级。工艺监测项目包括了所有工程中使用到的试剂和材料，最终产品的表面污染清洗液的检测也被用于监控制作工艺。

在 2007 年的国际半导体技术路线图（International Technology Roadmap for Semiconductor（ITRS）中就列出了一系列严格的材料标准，因为大直径硅单晶和硅基材料的品质及表面质量将成为决定新一代器件性能成品率和可靠性的重要因素。

最新的 2011 年 ITRS 提出到 2022 年集成电路的临界尺寸将达到 11nm，对于纳米器件来说，硅片表面颗粒污染是主要原因，需要在保证原始硅片质量基础上，对制作过程中更严格地监控，另外气体和化学试剂中污染物的影响将会更多地显露出来。

微电子工业集成电路的发展不断表现出新的趋势和特征，一方面继续专注于 CMOS 技术，遵循摩尔定律的指数增长规律发展（moreMoore's）；另一方面，在当前被热烈讨论的所谓的后摩尔时代（More than Moore）中，产品多功能化（MorethanMoore's）趋势日益明显，后摩尔时代将不再聚焦于集成电路尺寸缩小的单一概念而是更加强调多功能、多尺度、多模式、多维度、多种技术、多种材料、多种应用的结合与融合，这对测试科学提出了更高的要求。

3.8.1.1 洁净室

洁净室（Clean Room）在台湾被译为无尘室，缩写 C/R，或超洁净室（Super Clean Room），即一个空气中颗粒物数目被控制的特定的空间。在美国联邦标准 FED－STD－209E 里面，洁净室被定义为具备空气过滤、分配、优化、构造材料和装置的房间，其中特定的规则的操作程序以控制空气悬浮微粒浓度，从而达到适当的微粒洁净度级别。

洁净室采用（High Efficiency Particulate Air Filters，HEPA）（Ultra Low Penetration Air Filter，ULPA）等过滤器过滤空气，滤芯用超细玻璃纤维滤料经打胶折叠而成，其尘埃的收集率达 99.97%～99.99995% 之多。

送风模式有乱流式（紊流）、层流式、复合式等，乱流由洁净室两侧墙板或高架地板回风。气流非直线型运动而呈不规则之乱流或涡流状态。此型式适用于洁净室等级 1000－100000 级。层流式，气流运动成一均匀之直线形，此型式适用于洁净室等级需定较高之环境使用，一般其洁净室等级为 Class 1～100。其型式可分为二种：水平层流式，气流单方向吹出，由对边墙壁之回风系统回风，尘埃随风向排出室外；垂直层流式：房间天花板上空气由上往下吹，可得较高之洁净度，在制程中或工作人员所产生的尘埃可快速排出室外而不会影响其他工作区域。

一般在超净室进行从高级别超净到低级别超净逐级分区并存在压力差。对适合等离子体质谱工作的净化实验室而言，由于仪器本身采用了排风装置，或样品处理采用净化通风橱、净化工作台，所以净化实验室送风量设计时需要考虑实际排风的情况，以确保净化实验室保持一定的正压。一般洁净室还通过空调设备控制温度和湿度（一般在 21℃ 和 45% 左右）。

工作人员进入洁净室的顺序是先通过洁净度低的实验室再到高洁净度实验室，除了颗粒物的控制外，超净室超净间内的气流是左右洁净室性能的重要因素，工作人员走动引起的扰流现象也是高级别洁净室限制进入高级别洁净室人员数的原因之一。

洁净室都配置风淋室，安装于洁净室与非洁净室之间。当人与其他东西要进入洁净区时需经风淋室的洁净空气吹淋，去除携带的尘埃，能有效的阻断或减少尘源进入洁净室。风淋室的前后两道门采用电子互锁，起到气闸的作用，又阻止未净化的空气进入洁净区域。

传递窗主要适用于洁净区与非洁净区之间，用于样品试剂的传递，减少洁净室门的开启次数。传递窗的两扇门也采用电控连锁或机械连锁装置。

洁净工作台可以在操作台的局部空间形成高洁净度（如 100 级）的局部净化。其主要组成部件有预过滤器、高效过滤器、风机机组等。可以用于配制标准溶液，一般样品配制处理。

超净室的分类等级有不同的标准，总体是依据在特定体积空气中的颗粒物数目。例如，美国联邦标准 209E（US FED－STD－209E，1992）定义每立方英尺空气中直径大于或等于 $0.5\mu m$ 的颗粒物总数不超过 n 个的超净环境为 n 级超净室。这是一个通用的标准并为人们所熟知。即使 2001 年 11 月，新的国际标准 ISO14644 标准出台。但老标准仍将使用相当长一段时间。国际标准 ISO14644－1 文件定义 ISO－n 级超净室内空气中直径大于 $0.1\mu m$ 的颗粒物数目不大于 10^{n} 个。老标准的 1000 级相当于 ISO－6 级。相关关系如表 3.8－1 所示。

在一般 10ng/L 量级的直接分析中，要求 ICP－MS 仪器要在 1000 级（ISO－6）以上的超净室中，然而，空气中颗粒物的污染偶尔还是会发生，需要良好的数据质量控制（如取平行样）和使用者经验以避免错误数据。由于样品的污染最容易在样品前处理过程中发生，而且污染程度最大且难以控制，因而在 10ng/L 级别分析中的样品前处理一般要在

100 级（ISO-5 级）超净工作台内，如蒸发、富集、稀释等过程均需要 100 级或更高的工作台内，对超净台的材料、设计包括尺寸、电源开关位置、出水口、入水口、风门等都要根据应用进行严格控制。由于超净室运行成本相当高，HEPA 过滤膜价格昂贵，需要经常更换，操作者应根据自己的实际应用选择适当的超净设备。

表 3.8-1 不同洁净室标准的等级对应关系

ISO	美国联邦标准		JP	中国	每立方米空气中所含的颗粒数最大值（小于或等于下列粒径）				
14644-1	209D	209E	B9920	QJ2214	0.1μm	0.2μm	0.3μm	0.5μm	5μm
2001	1988	1992	1989	1991					
基准粒径 μm	0.5	0.5	0.1	0.1~0.5					
ISO-1 级			1		10	2	0	0	0
ISO-2 级			2		100	24	10	4	0
ISO-3 级	1	M1.5	3		1000	237	102	35	0
ISO-4 级	10	M2.5	4	1	10000	2370	1020	352	0
ISO-5 级	100	M3.5	5	100	100000	23700	10200	3520	29
ISO-6 级	1000	M4.5	6	1000	1000000	237000	102000	35200	293
ISO-7 级	10000	M5.5	7	10000				352000	2930
ISO-8 级	100000	M6.5	8	100000				3520000	29300
ISO-9 级								35200000	293000

3.8.1.2 器皿

高纯物的样品处理过程中常用到聚四氟乙烯材料和铂材料的器皿，需要避免使用玻璃器皿。样品瓶和标准样品容器等则常使用 PFA 材料的器皿。标准加入法在样品配制过程中需要防止移液枪碰到瓶壁。

痕量分析中经常需要配制体积较小的样品溶液，称重法是不错的选择。

痕量分析中常用的塑料器皿有 FEP、PFA、FLEP、PMP、PP、HDPE、LDPE 材料。其中 PFA 和 HDPE/LDPE 最为常用。

痕量分析中所用的器皿必须经过严格的处理后才能使用。一家 10ng/L 级半导体用高纯酸生产商推荐的分析用器皿和分装酸的 PFA 瓶清洗步骤如下：

①用有机碱溶液清洗（如用 TMAH）；

②用丙酮清洗；

③在热硝酸中浸泡 1 天（只用于石英器皿）；

④在 3M 的氢氟酸中浸泡 10min（只用于石英器皿）；

⑤在热王水中浸泡 1 天（只用于石英器皿）；

⑥在热硝酸中浸泡 3~5 天；

⑦热的 0.1N 的硝酸中浸泡 5 天。

这是最严格的清洗过程，保证无杂质元素污染。对于一个全新购买的石英材料器皿或聚四氟材料器皿，上述步骤是不可少的。对于循环使用的较干净样品瓶一般用 5% 硝酸和纯水冲洗后，只要用热的硝酸（90℃）浸泡数小时后用纯水洗净即可，样品瓶不用时要装满纯水，而不可空瓶保存。否则空气中的颗粒物可能吸附在瓶壁上。对于样品量很大的实验室，清洗样品瓶的酸回流清洗装置可大大节省清洗用的纯酸用量和减少工作强度。典型的自动化酸回流清洗装置是从装在石英玻璃缸中的硝酸被加热蒸发，通过中空玻璃管进入倒扣的样品瓶内，在酸蒸汽瓶内冷却回流浸润清洗整个瓶内壁，而后顺瓶口下滴回到缸底部。由于酸蒸汽纯度高于酸本身，因此可以不用高纯度的酸，高温的酸蒸汽有很好的清洗能力，而且保持基本一致的高纯度。回流也大大节省了酸的用量。

在分析不同种类的样品时，样品瓶在使用之前最好用样品本身润洗一遍，如分析硝酸时用硝酸本身润洗样品瓶后在用纯水清洗，然后在装入该硝酸样品。同理，分析硫酸时用硫酸润洗。其他设备如取样枪枪头等最好也用 PFA 材料，清洗方式同样品瓶。也可用一次性 PP 材料，建议使用完全透明 PP 材料的枪头，带颜色的枪头因添加物原因可能对样品造成污染。新的 PP 枪头不必采用上述清洗步骤。

清洗步骤：①吸入、排出满刻度 10％硝酸 3 次；②再吸入、排出满刻度纯水 3 次；③吸入、排出目标溶液 3 次。吸入酸与纯水时枪头进入溶液的深度要大一些，而吸入目标溶液时进入溶液要尽可能浅一些。特别注意：移液枪绝对不可以吸取浓酸、以防损伤取样枪并将污染物带入溶液。加入浓酸只可以采用称重方式。

3.8.1.3　仪器要求

需要选用适合微电子高纯材料或高纯试剂分析的等离子体质谱仪器，当前各生产厂家通常在其系列型号后面添加 s（Semiconductor）符号，用来提示该型号仪器适合于微电子行业高纯物分析的应用，在同生产厂家同系列仪器中该型号的仪器灵敏度往往为最高。原因是同系列仪器中在锥口、离子透镜和进样系统等方面存在着配置差异，尽管主机系统大同小异。

同时仪器需要配置冷等离子体工作模式和碰撞/反应池工作模式。

仪器在高纯材料和高纯试剂分析方面的应用，常需要按实际样品的情况配置采用 PFA 材料的雾化室、雾化器、炬管连接管，以及 Pt 材料的锥口和全 Pt 中心管等。

3.8.1.4　进样系统

普通的蠕动泵管在制造过程中常引入痕量级的污染物，在常规样品分析时并不造成影响。然而，分析 ng/L 量级的元素时，这些污染就相当严重。因而，在微电子高纯材料分析中尽可能避免使用蠕动泵进样，它可以用于排出废液。高纯样品进样可以采用虹吸自提升进样。全 PFA 微流雾化器是是最好的一种选择，这种微流雾化器有各种规格流量，从 $20\mu L/min \sim 400\mu L/min$，雾化效率高，可以配置微量毛细进样管和接头，获得很小的死体积和记忆效应，同时适用于氢氟酸。

带箱罩的微量自动进样器可以减小大气尘埃的污染，使用圆盘形自动进样器可以缩短样品管到雾化器之间的距离，减小进样管的长度，同时减少了管道记忆效应，加快了分析检测速度。

高纯分析用的雾化室常采用小死体积低记忆效应的雾化室，雾化室与炬管接口管常不使用 O 型圈。新的进样系统也可以按清洗样品瓶的方法进行清洗。然而，在超痕量分析过程中，连续不断地将 5％高纯硝酸或纯水喷雾进样是最有效的降低进样系统背景污染的方法。

高纯物分析常常还要求仪器配置 PFA 雾化室、铂锥和铂材料的中心管。

3.8.1.5　高纯试剂

由于微电子器件生产过程中所用的试剂也是一个重要的金属元素污染源，试剂生产厂家一直致力于发展纯度更高的试剂产品。高纯试剂的研发生产与微电子器件的发展离不开,见表 3.8-2。微电子器件(集成电路)的生产需要高纯试剂,同时高纯试剂的质控检测也需要用到高纯试剂。

表 3.8-2 超净高纯试剂与集成电路(IC)发展的关系

年份	IC 集成度	技术水平 /μm	金属杂质 ppb	控制粒径 /μm	颗粒数/ (个/mL)	SEMI 标准级别
1986	1M	1.2	<10	<0.5	<25	C7
1989	4M	0.8				
1992	16M	0.5				
1995	64M	0.35	<1	<0.5	<5	C8
1998	256M	0.25				
2001	1G	0.18				
2004	4G	0.13	<0.1	<0.2	TBD	C12
2007	16G	0.1				
2010	64G	0.07	—	—	—	—

市场上已经可以获得的商品化的高纯试剂中污染元素浓度均小于 10ng/L 的,见表 3.8-3,甚至污染元素均小于 5ng/L 的试剂也已经在中试阶段;在增加 10ng/L 试剂种类方面试剂厂商也在不断努力。

表 3.8-3 市场上可获得的商品化高纯试剂(小于 10ng/L 级)

试剂	氢氟酸	硝酸	双氧水	氨水	盐酸
浓度/%	38	55	35	20	20

1851 年,德国 E. Merk 公司推出保证级[Guarantee Reagent(GR)]试剂,列出 42 种杂质元素,含量均小于 100ppb。在 2010 年推出高纯系列试剂 EMSURE、EMPARTA、EMPLURA。

超净高纯试剂(Ultra-clean and high pure reagents)在国际上已被通称为工艺化学品(Process Chemicals),在欧美和台湾地区被称为湿化学品(wet chemicals)。1975 年国际半导体设备与材料组织(SEMI)按集成电路的工艺技术要求制定了国际上统一的超净高纯试剂标准,其标准等级见表 3.8-4。

表 3.8-4 工艺化学品 SEMI 国际标准等级

SEMI 标准	C1(Grade1)	C7(Grade2)	C8(Grade3)	C12(Grade4)
金属杂质/ppb	≤1ppm	≤10	≤1	≤0.1
控制粒径/μm	≤1	≤0.5	≤0.5	≤0.2
颗粒数/(个/mL)	≤25	≤25	≤5	—
适应 IC 线宽范围/μm	>1.2	0.8~1.2	0.2~0.6	0.09~0.2

高纯酸的命名还不统一和规范,许多直接采用生产厂家的命名。有高纯、特纯(Extra pure)、痕量金属级(Trace Metal Grade)、工艺超纯、电子级(Electronic Grade)、

MOS级（Metal Oxide Semiconductor Grade）、BVIII等。国外进口试剂厂家有德国 E. Merck 公司、美国 Ashland，Olin，Fisher 公司、日本的关东株式会社、日本化学工业公司、英国 B. D. H. 公司等。国外进口高纯酸的厂家常使用（Ultra pure）来表示高纯，实际使用时还需要关注不同产品上标定的具体杂质元素含量限以及其质检的元素种类数量。

实验室高纯试剂的容器也是被关注的问题，需要考虑容器材料中金属杂质的溶出，广泛使用的有高密度聚乙烯（HDPE）、四氟乙烯和氟烷基乙烯基醚共聚物（PFA）、聚四氟乙烯（PTFE），它们对多数超净高纯试剂的稳定性较好。而密度聚乙烯（LDPE）容易遭醋酸、氢氟酸、硫酸的侵蚀结晶度增加。HDPE在室温下也不能储存硝酸、醋酸。硝酸容易使聚合物断裂，醋酸容易引起树脂龟裂。

许多商品化的亚沸重蒸馏系统可以运用于常用酸（如硝酸、盐酸、氢氟酸）的提纯。提纯后的得到的酸纯度与装置使用的容器材料有很大关系，显然使用 PFA 材料的装置要比聚四氟乙烯材料的要好一些。亚沸重蒸馏设备也可采用对口瓶自制，提纯效果与亚沸装置的结构设计和选用的材料有较大关系。

3.8.1.6 标准加入法

微电子行业分析样品均为高纯样品，由于很难找到比待测物更纯的试剂作为外标法校准曲线的零点，因此在超纯分析中常常采用标准加入法作校准曲线。

标准加入法的校准曲线中 x 轴为浓度轴，y 轴为强度轴。在未加标的样品点强度计数上包含：a) 仪器随机背景计数；b) 未消除的干扰，包含分子离子干扰、样品污染和仪器记忆效应；c) 样品溶液含有的待测元素本身。标准加入工作曲线在 x 轴上的截距即为样品的背景等效浓度（BEC），所以该浓度也包含仪器随机背景、未消除的干扰和待测元素本身这三部分贡献。

由于不可能找到比超纯水更高纯度的试剂作为参考点，用来扣除仪器随机背景和未消除的干扰部分，只能假设这两个部分的贡献比待测元素本身小得多，忽略不计，从而 BEC 值即待测元素本身。在实际分析中，为了满足这一假设，只有尽可能通过各种技术和操作降低未消除的干扰和仪器本底值两部分贡献：①用冷等离子体技术或其他消除干扰技术消除干扰；②降低实验室空气、操作人员、样品瓶、管道、锥口等引入的污染；③由于大多数现代 ICP - MS 在仪器背景计数上已经可以控制在 5cps 以下，一般可忽略不计。

3.8.2 分析实例

3.8.2.1 酸浸取多晶硅表面金属杂质的等离子体质谱分析

引用标准：GB/T 24582—2009《酸浸取　电感耦合等离子质谱仪测定多晶硅表面金属杂质》。

（1）方法适用性

适合于质量为 25g～5000g 各种棒、块、粒、片状多晶硅表面污染物中碱金属、碱土金属和第一系列过渡元素如钠、钾、钙、铁、镍、铜、锌及其他元素如铝的检测。

（2）操作步骤

将多晶硅样品用稀硝酸、氢氟酸和双氧水组成的混合液加热浸取，用稀硝酸复溶后直接用 ICP - MS 测定。在实验室中按照标准洁净室操作规程打开双层袋，将样品块转到 PTFE 瓶中并称量（精确到小数点后第二位），向每个瓶中加入 250mL 浸取酸混合物（$HNO_3 : HF : H_2O_2 : H_2O = 1 : 1 : 1 : 50$）没过样品块，并用 PTFE 盖子密封。将密封瓶放在通风橱中的电热板上并在 70℃ 左右加热 60min，取下瓶子并冷却，让后用 PTFE 夹子取出每块样品，用去离子水淋洗表面，淋洗液收集至瓶中。将浸取液倒入一个敞口瓶中，并在 110℃～150℃ 的电热板上加热至干。从电热板上取下瓶子，并冷却。加入 2mL 5% HNO_3 溶解浸取残渣，放置 20min 溶解所有的盐类，加入 8mL 去离子水，盖上盖子，摇匀被测。

（3）仪器和设备要求

仪器：需要选用适合微电子高纯材料或高纯试剂分析的等离子体质谱仪器，同时仪器需要配置冷等离子体工作模式。

空气环境：用于样品采集、酸浸取和 ICP-MS 分析的区域必须封闭在洁净室内，洁净室最低标准为 ISO 14644-1 中定义的 6 级。洁净室服装：分析者应穿着洁净室服装包括帽子、口罩、靴子和手套。排酸通风橱：装备排酸通风橱以提供清洁空气环境。样品和夹子：样品瓶（体积为 500mL）、盖和夹子为聚四氟乙烯（PTFE）材料或类似不被氢氟酸腐蚀并能清洗的聚合物材料制成。分析天平：天平能称量 300g，精度为 0.01g。耐酸腐蚀的电热板：表面全面覆盖有聚四氟乙烯涂层。

3.8.2.2 三氯氢硅中杂质元素的等离子质谱分析

（1）方法适用性

本方法适用于三氯氢硅（trichlorosilane）中 Li、B、Na、Mg、Al、P、K、Ca、Ti、V、Cr、Mn、Fe、Co、Ni、Cu、Zn、Ga、As、Sr、Zr、Nb、Mo、Ag、Cd、Sn、Sb、Ba、Ta、W、Pb、Th、U 元素的测定。

（2）操作步骤

用 PFA 吸管准确吸取 2mL～3mL 样品于敞口的 PFA 瓶中，在惰性气体氛围中温和水解（三氯氢硅容易水解，有的厂家采用滴加超纯水促使水解，注意控制反应速度，做好防护工作）待样品水解完成生成白色二氧化硅残渣后加入高纯 HF 和硝酸；低温（避免 B 的丢失）加热蒸干去除硅基体，冷却后用 0.4 % 的高纯稀盐酸定容至 15g～25g。

（3）仪器

需要选用适合微电子高纯材料或高纯试剂分析的等离子体质谱仪器，同时仪器需要配置冷等离子体工作模式和碰撞/反应池工作模式。全套 PFA 材料惰性进样系统包括微量同心雾化器和雾室；全铂材料的中心管、半可卸石英炬管；铂采样锥和截取锥，自吸进样。

（4）校准曲线

用标准加入法配制校准曲线，使样品中加入的标准溶液浓度为 0ng/mL、1.0ng/mL、2.0ng/mL、5.0ng/mL，根据待测样品的含量选择合适的浓度范围。

（5）测试

根据元素性质选择合适的分析条件。P 可以采用冷焰方法或氧气碰撞反应池方法检测 $^{31}P^{16}O^+$（$m/z=47$），也可以采用 He 气碰撞/反应池和动能歧视来抑制 $^{15}N^{16}O^+$、$^{14}N^{16}O^1H^+$ 的干扰直接检测 ^{31}P。He 气碰撞/反应池模式的气体流量与动能歧视设置可以视不同元素而定，如对 ^{51}V、^{75}As 采用较大 He 流量改善检出限。本方法不需要内标，以避免沾污的可能。

3.8.2.3 硅晶圆片中痕量杂质元素的等离子体质谱分析

（1）方法适用性

适用于硅晶圆片中 Li、Be、B、Na、Mg、Al、K、Ca、Ti、V、Cr、Mn、Fe、Co、Ni、Cu、Zn、Ga、Ge、As、Sr、Zr、Nb、Mo、Ag、Cd、Sn、Sb、Ba、Ta、Au、Tl、Pb、Bi、Th 和 U 的分析。

（2）操作步骤

把晶圆片浸泡在 1∶3 的氢氟酸溶液中 10min，除去表面沉积物，然后用高纯去离子水漂洗和用氩气吹干。称取 2.0g 硅晶圆片碎片，用 25g 高纯 HF 和 15g 硝酸在密封容器里，容器放在电热板上 60℃加热消解。加热时需要剧烈摇动，以帮助溶解一些不易溶解的东西，如氟硅酸铵。冷却后，用高纯去离子水稀释，得到 2%的含硅溶液。用 3.8% HF 和 6.8%硝酸进一步稀释得到最终含硅为 0.2%的样品溶液（含硅 2000mg/L）。

（3）标准溶液

用标准加入法配制标准曲线，使加入的多元素标准混合溶液的浓度为 10ng/L、20ng/L、60ng/L、100ng/L。加标回收实验的加标量为 50ng/L。

（4）仪器

需要选用适合微电子高纯材料或高纯试剂分析的等离子体质谱仪器，同时仪器需要配置冷等离子体工作模式。配置耐氢氟酸进样系统（包括 Pt 锥口、半可卸炬管、全 Pt 中心管、PFA 材质的雾化器、雾室和炬管连接管）。

（5）测定

硅基形成的多原子离子干扰见表 3.8-5。

表 3.8-5　硅基多原子离子的干扰

分析物	质量数/u	多原子离子
Ti	46	^{30}SiO、$^{29}SiOH$
Ti	47	^{28}SiF、$^{30}SiOH$
Ti	48	^{29}SiF、$^{28}SiFH$
Ti	49	^{30}SiF、$^{29}SiFH$
Ni	60	$^{28}SiO_2$
Cu	63	$^{28}SiOF$、$^{30}SiO_2H$
Zn	64	$^{29}SiOF$、$^{28}SiOFH$
Cu	65	$^{30}SiOF$、$^{29}SiOFH$
Zn	66	$^{28}SiF_2$、$^{30}SiOFH$
Zn	68	$^{30}SiF_2$、$^{30}SiF_2H$

3.8.2.4　在高纯无机试剂分析中的应用

高纯无机试剂主要有：超纯水、氨水、双氧水、氢氟酸、硝酸、盐酸、硫酸、磷酸及混合溶剂 SC1、SC2 等。这些试剂是生产线或样品处理的必备试剂，如超纯水是半导体行业最基本的试剂，通常在生产线上超纯水要求其所有杂质元素浓度在 10ng/L 以下。双氧水是集成电路制造业常用的清洗试剂 SC1（氨水/双氧水/纯水混合物）和 SC2（盐酸/双氧水/纯水混合物）的组成部分，在单晶硅切片进厂质控、刻蚀、封装的整个过程中，这些清洗剂用于清除表面金属污染物、有机污染物、颗粒污染物等。配制清洗剂的双氧水中的污染元素直接影响到清洗效果；高纯硝酸是所有半导体材料高纯分析的基础试剂之一，几乎每个分析步骤都要用到，包括配制标准溶液等，它也用于清洗表面污染、氧化有机污染物等；氢氟酸在半导体材料行业用于清洗表面污染、刻蚀元件等，这些过程中，元件要完全浸泡在稀释的氢氟酸中，因而氢氟酸中的痕量污染元素就可能附着在元件表面甚至扩散到元件内部导致元件失效。同时工艺流程中的槽车（或容器）中承放的稀释氢氟酸也要常采样分析以防止过程污染。因此，这些试剂的纯度要求是极高的。

（1）微电子级双氧水的分析

方法适用性：适用于微电子级双氧水中所有在酸中稳定的元素。其中包括《半导体设备和材料行业规范》（Semiconductor Equipment and Materials International，SEMI Tier - D）的 21 个必须控制的元素，如 Na、Mg、Al、K、Ca、Cr、Mn、Fe、Co、Ni、Cu、Zn、Sr、Cd、Pb、Th、U 等。

操作步骤：杂质含量小于 10ng/L 级别的高纯双氧水的浓度一般在 35% 左右，即可直接测定加入高纯硝酸，使其酸度为 0.1% 后直接分析，如果想让样品溶液能够稳定一段时间，至少添加 1% 的硝酸。浓度更高的双氧水只要用纯水稀释到大致 35% 左右后按照上述步骤进行。

标准溶液：用标准加入法配制校准曲线，使用的加标溶液的浓度为 0.5ng/L～10ng/L。

仪器：需要选用适合微电子高纯材料或高纯试剂分析的等离子体质谱仪器，同时仪器需要配置冷等离子体工作模式，采用 PFA - 100 雾化器。

测定：仪器工作条件优化完成后，为各元素选择合适的分析模式。加标 10ng/L 的 35% 高纯双氧水被用于检测分析方法的重现性，各元素在 2h 连续测定中的 RSD 均小于 5%。

半导体设备和材料行业规范 D 级（Semiconductor Equipment and Materials International，SEMI Tier - D）规定了 21 个必须控制的元素的浓度，并要求在 10ng/L 级别元素的分析方法的误差不超过 ±25%。

（2）高纯硝酸的分析

方法适用性：适用于高纯硝酸中所有在酸中能稳定的元素。包括 SEMI Tier - D 的 21 个必须控制的元素，如 Na、Mg、Al、K、Ca、Cr、Mn、Fe、Co、Ni、Cu、Zn、Sr、Cd、Pb、Th、U 等。

操作步骤：商品高纯硝酸的浓度一般为 68% 或 55% 左右，该浓度的硝酸由于密度很大，直接进样的基体效应较大，一般在分析前要先将浓硝酸样品 1∶1 稀释。

校准曲线：用标准加入法配制标准曲线，使加入标准溶液的浓度为 10ng/L、20ng/L、30ng/L、50ng/L。

仪器：需要选用适合微电子高纯材料或高纯试剂分析的等离子体质谱仪器，同时仪器需要配置冷等离子体工作模式。

测定：仪器工作条件优化完成后，为各元素选择合适的分析模式。方法检测限均为亚 ng/L 至数个 ng/L。由于硝酸样品用纯水 1∶1 稀释得来，因此计算原始硝酸中的杂质浓度应考虑纯水的本底污染和稀释因子。

（3）高纯氢氟酸的分析

方法适用性：适用于高纯氢氟酸中 Li、Be、B、Na、Mg、Al、K、Ca、Ti、V、Cr、Mn、Fe、Co、Ni、Cu、Zn、Ga、Ge、Rb、Sr、Zr、Nb、Mo、Ag、Cd、Sn、Sb、Ba、Ta、W、Au、Tl、Pb、Bi 和 U 的分析。

操作步骤：商品高纯氢氟酸的浓度一般为 38% 或 49% 左右，可直接进样测定。

标准溶液：用标准加入法配制标准曲线，使加入标准溶液的浓度为 10ng/L、20ng/L、30ng/L、50ng/L。

仪器：需要选用适合微电子高纯材料或高纯试剂分析的等离子体质谱仪器，同时仪器需要配置冷等离子体工作模式。配置耐氢氟酸进样系统（包括 Pt 锥口、半可卸炬管、全 Pt 中心管、PFA 材质的雾化器、雾室和炬管连接管），常规功率 1350W 和软提取模式；功率 630W。

测定：表 3.8-6 所示为等离子体质谱分析 38% 高纯氢氟酸所得的多元素背景等效浓度、检测限和加标 5ng/L 的回收率结果。加标 10ng/L 的 35% 高纯氢氟酸被用于检测分析方法的重现性，各元素在 2h 连续测定中的 RSD 均小于 5%。

HF 是极弱酸，ng/L 级别的元素在其中不稳定，尤其是 Ca 等可能与 F 结合而产生 CaF_2 沉淀，同时，酸度不足也可能造成样品瓶、样品管等对样品中痕量元素的吸附损失，因而可能出现标准工作曲线线性差等现象。因此，在高纯氢氟酸分析时须向样品中加入少量硝酸（约 0.1%）以改善工作曲线线性。

表 3.8-6　ICP-MS 分析 38% 高纯氢氟酸的检出限、背景浓度及回收率的参考值

元素	同位素	检出限/（ng/L）	BEC/（ng/L）	加标 5ng/L	回收率/%	等离子体模式
Li	7	0.05	0.00	5.00	99	冷焰
Be	9	0.20	0.10	5.00	100	常规
B	11	3.00	19.20	24.40	103	常规
Na	23	0.09	2.50	7.60	102	冷焰
Mg	24	0.10	0.60	5.80	105	冷焰
Al	27	0.20	2.00	7.80	117	冷焰
K	39	0.10	4.40	9.80	108	冷焰
Ca	40	2.00	21.70	26.60	98	冷焰
Ti	48	5.00	76.80	81.70	98	常规
V	51	3.00	42.60	48.10	112	常规
Cr	52	1.00	13.00	18.20	104	冷焰
Mn	55	0.20	1.40	6.30	99	冷焰
Fe	56	0.30	3.80	9.30	111	冷焰
Ni	58	0.10	0.10	5.10	102	冷焰
Co	59	0.20	0.50	5.70	104	冷焰
Cu	63	0.30	0.60	5.60	100	冷焰
Zn	68	0.80	2.20	6.40	83	冷焰
Ga	69	0.05	0.10	4.90	97	冷焰
Ge	74	5.00	52.20	56.20	79	常规
Rb	85	0.02	0.00	5.10	102	冷焰
Sr	88	0.10	0.10	5.30	103	冷焰
Zr	91	4.00	26.20	31.40	103	常规
Nb	93	0.50	2.30	7.20	96	常规
Mo	98	2.00	37.40	41.70	85	常规

续表 3.8-6

元素	同位素	检出限/ (ng/L)	BEC/ (ng/L)	加标 5ng/L	回收率/%	等离子体模式
Ag	107	0.08	0.20	4.90	95	冷焰
Cd	114	0.50	6.80	12.00	104	常规
Sn	118	0.20	1.20	5.80	93	常规
Sb	121	1.00	7.00	12.30	107	常规
Ba	138	0.06	0.20	4.80	92	常规
Ta	181	0.10	1.80	6.60	97	常规
W	182	0.90	4.40	9.80	107	常规
Au	197	0.20	0.20	5.10	96	常规
Tl	205	0.08	0.10	5.10	100	常规
Pb	208	0.08	0.20	5.10	98	常规
Bi	209	0.05	0.10	4.90	96	常规
U	238	0.02	0.00	4.70	93	常规

（4）微电子级硫酸的分析

方法适用性：适用于微电子级硫酸中 B、Na、Mg、Al、K、Ca、Ti、Cr、Mn、Fe、Ni、Cu、Zn、As、Sn、Sb、Ba 和 Pb 的分析。

操作步骤：硫酸的浓度为 98%，黏度和密度很大，为了能让样品能够虹吸自提升顺利进入雾化器，样品需要用纯水 1:10 稀释后分析，此时浓度为 9.8%。

标准曲线：用标准加入法配制校准曲线，使加入标准溶液的浓度为 0ng/L、2ng/L、4ng/L、10ng/L。

仪器：需要选用适合微电子高纯材料或高纯试剂分析的等离子体质谱仪器，同时仪器需要配置冷等离子体工作模式和碰撞/反应池工作模式。采用 PFA-100 微流雾化器自吸进样，2.0mm 口径的铂金中心管，1600W 等离子体射频功率。

测定：采用标准加入法检测。表 3.8-7 是硫酸中常见的多原子离子干扰情况。表 3.8-8 是 9.8%（质量分数）硫酸所有 SEMI 元素的 DL、BEC 和多元素加标（5ng/L）的回收率参考数据。Ti 的 DLs 和 BEC 都较高一些，这可能是硫酸污染所致。其他受硫基多原子离子干扰的元素如 Cr、Ni、Zn 和 Cu 的 BEC 和 DLs 都很好，这表明碰撞/反应池模式成功抑制了干扰。

表 3.8-7 多原子离子的干扰

分析物	质量数/u	多原子干扰物	分析物	质量数/u	多原子干扰物
Ti	46	SN	Ni	60	SCO
Ti	47	SNH	Cu	63	SNOH
Ti	48	SO、SN	Zn	64	SO_2、S_2
Ti	49	SOH	Cu	65	SO_2H、S_2H
Ti、Cr	50	SOH_2、SO	Zn	66	SO_2
Cr	52	SO	Zn	68	SO_2

表 3.8-8 9.8%浓硫酸的元素检出限（$n=3$）、背景等效浓度及回收率的参考值

元素	模式	氢气 mL/min	氨气 mL/min	DL ng/L	BEC ng/L	回收率/% +5ng/L	冷等离子体模式	
							DL/（ng/L）	BEC/（ng/L）
B（11）	常规	—	—	1.6	12	107		
Na（23）	常规	5.0	—	0.7	6.2	140	0.6	3.9
Mg（24）	常规	—	—	0.1	0.40＊＊	89	0.07	0.1
Al（27）	常规	5.0	—	0.6	1.4	113	0.1	1.0
K（39）	常规	5.0	—	2.8	14＊＊	95	0.9	8.3
Ca（40）	常规	5.0	—	3.1	21	106	1.1	5.8
Ti（47）	常规	—	5.0	27	49	87＊		
Cr（52）	常规	—	5.0	1.0	7.4	98		
Mn（55）	常规	5.0	—	1.6	3.4	87		
Fe（56）	常规	5.0	—	1.6	8.9	92	1.3	2.8
Ni（60）	常规	—	5.0	0.3	0.25	99		
Cu（63）	常规	—	5.0	0.2	0.28	87		
Zn（68）	常规	—	5.0	2.2	8.1	83		
As（75）	常规	—	5.0	0.6	0.29	93		
Sn（118）	常规	—	—	0.4	0.91	104		
Sb（121）	常规	5.0	—	0.8	2.0	100		
Ba（138）	常规	—	—	0.08	0.15	100		
Pb（208）	常规	—	—	0.5	2.2	95		

＊ 为 Ti 加标浓度为 50×10^{-12}；＊＊ 为没有用反应气。

（5）微电子级磷酸的分析

方法适用性：适用于微电子级磷酸中 Li、B、Na、Mg、Al、K、Ca、Ti、V、Cr、Mn、Fe、Co、Ni、Cu、Zn、As、Sr、Cd、Sb、Ba、Au 和 Pb 的分析。

操作步骤：磷酸为高黏度酸，样品需要用纯水 1：100 稀释后分析，此时磷酸浓度为 0.85%。

标准曲线：用标准加入法配制标准曲线，使加入多元素混合标准溶液的浓度为 0ng/L、20ng/L、50ng/L、100ng/L、200ng/L、500ng/L。

仪器：需要选用适合微电子高纯材料或高纯试剂分析的等离子体质谱仪器，同时仪器需要配置冷等离子体工作模式和碰撞/反应池工作模式。采用 PFA-100 微流雾化器自吸进样，2.0mm 口径的铂金中心管，等离子体射频常规功率 1500W，冷等离子体功率为 600W。

测定：采用标准加入法检测。表 3.8-9 所示为磷酸中常见的多原子离子干扰情况。表 3.8-10 是 0.85%（质量分数）磷酸所有 SEMI 元素的 DL、BEC 和 50ng/L 多元素加标的回收率参考数据，部分元素加标浓度为 200ng/L。

表3.8-9 多原子离子的干扰

分析物	质量数/u	多原子干扰物	分析物	质量数/u	多原子干扰物
Ti	46	PNH	Ni	60	PN_2H
Ti	47	PO	Cu	63	PO2, P_2H
Ti	48	POH	Zn	64	PO_2H
Ti	49	POH_2	Cu	65	PO_2
Co	59	PCO, PN_2	Zn	66	PO_2H

表3.8-10 0.85%浓磷酸的元素检出限（$n=3$）、背景等效浓度及回收率的参考值

元素	分析模式	氢气 mL/min	氨气 mL/min	DL ng/L	BEC ng/L	回收率 %	冷等离子体模式	
							DL/（ng/L）	BEC/（ng/L）
Li（7）	常规			0.58	0.44	99 *	0.10	0.070
B（11）	常规	—	—	28	110	79 *		
Na（23）	常规	4.5	—	3.4	34	97 *	6.7	28
Mg（24）	常规	4.5	—	2.3	15	99 *	2.8	13
Al（27）	常规	4.5	—	3.4	7.0	100 *	1.1	4.1
K（39）	常规	4.5	—	3.0	19	101 *	1.3	2.4
Ca（40）	常规	4.5	—	5.7	24	92		
Ti（47）	常规	—	4.5	10	36	104		
V（51）	常规		4.5	0.50	0.31	97		
Cr（52）	常规	—	4.5	10	55	113		
Mn（55）	常规	5.0	—	0.80	3.4	98		
Fe（56）	常规	5.0	—	22	180	95		
Co（59）	常规		4.5	0.40	0.47	98		
Ni（60）	常规		4.5	4.5	21	90		
Cu（65）	常规		4.5	1.7	3.9	96		
Zn（66）	常规		4.5	5.3	9.6	90		
As（75）	常规		4.5	5.3	9.5	93		
Sr（88）	常规	—	—	0.07	0.13	100		
Cd（111）	常规			2.2	5.0	107		
Sb（121）	常规		—		>500			
Ba（138）	常规			0.20	0.45	102		
Au（197）	常规			0.70	1.8	99		
Pb（208）	常规	—	—	1.4	7.0	101		
*为 Ti 加标浓度为 200ng/L。								

（6）氨水溶液（20%）的直接分析

方法适用性：适用于氨水中 Li、Be、B、Na、Mg、Al、K、Ca、Ti、V、Cr、Mn、Fe、

Co、Ni、Cu、Zn、Ga、Ge、As、Se、Rb、Sr、Zr、Nb、Mo、Ru、Rh、Pd、Ag、Cd、Sn、Sb、Te、Cs、Ba、Hf、Ta、W、Re、Ir、Pt、Au、Tl、Pb、Bi、Th 和 U 的分析。

操作步骤：高纯氨水的浓度一般在 20% 左右。由于氨水有很强的挥发性，大量挥发出的氨气不仅使操作人员感到刺鼻，而且可能使 ICP 火炬熄灭。因此，高纯氨水一般用纯水稀释到 10% 左右浓度进行分析。对于氨气，也可以用纯水吸收至含氨 10% 左右进行分析。

标准曲线：用标准加入法配制标准曲线，使加标溶液的浓度为 10ng/L、20ng/L、50ng/L、100ng/L。

仪器要求：需要选用适合微电子高纯材料或高纯试剂分析的等离子体质谱仪器，同时仪器需要配置冷等离子体工作模式和碰撞/反应池工作模式。配置半导体制冷装置，雾化室的温度冷却到 $-5℃±0.1℃$，以减少氨气的挥发。

测定：表 3.8-11 列出了 20% NH_4OH 直接进样的分析条件、检出限和背景等效浓度。从数据可见，所有元素的 BEC 都在 ng/L 水平。在实际分析模式中，使用最多的是冷等离子体模式和碰撞/反应池工作模式。

由于氨水是碱性的，有些元素在浓氨水溶液中可能发生沉淀现象和快速吸附现象，且随着时间的延长这种现象会日益加剧，从而导致浓度较高的加标工作曲线点发生弯曲现象。如果保持金属处于低浓度（100ng/L 以下）则会降低生成沉淀的概率。因此，在较长的分析周期内监测信号的稳定性可以判定待测元素的化学稳定性。

表 3.8-11 ICP-MS 直接测定 20% 氨水的各元素检出限及背景等效浓度的参考值

元素	分析模式	检出限/(ng/L)	BEC/(ng/L)	元素	分析模式	检出限/(ng/L)	BEC/(ng/L)
^{7}Li	冷焰	0.014	0.003	^{72}Ge	He	4.3	1.6
^{9}Be	常规	0.33	0.1	^{75}As	He	6.5	3.8
^{11}B	常规	2.6	16	^{78}Se	H2	8.4	4.6
^{23}Na	冷焰	0.43	0.38	^{85}Rb	He	0.022	0.028
^{24}Mg	冷焰	0.17	0.32	^{88}Sr	He	0.86	0.29
^{27}Al	冷焰	0.26	0.67	^{90}Zr	He	0.35	0.2
^{39}K	冷焰	0.25	0.38	^{93}Nb	He	0.057	0.076
^{40}Ca	冷焰	1.9	11	^{98}Mo	He	0.24	0.16
^{48}Ti	He	2.4	1.4	^{101}Ru	He	0.26	0.1
^{51}V	He	0.67	0.31	^{103}Rh	He	0.41	1.4
^{52}Cr	冷焰	0.3	0.4	^{105}Pd	He	0.18	0.092
^{55}Mn	冷焰	0.078	0.026	^{107}Ag	He	0.11	0.12
^{56}Fe	冷焰	1.5	2.1	^{111}Cd	He	0.66	0.35
^{59}Co	冷焰	0.23	0.052	^{118}Sn	He	2.3	1.5
^{60}Ni	冷焰	0.88	0.42	^{121}Sb	He	2.3	0.92
^{63}Cu	冷焰	3	1.8	^{125}Te	H2	1.3	1.3
^{66}Zn	He	1.7	0.8	^{133}Cs	He	0.41	0.21
^{71}Ga	He	1.7	0.68	^{138}Ba	He	0.27	0.13

续表 3.8－11

元素	分析模式	检出限/(ng/L)	BEC/(ng/L)	元素	分析模式	检出限/(ng/L)	BEC/(ng/L)
^{178}Hf	He	0.24	0.086	^{197}Au	He	0.4	0.17
^{181}Ta	He	0.047	0.036	^{203}Tl	He	0.21	0.27
^{182}W	He	0.16	0.071	^{208}Pb	He	0.75	1.1
^{185}Re	He	0.14	0.061	^{209}Bi	He	0.16	0.15
^{193}Ir	He	0.15	0.16	^{232}Th	He	0.085	0.025
^{195}Pt	He	0.39	0.48	^{238}U	He	0.064	0.013

3.8.2.5 在高纯有机试剂分析的应用

在微电子生产工艺中的不同阶段需要用到不同的有机溶剂作为清洗剂、溶剂、反应试剂等，如印刷刻蚀阶段需要用到光刻胶，光刻胶有正性和负性之分，需要用不同性质的有机溶剂来溶解稀释。

应用光敏作用来印刷电路后又要用特定显影液溶剂来清除反应部分（或未反应部分）。干法或湿法刻蚀后又要清除残余光刻胶。这些有机试剂的污染元素要求是极严格的。

有机试剂种类有强挥发性的丙酮、甲醇、甲苯、二甲苯、IPA 等清洗溶剂，以及强碱性的 TMAH 剥蚀试剂、黏稠的光刻胶和液晶材料等。

应用 ICP－MS 直接分析有机试剂方法有以下关键问题及解决方案：

①有机试剂中需要控制的污染元素与无机试剂强酸强碱的相同，也包括 K、Na、Ca、Mg、Fe、Al、Cr、Mn 等轻质量元素，除了 Ar^+、ArO^+、ArH^+ 等氩基分子离子对 Ca^+、Fe^+、K^+ 等元素形成的严重干扰依然存在外，有机试剂中大量的碳形成的 ArC^+、CC^+ 等分子离子对 Cr^+、Mg^+ 等形成严重干扰。

解决方案：冷等离子体技术。由于有机试剂的分解消耗大量能量，冷等离子体的功率不能太低，否则容易熄火。冷等离子体的功率一般在 900W 左右。

②有机试剂在 ICP 中会改变等离子体的性质，改变 ICP 射频发生器的匹配工作点，使反射功率变大、甚至使仪器熄火。在有机试剂存在的情况下，仪器的点火启动也十分困难。有机试剂在 ICP 中分解产生大量的游离碳，碳容易沉积在样品锥口，严重时沉积在中心管口，造成堵塞。

解决方案：加入适当量的氧气与有机物反应，消除碳沉积。纯有机试剂分析时加氧气可以采用含氧 20% 的氩氧混合气，也有的可以直接加纯氧的。

③某些有机试剂可能腐蚀蠕动泵的进样管和排液管，光刻胶容易形成沉积物，大量有机物快速进入等离子体时可能使炬焰不稳定。

解决方案：采用耐有机溶剂的进样系统，配置微量雾化器、小口径中心管等。

④在等离子体炬中加入过量氧气，容易使等离子体的负载加大，待测元素的灵敏度下降。同时，高温等离子体容易使氧气产生的初生态游离氧，可以加剧对锥口的腐蚀，缩短样品锥的寿命。因此适当调节氧气的流量是必须的。

解决方案：等离子体炬引入有机试剂后，可见到中心通道形成一个子弹头形状的明亮的绿色焰舌，有机物加入多时炬尾焰都呈绿色。时间长时可见到锥口碳沉积，积碳在高温下呈亮红色。加氧后绿色焰舌缩短，调整一定氧气流量后，可以完全消除绿色焰舌，一般调整到刚消除为好。加氧太多则灵敏度下降和加速腐蚀样品锥。不同的有机试剂在进样量和加氧量有一定的经验值可参考见表 3.8 - 12，其中，连接在自吸雾化器上的样品进样管是可更换的，样品管越长，内径越细，则样品流量越小。表中进样管假定长度为 50cm～70cm，采用氩氧混合气（20%氧气和 80%氩气）。除了减少易挥发有机试剂的进样量外，雾化室的温度用半导体制冷控温系统控制在 -5℃±0.1℃，以减少有机蒸汽过多进入 ICP。

表 3.8 - 12　有机试剂分析中采用不同口径的自吸进样管、中心管和氧气加入量

	进样管内径 mm	中心管内径 mm	氧气加入量（载气）/%	氧气流量 mL/min
乙醇	0.3	1.5	3	35
丙二醇甲醚醋酸酯（PGMEA）	0.3	1.5	3	35
乙酸乙酯	0.3	1.5	3	35
煤油	0.3	1.5	5	60
甲基异丁基甲酮（MIBK）	0.3	1.5	8	100
二甲苯	0.3	1.5	10	120
甲苯	0.3	1.5	12	150
丙酮	0.16	1	5	60

（1）异丙醇（IPA）的分析

方法适用性：本方法适用于异丙醇中 Li、Na、Mg、Al、K、Ca、Ti、V、Cr、Mn、Fe、Co、Ni、Cu、Zn、As、Sn、Sb、Ba、Pb 的测定，该方法满足《半导体设备和材料行业规范 E 级》的分析要求。

操作步骤：直接进样分析。

标准曲线：异丙醇可以与水互溶，用水溶性标准溶液和标准加入法配制工作曲线，使加入标准溶液的浓度为 10ng/L、20ng/L、50ng/L、100ng/L。

仪器：需要选用适合微电子高纯材料或高纯试剂分析的等离子体质谱仪器，同时仪器需要配置冷等离子体工作模式。需要配置半导体制冷装置，雾室的温度冷却到 -5℃±0.1℃，以减少异丙醇的挥发；配置有机分析专用的氧气管路和有机溶剂专用进样系统。

测定：仪器按照分析有机样品的工作条件优化完成后，为各元素选择合适的分析模式测定，如表 3.8 - 13 所示。

表 3.8 - 13　等离子体质谱分析高纯异丙醇的一些背景等效浓度和检出限的参考值

元素	同位素	背景等效浓度 ng/L	检出限 ng/L	分析模式	元素	同位素	背景等效浓度 ng/L	检出限 ng/L	分析模式
Li	7	0.256	0.035	冷焰	Fe	56	1.424	0.526	冷焰
Na	23	1.855	4.179	冷焰	Co	59	0.251	0.033	冷焰
Mg	24	0.226	0.109	冷焰	Ni	60	0.627	0.172	冷焰
Al	27	1.639	1.018	冷焰	Cu	63	0.37	1.053	冷焰
K	39	2.795	3.795	冷焰	Zn	66	28.25	5.688	常规
Ca	40	7.36	0.779	冷焰	As	75	32.07	6.513	常规

续表 3.8-13

元素	同位素	背景等效浓度 ng/L	检出限 ng/L	分析模式	元素	同位素	背景等效浓度 ng/L	检出限 ng/L	分析模式
Ti	48	74.14	1.670	常规	Sn	118	20.63	2.899	常规
V	51	13.81	0.961	常规	Sb	121	0.643	2.004	常规
Cr	52	1.648	0.419	冷焰	Ba	137	0.744	0.656	常规
Mn	55	0.168	0.011	冷焰	Pb	208	0.555	0.149	常规

（2）煤油的分析

方法适用性：适用于 B、Na、Mg、Al、Ti、Cr、V、Mn、Fe、Ni、Cu、Zn、Mo、Ag、Cd、Sn、Ba、Pb 的测定。

操作步骤：直接进样分析。

标准曲线：由于煤油不与水混溶，需要用油溶性多元素标准溶液（如 Conostan S-21）和标准加入法作工作曲线，可根据纯度级别加入合适浓度的标准溶液，使加入标准溶液的浓度为 $0.1\mu g/L$、$0.2\mu g/L$、$0.5\mu g/L$、$1.0\mu g/L$。

仪器：需要选用适合微电子高纯材料或高纯试剂分析的等离子体质谱仪器，同时仪器需要配置冷等离子体工作模式。配置半导体制冷装置，雾化室的温度冷却到 $-5℃±0.1℃$，以减少煤油的挥发；配置有机分析专用的氧气管路和有机溶剂专用进样系统。

测定：仪器按照分析有机样品的工作条件优化完成后，为各元素选择合适的分析模式测定，如表 3.8-14 所示。

表 3.8-14　等离子体质谱分析高纯煤油的一些背景等效浓度和检出限参考值

元素	同位素	背景等效浓度 ng/L	检出限 ng/L	分析模式	元素	同位素	背景等效浓度 ng/L	检出限 ng/L	分析模式
B	10	1631.0	381.9	常规	Ni	60	37.2	8.5	冷焰
Na	23	62.9	9.8	常规	Cu	63	30.5	7.5	常规
Na	23	136.0	28.9	冷焰	Cu	63	57.3	9.1	冷焰
Mg	24	64.1	8.5	冷焰	Zn	66	147.6	36.8	常规
Al	27	706.6	121.7	常规	Zn	66	99.8	16.1	冷焰
Ti	49	198.7	99.3	常规	Mo	98	10.9	7.6	常规
Cr	52	39.5	82.8	冷焰	Ag	107	8.8	4.5	常规
V	51	12.8	5.6	常规	Ag	107	16.5	2.7	冷焰
Mn	55	43.4	37.8	常规	Cd	111	74.2	44.3	常规
Mn	55	55.0	25.3	冷焰	Sn	120	31.6	1.3	常规
Fe	56	239.1	42.4	冷焰	Ba	138	33.1	9.2	常规
Ni	60	30.2	8.3	常规	Pb	208	60.5	11.8	常规

3.9　元素形态分析方法与应用技术

3.9.1　基本术语及要求

元素形态：一种元素的形态，即该元素在一个体系中特定化学形式的分布。

元素形态分析：识别或定量检测样品中某种元素实际存在的一种或多种化学、物理形态的分析工作。

元素以不同的同位素组成、不同的电子组态或价态以及不同的分子结构等存在的特定形式，分为物理形态和化学形态。

元素物理形态：元素在样品中的物理状态如溶解态、胶体和颗粒状等。

元素化学形态：元素以某种离子或分子的形式存在，包括元素的价态、结合态、无机态和有机态等。一般意义上的元素形态泛指化学形态。

元素形态分析在环境、食品、生物分析中越来越占有重要地位，因为元素在环境中的迁移转化规律，元素的毒性、生物利用度、有益作用及其在生物体内的代谢行为在相当大的程度上取决于该元素存在的化学形态，从 20 世纪 60 年代日本水俣病－甲基汞中毒事件开始，元素形态分析得到了普遍重视和迅速发展，特别是汞、砷、铅、硒、锡、碘、铬等元素形态分析的研究。目前研究比较多的元素形态分析如下：

砷形态：亚砷酸盐（As（Ⅲ））、砷酸盐（As（Ⅴ））、一甲基胂酸（MMA）、二甲基胂酸（DMA）砷甜菜碱（AsB）、砷胆碱（AsC）、砷糖（AsS）、阿散酸、洛克沙砷等

汞形态：甲基汞、乙基汞、苯基汞、无机汞等

硒形态：硒酸（Se（Ⅵ））、亚硒酸（Se（Ⅳ））、硒代蛋氨酸（SeMet）、硒代胱氨酸（SeCys）甲基硒代胱氨酸（SeMeCys）等

铅形态：四甲基铅（TeML）、四乙基铅（TeEL）、三甲基铅（TML）、三乙基铅（TEL）二甲基铅（DML）、二乙基铅（DEL）、无机铅

锡形态：三甲基氯化锡（TMT）、二丁基氯化锡（DBT）、三丁基氯化锡（TBT）、二苯基氯化锡（DPhT）、三苯基氯化（TPhT）

铬形态：三价铬（Cr（Ⅲ））、六价铬（Cr（Ⅵ））

碘形态：碘离子（I^-）、碘酸根（IO_3^-）

溴形态：溴离子（Br^-）、溴酸根（BrO_3^-）

元素形态分析需要用现代分析技术对环境、生化样品中的元素形态进行综合分析，只用单一光谱仪器技术已很难完成，需要采用先进的色谱与光谱、质谱联用技术进行分离测定，即先用有效的在线分离技术将某种元素的各种化学形式进行选择性分离，再用高灵敏度的元素检测技术进行测定。

这些联用技术目前正在食品安全、环境科学、临床化学和营养学等领域不断发展，依据被分析物的物理化学特征，如挥发性、电荷极性、质量及分子的空间结构等性质，选择气相色谱（GC）、高效液相色谱（HPLC）、离子色谱（IC）、凝胶色谱、超临界流体色谱（SFC）和毛细管电泳（CE）等现代色谱学分离技术进行被测物质的形态分离，然后用原子吸收（AAS）、原子荧光（AFS）、原子发射光谱（ICP - AES）和电感耦合等离子体质谱（ICP - MS）等高灵敏度高选择性的元素分析检测技术进行测定。

电感耦合等离子体质谱（ICP - MS）技术的发展使形态分析的研究真正引起广泛重视并得到迅速发展。该技术极高的检测灵敏度以及方便地与不同分离技术联用的特点为形态分析提供了强有力的检测手段。

3.9.2　样品处理

　　由于元素形态分析的特殊性,对样品提取部分提出了较高要求,要求提取过程不引起形态改变,提取后要保持足够的稳定性,提取方法简便快速。目前常用的提取方法主要有:超声辅助提取、微波辅助萃取、固相(微)萃取、超临界流体萃取、酶分解等技术。下边结合具体元素介绍几种样品处理方法。

　　目前砷形态分析方法的研制有较大的突破,国家及相关行业也制定了相关标准,如GB/T 23372—2009《食品中无机砷的测定 液相色谱电感耦合等离子体质谱》,GB/T 5009.11—2003《食品中砷标准检验方法》也在修订中,中国出入境检验检疫行业标准SN/T 2316—2009《动物源性食品中中阿散酸、硝苯砷酸、洛克沙砷残留量检测》,但由于砷形态化合物的多样性及样品基质的复杂性,这远远不能满足工作的需要。目前砷形态化合物分析最关键问题是样品提取时,保证有足够的提取效率及各形态之间不发生转化,分离时保证有足够的分离度,检测时有足够的灵敏度,这些都将是我们研究的方向和需解决的问题。

　　砷化合物形态种类繁多,目前常检测的形态包括 As(Ⅲ)、As(Ⅴ)、MMA、DMA、AsB、AsC、p-ASA、p-NPAA、p-HPAA 和 3-NHPAA 等,各种食品、环境也种类繁多,基质复杂,若方法选择不当或前处理条件掌握不好,某些形态之间会出现发生转化,进而造成一些误测、假阳性现象。因此,在提取过程中如何保证各形态之间不发生转化,提高砷形态化合物的提取效率将是需要解决的关键问题。目前常用的提取方法有微波萃取、超声提取、加热提取和超声探针提取等,提取溶剂主要有甲醇-水、水、硝酸体系、酶体系及三氟乙酸体系等。

　　实验室结合实际情况,根据不同样品基质中所含的砷形态,选用不同提取试剂及提取方式,有效地将各种砷形态化合物从样品中提取出来进行分析测定。

　　汞在环境和生物样品中含量较低,一般样品分离检测前要预富集,由于在水产类样品中含量较高,较成熟的方法有碱消解法和酸提取法。碱消解后采用二氯甲烷萃取,再用 0.01mol/L $Na_2S_2O_3$ 溶液反萃取,离心后取水相采用 HPLC-AFS 或 HPLC-ICP/MS 测定,方法繁琐,吕超、刘丽萍等采用盐酸提取后采用 HPLC-AFS 和 HPLC-ICP/MS 测定了水产中甲基汞等化合物,方法准确、简便易行,取得较好效果。甲基汞的测定技术已成熟,相应的标准方法即将出台。

　　锡形态研究对象主要是各种毒性较大的有机锡化合物,有机锡分析的关键是样品制备。从沉积物中将有机锡全部提取出来而又不改变其形态分布是个难题。常用的提取液有醋酸、盐酸、溴氢酸的水或甲醇溶液。提取的方法有机械搅拌,超声振荡,加压溶剂提取与微波辅助提取等。这些方法虽可提取约 100% DBT 和 TBT,但提取苯基锡仍有困难,因为这类化合物在提取条件下不稳定。但它们在沉积物的厌氧条件下仍是稳定的,也被列入欧盟的优先控制污染物名单中。因此苯基锡的提取方法仍有研究工作报道。对于不挥发有机锡,采用 GC 联用技术时一般在分离、检测前需衍生转化为挥发性有机锡化合物。氢化衍生和烷基化衍生是常用的两种衍生技术。

　　氢化衍生法是根据各种烷基锡和无机锡生成的氢化物沸点不同,用气相色谱进行分离,或冷却至低温,再加热逐个分离。这种方法已用于测定海水、淡水、藻类、底泥中不同形态的甲基锡、乙基锡、丁基锡、一苯基锡化合物。氢化衍生法简便、快速,无论水相或有机相均可使用。尤其适用于能生成低沸点氢化物的有机锡,对于生成高沸点氢化物的有机锡,如三苯基锡还要进一步处理。当环境样品中有柴油及硫化物时不能用硼氢化钠衍生。而这两种物质在环境中可能含量较高，尤其是在底泥中。

烷基化方法包括甲基化、乙基化、丙基化、丁基化、戊基化和己基化，较常用的是乙基化和戊基化。常用衍生剂为葛氏试剂，但在有的条件下，操作必须在绝对无水的有机溶剂中进行，而且还需净化、浓缩，整个衍生过程繁琐、费时。

四乙基硼氢化钠（NaBEt4）衍生，可直接在水相中进行，并且形成的衍生物很稳定。它已被成功地用于水样、沉积物中甲基锡、丁基锡、苯基锡、环己基锡的测定。

硒的形态主要有无机硒和有机硒，硒是人体必需的微量元素，但摄入过量的无机硒硒酸盐和亚硒酸盐，对人体健康有害；有机硒，如硒代氨基酸是人类摄取硒元素的主要来源。含硒的氨基酸多为水溶性，用热水可浸取出与大分子结合的硒化合物。含硒氨基酸还可用超滤或透析分离。在对植物性样品进行分析时，根据不同分离、检测的目的，采用的前处理方法也有一定的差异。Emese 等用酶水解胡萝卜样品以提取蛋白硒和非蛋白硒，离心分离后测定硒，Maria 等在测定自己培养的大蒜和芥末中的硒时，用 0.1mol/L 的盐酸作浸提剂时，硒的形态分析进行得较好。超声提取会加快提取速度，铁梅等采用如下方法：称取适量冷冻于－85℃冰柜中的金针菇子实体样品，加入一定体积的（质量体积比 1/2）Tris - HCl 溶液，连续磁力搅拌浸提，以 4000r/min 的转速超低温离心 10min，得到可溶性含硒化合物提取液，采用相关技术进行分离检测。

3.9.3 分析方法

一种可行的元素形态分析方法，必须保证有效的提取、分离及灵敏度高的检测技术。下面介绍一些可行的形态分析方法。

3.9.3.1 食品中无机砷测定 液相色谱 电感耦合等离子质谱法

引用标准：GB/T 23372—2009《食品中无机砷的测定 液相色谱 电感耦合等离子体质谱法》

（1）方法适用性

本方法适用于食品中无机砷［亚砷酸根（As（Ⅲ）］和砷酸根［As（Ⅴ）］的测定。方法检出限为 As（Ⅲ）0.002mg/kg、As（Ⅴ）0.004mg/kg。

（2）标准物质与试剂

试剂：①3%（体积分数）乙酸溶液：取 3.0mL 乙酸置于适量水中，再稀释至 100mL；②0.15%（体积分数）乙酸溶液：取 0.15mL 乙酸置于适量水中，再稀释至 100mL。30%双氧水、无水乙醇

移动相试剂：①2mmol/L 磷酸二氢钠：准确称取 0.3120g 磷酸二氢钠用水定容至 1000mL。10mmo/L 无水乙酸钠：准确称取 0.8203g 无水乙酸钠用水定容至 1000mL；②0.2mmolL 乙二胺四乙酸二钠：准确称取 0.0746g 乙二胺四乙酸二钠用水容 1000mL；③3mmol/L 硝酸钾：准确称取 0.3030g 硝酸钾用水定容至 1000mL；④4%氢氧化钠水溶液：称取氢氧化钠 4g 用水定容至 100mL。

标准储备液：砷酸根、亚砷酸根、砷甜菜碱、一甲基砷、二甲基砷（以下简称五种砷），每种标准储备液的浓度为 5μg/mL，贮存于 4℃冰箱中，有效期 3 个月。

五种砷标准工作液：吸取五种砷的标准储备液 2.0～10mL 的容量瓶中，配得混合标准工作液浓度为 1.0mg/L。分别吸取混合标准工作液 0.0mL、0.1mL、0.2mL、0.5mL、1.0mL 于一组 100mL 的容量瓶中用 0.15%的乙酸溶液定容至刻度，得到氮元素浓度分别为 0.0μg/mL、0.001μg/mL、0.002μg/mL、0.005μg/mL、0.01μg/mL 的混合标准溶液。使用时现配。

其他：水相滤膜：0.45um。聚二乙烯基苯聚合物反相填料的样品前处理柱（或等效的脱脂柱）：250mg，3mL，该柱使用前采用5mL甲醇和10mL水活化，保持萃取柱处于湿润状态。石墨化炭黑小柱：500mg，6mL，该柱使用前采用10mL甲醇和20mL水活化，保持萃取柱处于湿润状态。

（3）仪器和设备

等离子体质谱、高效液相色谱、pH计、分析天平：感量0.01g和0.001g、粉碎机、涡旋混合器、恒温水浴锅、超声波清洗器、高速冷冻离心机（转速不小于8000r/min）。

（4）试样处理

植物性固体样品试样用粉粹机粉碎，准确称取样品1g～4g（精确至0.01g）（海带、紫菜等海产品类植物样品1g，谷物类样品2g，蔬菜类样品4g），加入38mL水，涡旋混匀后，超声萃取40min，加入3％乙酸溶液2mL混匀沉淀蛋白，于4℃冰箱中静置5min后，取上清液过0.45μm过滤膜于1.5mL离心管中，以8000r/min转速于4℃离心10min，吸取上清液注入液相色谱仪进行分析。蔬菜等色素较深的样品要过石墨化炭黑小柱去除颜色。同时制备试剂空白溶液。

动物性固体样品试样用粉碎机粉碎。准确称取贝类及虾蟹类等海产品、乳粉、畜禽肉类样品2g（精确到0.01g），加入38mL水，涡旋混匀后，超声萃取40min，加入3％乙酸溶液2mL混匀沉淀蛋白，于4℃冰箱中静置5min后，取上清液过0.45μm过滤膜于1.5mL离心管中，以8000r/min转速于4℃离心10min，吸取上清液注入液相色谱仪进行分析。油脂含量高的样品过聚乙二烯基苯聚合物反相填料的样品前处理柱去除油脂。同时制备试剂空白溶液。

液体样品取5.0mL白酒类样品在80℃下挥干酒精，用水定容至10mL比色管中，直接上机进行检测。啤酒和乳制品等液体样品称取10g，加入水称量至38g（精确至0.01g），涡旋混匀后，超声萃取20min，加入2.0g（精确至0.01g）3％乙酸溶液混匀沉淀蛋白，于4℃冰箱中静置5min后，取上清液过0.45μm过滤膜于1.5mL离心管中，以8000r/min转速在4℃下离心10min，吸取上清液注入液相色谱仪进行分析。乳制品过聚二乙烯基苯聚合物反相填料的样品前处理柱去除油脂。同时制备试剂空白溶液。

（5）仪器条件

液相色谱分离条件：阴离子保护柱IonPac AG19（50mm×ϕ4mm）；阴离子分析柱IonPac AS19（250mm×4mm）。流动相：等度洗脱，可由A相＋B相（99＋1）混合组成，也可混合配成单相等度洗脱。A相（10mmol/L无水乙酸钠，3mmol/L硝酸钾，2mmol/L磷酸二氢钠，0.2mmol/L乙二胺四乙酸二钠，4％氢氧化钠水溶液pH值为10.7）。B相组成（无水乙醇）。流量1.0mL/min，进样量5μL～50μL。

等离子体质谱参考条件：积分时间0.5s；功率1550W；雾化器：同心雾化器；载气流量0.60L/min～1.20L/min；采样深度9.5mm；采集质量数75u；进样管内径≤0.2mm；载气为氩气，纯度≥99.999％。色谱柱与ICP-MS相连的管线距离不超过0.5m。

（6）测定

取样品处理溶液和标准工作溶液分别注入液相色谱仪进行分离，用等离子体质谱仪进行检测。以其标准溶液峰的保留时间定性，以其峰面积求出样品溶液中被测物质的含量，供计算。5种砷标准样品色谱图如图3.9-1。

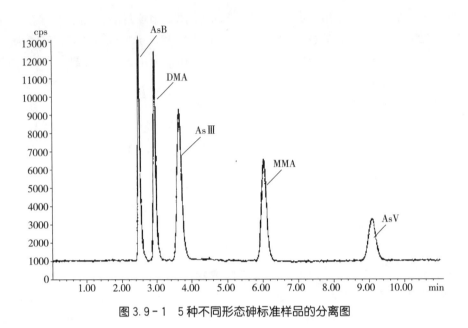

图 3.9-1 5 种不同形态砷标准样品的分离图

3.9.3.2 高效液相色谱 电感耦合等离子体质谱法测定饲料中氨苯胂酸、4-羟基苯胂酸、洛克沙胂、硝苯胂酸

（1）方法适用性

本方法适用于配合饲料中氨苯胂酸、4-羟基苯胂酸、洛克沙胂、硝苯胂酸含量的测定。检出限分别为氨苯胂酸 0.1mg/kg、4-羟基苯胂酸 0.1mg/kg、洛克沙胂 0.2mg/kg、硝苯胂酸 0.2mg/kg。

（2）标准溶液与试剂

移动相：称取 0.68g 磷酸氢二铵，用水溶解并定容至 1L，用磷酸调 pH 值为 3.5，超声混匀 10min。

标准溶液：分别准确吸取氨苯胂酸（1mg/L）、4-羟基苯胂酸（1mg/L）标准贮备溶液各 0.2mL，洛克沙胂（1mg/L）、硝苯胂酸（1mg/L）标准贮备溶液各 0.4mL，加 20% 甲醇水溶液定容至 10mL，即得 4 种有机砷混合标准溶液含氨苯胂酸 20μg/mL、4-羟基苯胂酸 20μg/mL、洛克沙胂 40μg/mL、硝苯胂酸 40μg/mL。然后再分别准确吸取氨苯胂酸、4-羟基苯胂酸、洛克沙胂、硝苯胂酸混合标准中间液 0.01mL、0.025mL、0.05mL、0.1mL、0.25mL 置于 10mL 容量瓶中，用 20% 甲醇水溶液稀释至刻度，摇匀，此混合标准工作液浓度见表 3.9-1。

表 3.9-1 混合标准工作液中四种有机砷　　　　　浓度单位：μg/mL

有机砷名称	浓度 1	浓度 2	浓度 3	浓度 4	浓度 5
氨苯胂酸	0.02	0.05	0.10	0.20	0.50
4-羟基苯胂酸	0.02	0.05	0.10	0.20	0.50
洛克沙胂	0.04	0.10	0.20	0.40	1.0
硝苯胂酸	0.04	0.10	0.20	0.40	1.0

（3）仪器和设备

等离子体质谱；液相色谱；分析天平（感量 0.01g）；超声波清洗器；离心机（大于 8000r/min）；超纯水制备仪；涡旋器；酸度计；滤膜：0.45μm 水相。

（4）试样制备

样品粉碎过 0.45mm 筛孔的筛，混匀，贮于密闭封口袋中备用。

称取 2g 样品，准确至 0.01g，置于 50mL 离心管中。加入 20mL 20% 甲醇水溶液，4000r/min 涡旋 25s，超声提取 15min，9000r/min 转速离心 15min，上层清液过 0.45μm 滤膜过滤后备用。

（5）仪器条件

液相色谱条件色谱柱：C18 反相色谱柱，150×φ4.6mm，内径 5μm；流动相：磷酸氢二铵（pH 值为 3.5）；流量 1.0mL/min；进样体积 10μL。

等离子体质谱条件：RF 功率 1260W，采样深度 5.8mm，载气流速 0.65L/min，辅助气流速 0.45L/min，检测质量数 As（$m/z=75$）。

（6）测定

依次将上述混合标准工作液和制备好的试样溶液注入液相色谱-等离子体质谱仪中，根据峰面积，以外标法进行校准定量。标准色谱图如图 3.9 - 2。

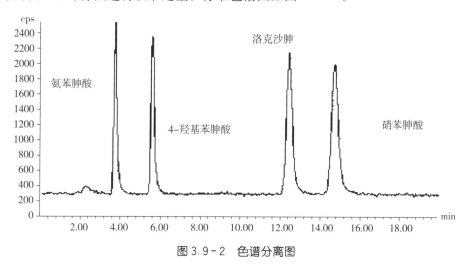

图 3.9 - 2 色谱分离图

3.9.3.3 高效液相色谱 电感耦合等离子体质谱联用测定测定水产品中汞化合物

（1）方法适用性

本方法适用于水产品中甲基汞、乙基汞、无机汞含量的测定。

本方法检出限分别为甲基汞 0.5μg/L、乙基汞 0.5μg/L、无机汞 0.8μg/L。

（2）仪器与试剂

高效液相色谱（HPLC）、电感耦合等离子体质谱仪（ICP - MS）、超纯水处理系统、高速冷冻离心机、超声清洗器。

试剂超纯水：电阻率达 18.2MΩ·cm。甲醇（色谱纯）、乙酸铵（分析纯）、盐酸、氨水（优级纯）、半胱氨酸（生化试剂）。汞标准物质：甲基汞（GBW08675）、乙基汞（BW3218）、无机汞 GBW（E）080124，均购于中国计量科学研究院。汞标准参考物质：中国计量科学研究院的鱼肉 GBW10029，人发 GBW09101B。

（3）样品前处理

称取样品 0.2g～0.3g（干重）于 15mL 离心管中，加入 5mL 5mol/L 盐酸，混匀后超声萃取 2h，4℃下以 8000r/min 转速离心 15min。取 2mL 上清液于 15mL 离心管中，逐滴加入 1.5mL 35%氨水，加入 0.2mL 2% 半胱氨酸，用纯水定容至 5mL，4℃下以 8000r/min 转速离心 15min，取上清液过 0.45μm 滤膜，滤液经 HPLC—ICP-MS 进行形态分析。

（4）仪器条件

高效液相色谱条件：Agela Technologies Venusil C18 色谱柱（150mm×φ4.6mm）；移动相为 5%甲醇-0.06mol/L 乙酸铵-0.1%半胱氨酸；流量 0.4mL/min；进样体积 50μL。

电感耦合等离子体质谱条件：PFA 雾化器，RF 功率 1550W，载气为高纯氩气，载气流量 0.95L/min，Makeup Gas 0.15L/min，检测质量数 $m/z=202$（Hg），$m/z=209$（Bi）。

（5）标准溶液配制

分别取一定量甲基汞、乙基汞、无机汞，用超纯水稀释定容，配成 2mg/L 的混合标准溶液，所配溶液均储存于 4℃的冰箱中。汞标准工作液由 2mg/L 混合标准溶液用流动相与 2%盐酸按 1:1 逐级稀释而成，使用时现配。

甲基汞、乙基汞、无机汞的线性范围为 0μg/L～100μg/L，相关系数 r 均优于 0.999。

（6）质量控制

无机汞、甲基汞、乙基汞的检出限分别为 0.5μg/L、0.5μg/L、0.8μg/L。汞化合物形态的 RSD 均小于 5%，不同浓度下无机汞、甲基汞、乙基汞的加标回收率分别为 72%～90%、99%～118%、93%～111%；鱼肉（GBW10029），人发（GBW09101B）等标准物质中汞形态的测定值均在标准值范围内。图 3.9-3 和图 3.9-4 中缩写 MC 为氯化汞，MMC 为氯化甲基汞，EMC 为氯化乙基汞。

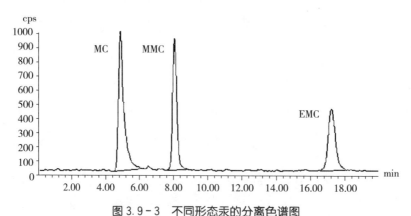

图 3.9-3　不同形态汞的分离色谱图

3.9.3.4　高效液相色谱-电感耦合等离子体质谱测定饮用水中碘形态

（1）方法适用性

本方法适用于饮用水及水源水中碘形态测定。

（2）仪器和试剂

仪器高效液相色谱仪（HPLC）、电感耦合等离子体质谱仪（ICP-MS）、去离子超纯水系统。

试剂碳酸铵（分析纯）、醋酸铵（分析纯）、硝酸铵（分析纯）。I^-和 IO_3^-标准溶液：称取碘酸钾（优级纯）及碘离子基准试剂，分别配置 1mg/L 的 IO_3^-和 I^-标准溶液及

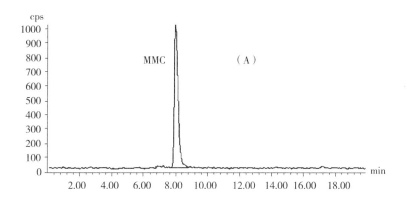

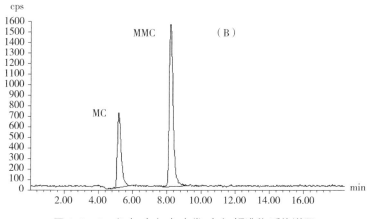

图 3.9-4　鱼肉（A）与人发（B）标准物质的谱图

I-和 IO_3-混合标准溶液，以 2%的四甲基氢氧化铵为介质，使用时逐级稀释。

（3）仪器条件

色谱条件：Dionex IonPac AS14 阴离子交换柱（250mm×ϕ4mm，9μm）及 AG14 保护柱（4mm×50mm）。流动相为 50mM（NH_4)$_2CO_3$（分析纯，氨水调节至 pH 值为 9.9），流量 1.1mL/min，进样量 60μL，柱温为室温，以 PEEK 管连接色谱柱与 ICP-MS 的同心雾化器。

ICP-MS 条件：射频功率 1380W，采样深度 7.5mm，载气流量 0.6mL/min，辅助气流量 0.4mL/min，PFA 雾化器，采样时间 800s，采集时间 0.3s。

（4）样品处理

样品前处理条件：样品过 0.45μm 的滤膜后上机检测。

（5）校准曲线浓度

分别配制 0.5μg/L～200μg/L 系列标准溶液，以不同浓度的 IO3-和 I-所对应的峰面积作图，对应的线性方程分别为 $y=142.28+7915.68x$ 和 $y=1499.79+8082.91x$，相关系数 $r>0.9999$。

（6）质量控制

IO_3^- 和 I⁻ 的方法检出限分别为 0.088μg/L 和 0.13μg/L。方法加标回收率在 99.2%～109.7%之间，方法精密度：不同浓度的 RSD<5%。

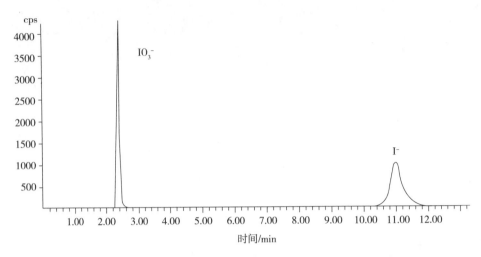

图 3.9-5　IO_3^- 和 I^- 标准溶液色谱图，C（IO_3^-）＝C（I^-）＝$10\mu g/L$

3.9.3.5　高效液相色谱-电感耦合等离子体质谱同时测定水样品中溴、碘形态分析方法

（1）方法适用性

本方法适用于同时测定水样品中 BrO_3^-、Br^-、IO_3^-、I^-。各形态测定范围见表 3.9-2。本方法 BrO_3^-、Br^-、IO_3^- 和 I 检出限分别为 $0.032\mu g/L$、$0.063\mu g/L$、$0.008\mu g/L$ 和 $0.012\mu g/L$。

表 3.9-2　各形态测定范围

分析元素形态	BrO_3^-	Br^-	IO_3^-	I^-
测定范围/（nmol/L）	5～50000	5～50000	0.5～5000	0.5～5000

（2）试剂

除非另有说明，在分析中所用试剂均为优级纯。

流动相：0.03mol/L 碳酸铵：准确称取 4.71g 碳酸铵用水定容至 1000mL（pH 值为 8）。

标准储备液：溴酸钾、溴化钾、碘酸钾、碘化钾，每种溴、碘标准储备液浓度为 10mmol/L，有效期 3 个月。

溴、碘形态标准工作液：吸取溴、碘形态的标准储备液 0.1mL～10mL 的容量瓶中，配得混合标准工作溶液浓度为 100μmol/L。吸取混合标准工作液 0.1mL～10mL 容量瓶中，用超纯水定容至刻度，配得浓度为 1μmol/L 的混合标准溶液。使用时现配。

滤膜：0.45μm，水相。

实验室试剂空白溶液：制备过程必须和样品处理步骤完全相同。

（3）仪器和设备

等离子体质谱仪（ICP-MS）；高效液相色谱仪（HPLC）：二元梯度泵；pH 计；手动进样器；超声波清洗器。

（4）样品处理

待测样品经 0.45μm 滤膜过滤后，用液相色谱仪对溴、碘各种形态进行分离，并直接导入等离子体质谱仪测定，与标准样品进行比较。

（5）仪器条件

液相色谱分离条件：色谱柱参数为阴离子色谱保护柱 ICS-A2G、阴离子色谱柱 ICS-A23。

流动相：0.03mol/L 碳酸铵，氨水溶液调 pH 值为 8；流量 0.8mL/min；进样量 1mL。

等离子体质谱参考条件：射频功率 1350W；采样深度 5.7mm；雾化器为通用型；载气流量 1.05L/min；采样模式为时间分辨；采样时间 300s；载气为氩气，纯度≥99.999%。

（6）测定

取样品处理溶液和标准工作溶液分别注入液相色谱进行分离，等离子体质谱仪进行检测。以其标准溶液峰的保留时间定性，以其峰面积求出样品溶液中被测物质的含量，供计算。溴、碘形态标准溶液色谱分离图参看图 3.9-6。

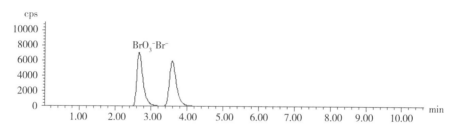

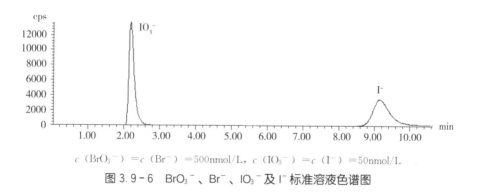

$c(BrO_3^-) = c(Br^-) = 500nmol/L，c(IO_3^-) = c(I^-) = 50nmol/L$

图 3.9-6 BrO_3^-、Br^-、IO_3^- 及 I^- 标准溶液色谱图

（7）校准曲线线性及重复性

将 BrO_3^-、Br^-、IO_3^- 及 I^- 系列标准溶液进行了线性范围测定（其中，BrO_3^- 和 Br^- 浓度范围为 5nmol/L～50000nmol/L，IO_3^- 和 I^- 浓度范围为 0.5nmol/L～5000nmol/L）。其积分面积与浓度呈良好的线性关系，BrO_3^-、Br^-、IO_3^- 和 I^- 的线性方程相关系数 $r^2 > 0.9999$，线性范围可达 4 个数量级。对 BrO_3^-、Br^-、IO_3^- 和 I^-（其中，BrO_3^-、Br^- 浓度为 10nmol/L，IO_3^-、I^- 浓度为 1nmol/L）的混合标准溶液重复测定 7 次，其 RSD 分别为 1.5%、3.3%、2.2% 和 3.2%。

3.9.3.6 高效液相色谱-电感耦合等离子体质谱测定海洋沉积物和水产品中锡形态分析方法

（1）方法适用性

本方法适用于海洋沉积物、水产品样品中的二丁基氯化锡（DBT）、三丁基氯化锡（TBT）、二苯基氯化锡（DPhT）和三苯基氯化锡（TPhT）的测定，测定范围见表 3.9-3。本方法检出限分别为 DBT $0.7\mu g/kg$、TBT $0.75\mu g/kg$、DPhT $0.45\mu g/kg$、TPhT $0.4 \mu g/kg$。

表 3.9-3　测定范围

锡形态	DBT	TBT	DPhT	TPhT
浓度范围/（μg/kg）	0.70～100	0.75～100	0.50～100	0.50～100

（2）试剂

除非另有说明，在分析中所用试剂均为优级纯。

锡形态标准品：二丁基氯化锡（DBT）、三丁基氯化锡（TBT）、DBT（DPhT）（Sigma Aldric 公司）；三苯基氯化锡（TPhT，Acros Organic 公司）；乙腈、乙酸、三乙胺（TEA）、丙酮和甲醇均为色谱纯。

标准储备液和工作溶液：准确称取各有机锡化合物，溶于甲醇，配制成含有机锡 1000mg/kg 的母液（DBT 使用丙酮溶剂配制），置于－20℃冰箱中保存备用。使用流动相逐级稀释母液配置标准工作溶液，现配现用。

流动相：按照乙腈∶H_2O∶乙酸＝50∶38∶12（体积分数）（含 5％三乙胺，pH 值为 3.0）配制流动相。流动相使用前用超声波清洗器超声脱气。

提取剂：乙腈∶H_2O∶乙酸＝55∶33∶12（体积分数）（含 5％ 三乙胺）。

滤膜：0.2μm，尼龙滤膜。

实验室试剂空白溶液：制备过程必须和样品处理步骤完全相同。

（3）仪器和设备

电感耦合等离子体质谱仪（ICP-MS）、高效液相色谱仪（HPLC）：二元梯度泵、pH 计、冷冻干燥仪、超声波清洗器、超低温冰箱。

（4）样品处理

沉积物样品冷冻干燥 24h，存放于－20℃冰箱中备用。取水产品软组织，依次用去离子水和超纯水冲洗干净、搅碎，冷冻干燥 24h，存放于－20℃冰箱中备用。

准确称取 0.2g 沉积物样品、水产品样品，分别加入 3mL 提取剂，室温超声萃取 30min，静置。上清液用 0.2μm 尼龙滤膜过滤。

（5）仪器条件

液相色谱分离条件：色谱柱参数为 ACE C18（15mm×φ2.1mm，3μm）。

流动相：乙腈∶H_2O∶乙酸＝50∶38∶12（体积分数）（含 5％三乙胺，pH 值为 3.0）；流量 0.2mL/min；进样量 20μL。

电感耦合等离子体质谱参考条件：射频功率 1500W；采样深度 5.5mm；雾化器为 PFA 微同心雾化器；雾化室温度－5℃；载气氩气，纯度≥99.999％；载气流量 0.6L/min；补偿气流量 0.26L/min；选择气为 30％（Mixture gas：20％ O_2 with80％ Ar），采样模式为时间分辨，采样时间 1200s。

（6）测定

取样品处理溶液和标准工作溶液分别注入液相色谱仪进行分离，电感耦合等离子体质谱仪进行检测。以其标准溶液峰的保留时间定性，以其峰面积求出样品溶液中被测物质的含量，供计算。4 种有机锡标准溶液色谱分离图参见图 3.9-7。

（7）质量控制

校准曲线线性及重复性：将浓度为 0.5μg/kg，1μg/kg，5μg/kg，10μg/kg，20μg/kg 和 100μg/kg 的 5 种有机锡系列标准溶液进行了线性范围测定。其积分面积与浓度呈良好的线性关系，4 种有机锡形态的回归系数均大于 0.998，线性范围可达 4 个数量级。对 $10\mu g/kg$ 有机锡混合标准溶液连续测定 7 次，其 RSD 为 6.2%～8.0%。

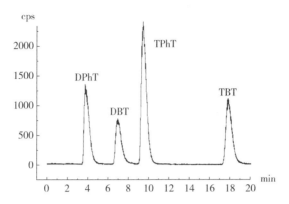

图 3.9-7　4 种有机锡（DBT）（TBT）（DPhT）和（TPhT）的标准样品色谱图

参考文献

[1] 贾维斯等著，尹明，李冰译. 电感耦合等离子体质谱手册. 北京：原子能出版社，1997.

[2] 韩丽荣，李冰，马欣荣. 乙醇增强-电感耦合等离子体质谱法直接测定地质样品中碲. 岩矿测试，2003，22（6）：98-102.

[3] 李冰，何红蓼，史世云等. 电感耦合等离子体质谱法同时测定地质样品中痕量碘溴硒砷的研究 I. 不同介质及不同阴离子形态对测定信号的影响. 岩矿测试，2001，22（3）：161-166.

[4] 李冰，史世云，何红蓼等. 电感耦合等离子体质谱法同时测定地质样品中痕量碘溴硒砷的研究 II. 土壤及沉积物标准物质分析. 岩矿测试，2001，20（4）：241-246.

[5] 戚朝玉，李剑昌，吴列平. 1:20 万岩石化探测量碳酸盐岩分析方法研究-等离子体质谱为主的配套分析方法. 岩矿测试.

[6] GB/T 20127.11—2006 钢铁及合金　痕量元素的测定　第 11 部分：电感耦合等离子体质谱法测定铟和铊含量 [S].

[7] GB/T 223.81—2007 钢铁及合金中总铝和总硼含量的测定　微波消解-电感耦合等离子体质谱法

[8] GB/T 12690.5—2003 稀土金属及其氧化物中非稀土杂质化学分析方法　铝、铬、锰、铁、钴、镍、铜、锌、铅的测定　电感耦合等离子体发射光谱法（方法 1）钴、锰、铅、镍、铜、锌、铝、铬的测定　电感耦合等离子

[9] YS/T 267.11—2011 铟化学分析方法砷、铝、铜、镉、铁、铅、铊、锡、锌、铋含量的测定　电感耦合等离子体质谱法

[10] GB/T 5121.28—2010 铜及铜合金化学分析方法　第 28 部分：铬、铁、锰、钴、镍、锌、砷、硒、银、镉、锡、锑、碲、铅、铋量的测定　电感耦合等离子体质谱法

[11] YS/T 37.4—2007 高纯二氧化锗化学分析方法　第 4 部分：电感耦合等离子体质谱测定镁、铝、钴、镍、铜、锌、铟、铅、钙、铁和砷的量

［12］YS/T 474—2005 高纯稼化学分析方法痕量元素的测定电感祸合等离子体质谱法

［13］GB/T 26193—2010 玩具材料中可迁移元素锑、砷、钡、镉、铬、铅、汞、硒的测定 电感耦合等离子体质谱法

［14］SN/T 2288—2009 进出口化妆品中铍、镉、铊、铬、砷、碲、钕、铅的检测方法电感耦合等离子质谱法

［15］SN/T 2263—2009 煤或焦炭中砷溴碘的测定电感耦合等离子体质谱法

［16］SN/T 0736 12—2009 进出口化肥检验方法电感耦合等离子体质谱法测定有害元素砷、铬、镉、汞、铅

［17］EN/ISO 17294 - 2 Water quality - Application of inductively coupled plasma mass spectrometry（ICP - MS）- Part 2：Determination of 62 elements. 2004

［18］EPA 200. 8 Determination of trace elements in waters and wastes by inductively coupled plasma - mass spectrometry

［19］GB/T 5009. 94—2012 植物性食品中稀土元素的测定

［20］SN/T 0448—2011 进出口食品中砷、汞、铅、镉的检测方法电感耦合等离子体质谱法

［21］SN/T 2208—2008 水产品中钠、镁、铝、钙、铬、铁、镍、铜、锌、砷、锶、钼、镉、铅、汞、硒的测定 微波消解-电感耦合等离子体质谱法

［22］GB/T 23374—2009 食品中铝的测定 电感耦合等离子体质谱法

［23］BS EN 15763：2009Foodstuffs - Determination of trace elements - Determination of Arsenic Cadmium Mercury and Lead in foodstuffs by inductively coupled plasma spectrometry after pressure digestion

［24］SN/T 2484—2010 精油中砷、钡、铋、镉、铬、汞、铅、锑含量的测定方法-电感耦合等离子体质谱法

［25］ASTM C1379 - 10 Standard test method for analysis of urine for Urannium - 235 and Uranium - 238 isotopes by Inductively Coupled Plasma Mass Spectroemtry。

［26］血铅临床检验技术规范. 卫生部，卫医发（2006）10 号.

［27］全血铅测定. 全国临床检验技术规范，第 4 篇第 3 章第 12 节，2006. 11

［28］王小如. 电感耦合等离子体质谱应用实例. 北京：化学工业出版社，2005 年 9 月第一版.

［29］GB/T 24582—2009 酸浸取 电感耦合等离子质谱仪测定多晶硅表面金属杂质.

［30］Junich Takahashi，Kouichi Youno Characterization of Trace Impurities in Silicon Wafers by High Sensitivity Reaction cell ICP - MS Agilent Technologies application May 13 2003 5988 - 9529EN.

［31］Junichi Takahashi Trace elemental analysis oftrichlorosilane by Agilent 7700sICP - MS，June 24，2011，5990 - 8175EN.

［32］Junich Takahashi，Kouichi Youno Analusis of Impurities in Semiconductor Grade Sulfuric Acid Using the Agilent 7500csICP - MS Agilent Technologies application April 23 2003 5988 - 9190EN.

［33］Junich Takahashi，Kouichi Youno Determination of Trace metal Impurities in Seminconductor Grade Phosphoric Acid by High Sensitivity Reaction cell ICP - MS Agilent

Technologies application March 3 2003 5988－8901EN.

[34] Junichi Takahashi Direct measurement of metallicimpurities in 20％ ammonium-hydroxide by Agilent 7700s ICP－MS，May 4，2011 5990－7914EN.

[35] 李湘，余晶晶，李冰，等. 高效液相色谱-电感耦合等离子质谱法分析海洋沉积物中有机锡的形态. 分析化学，2011，39（9）：1400－1405.

思考题

（1）地质样品主要前处理方法有哪些？

（2）密封罐酸溶法与一般酸溶法相比具有哪些优点？采用这种方法可用于哪些元素的分析？

（3）镍锍试金－电感耦合等离子体质谱法测定地球化学样品中铂族元素方法的主要操作步骤。

（4）如果没有碰撞/反应池装置，水质分析中哪些元素需要采用干扰系数进行校正？

（5）大气废气颗粒物分析中采样和消解的主要方法有哪些？

（6）溴碘汞等元素分析时需要注意哪些问题？

（7）样品分析中的重复性、重复性限、再现性、再现性限的定义和计算是怎样的？

（8）高纯二氧化锗高纯镓的样品处理方法是怎样的过程？

（9）金属材料中总铝总硼的样品处理方法与一般金属样品处理有什么不同？

（10）食品药品样品的常规处理方法和常用试剂有哪些？

（11）尿液和血液分析时为了减低基体效应，一般采用什么方法进行检测？

（12）石油化工样品有哪些处理方法？

（13）微电子行业对实验条件有什么要求（如环境、容器、试剂等)？

（14）微电子行业的通常采用什么方法进行全定量分析？请说明原因。

（15）高纯氢氟酸分析对进样系统有什么要求？

（16）有机溶剂直接进样分析对仪器的配置有什么特殊要求？什么情况下需要加氧处理？

（17）等离子体质谱在进行高纯硫酸磷酸分析时会遇到哪些困难？

（18）高纯试剂高纯材料分析时经常针对哪些元素采用哪些工作模式进行检测的？

（19）当前等离子体质谱的元素形态分析主要集中在哪些元素上，各需要哪些分离手段联用？

（20）元素形态分析的样品前处理过程中一般需要注意哪些问题？

4

电感耦合等离子体质谱分析结果的数据处理

4.1 概述

在 ICP 分析测量中，测试结果存在着分散性。需要对实验所得的测试数据进行统计处理，判断测试数据的有效性，对测量结果的正确性做出评定，给出测量的不确定度及真值的最佳估计值，保证测量结果的可信赖程度。

ICP 质谱分析用于物质的组成元素含量的测定，由于其灵敏度高的特点，其测定含量范围常常处于 ng/g 的水平范畴，其分析测量结果的分散性更备受关注。

用 ICP - MS 仪器分析方法进行成分测定时，除了具有化学分析过程所带来的不确定因素外，还具有由于质谱测定的整个过程中，质谱仪器运行和质谱解析所带来的不确定因素，影响到分析数据的可靠性。

质谱分析数据的统计处理内容涉及测量结果的计算及校正曲线的变动，分析结果可靠性的判断、测定结果的质量控制，包括对测定结果不确定度的评估。

4.2 ICP - MS 分析的结果计算

ICP 质谱分析常用溶液进样的分析方法，将试料分解后，定容，将试液直接用仪器进行测量。由元素标准溶液（或标准物质溶液）绘制工作曲线进行校准。通过回归方程计算试料中被测元素的浓度或质量分数。以仪器直接报出分析结果。

根据仪器和试样的要求，可采用两点或多点工作曲线法、内标法或标准加入法确定分析结果。其结果的计算根据校准曲线，将试液中待测元素的净强度或净强度比转化为相应被测元素的浓度，可以用 ng/mL、μg/mL 表示。也可以计算为被测元素的含量以 ng/g、μg/g 或质量分数%表示。

4.2.1 结果计算公式

当被测元素含量以百分数计算时，按下列公式计算：

$$w_x = \frac{c_x \times V}{m \times 10^9} \times 100$$

式中：w_x 为被测元素的质量分数，%；c_x 为试液中分析元素的浓度值，ng/mL；V 为被测试液的体积，mL；m 为试料质量，g。

或当被测元素含量以质量分数 ng/g 计时，按下式计算：

$$w_x = \frac{M}{m}$$

式中：w_x 为被测元素的质量分数，ng/g；x 为分析试样中被测元素的质量数值，ng；m 为试料质量，g。

4.2.2 校准曲线的绘制

绘制 ICP-MS 校准曲线的实验点数目，以 3～5 点较为合适。同时，随同操作制备空白溶液，空白溶液点参与回归。同时应注意以下方面：

（1）扩大 x 取值范围，使被测组分含量位于曲线中间。

（2）增加试验点数目减少重复测量次数。

（3）曲线两端范围的试验点适当增加重复测量次数。

（4）不宜采用平行或斜率重置对校准曲线变动进行校准，应用不同于制作工作曲线的浓度值重新标定校准曲线，增加回归曲线的实验点数目，提高稳定性。

（5）不宜采用外延曲线计算结果，特别是对于低端的含量测定，有可能得出错误的结果。

4.2.3 校准曲线的回归分析

由于 ICP 质谱分析线性范围宽，校准曲线的相关性很好，经常采用一元线性回归方程。直读仪器具有校准曲线回归功能，可显示回归曲线的图形和回归方程。

（1）一元线性回归

原则：偏差平方和最小。建立校准曲线相当于对一组实验点取平均值，使校准曲线尽可能通过最多的实验点，且实验点尽可能均衡地分布在校准曲线的两侧，以达到实验点对校准曲线的偏差平方和为最小。

斜率和截距的统计特性：对一条给定的校准曲线 $y=a+bx$，其斜率和截距是常数。对不同取样建立的校准曲线，其斜率和截距是不同的，在给出测定结果的不确定度时，要考虑斜率和截距波动产生的方差的影响。

$$a = \frac{1}{n}\sum_{i=1}^{n} y_i - b\frac{1}{n}\sum_{i=1}^{n} x_i = \overline{y} - b$$

$$b = \frac{\sum_{i=1}^{n} x_i y_i - \frac{1}{n}\left(\sum_{i=1}^{n} x_i\right)\left(\sum_{i=1}^{n} y_i\right)}{\sum_{i=1}^{n} x_i^2 - \frac{1}{n}\left(\sum_{i=1}^{n} x_i\right)^2} = \frac{\sum_{i=1}^{n}(x_i - \overline{x})(y_i - \overline{y})}{\sum_{i=1}^{n}(x_i - \overline{x})^2}$$

在函数关系中，$y=f(x)$ 与 $x=f(y)$ 是同一条曲线，在相关关系中，$y=f(x)$ 与 $x=f(y)$ 不是同一条曲线。因此，从校准曲线求被测定值时要考虑这种差异所带来的影响。

建立校准曲线的回归方程 $y=a+bx$。

（2）非线性关系时的曲线回归

一般在分析中各元素的工作曲线，也有呈非线性关系（二次曲线）。

当呈非线性关系时，不能直接按最小二乘法处理，要根据非线性回归分析进行评定。由于二次方程的回归带来很多麻烦，因此这时需要作适当的曲线拟合，用可线性化函数模型进行变量变换，作简化处理。也可采用局部线性化，在待测量附近作区域线性处理，将其化解为一元线性回归问题，是比较简便的处理方式。

4.2.4 结果计算中有效数字的保留

（1）分析结果的有效数字

测量过程中得到的数据，所有确切的数字加上一位不确定的数字称为有效数字。有效数字位数是仪器精度和被测量本身大小的客观反映。记录分析数据时，只应保留一位不确定数字。

在计算过程中舍去多余数字时，一律以"数字舍入规则"为原则。几个数字相加减时，保留有效数字的位数，决定于绝对误差最大的一个数据。几个数据相乘除时，以有效数字最少的为准，即以相对误差最大的数据为准，弃去过多的位数。

（2）分析数据的数字修约规则

计算的结果正确与否也与分析数据的有效位数及其修约有关，可概括为以下几点：

①测定值只保留一位可疑数字。数字修约采用 4 舍 6 入 5 单双的原则，优点是取舍项数和误差的平衡性。

②标准偏差的修约，原则上是只进不舍。通常只取 2 位有效数字。

③不允许连续修约，确定修约位数后，一次修约获得结果。

例如，不能将 15.4546 经连续修约为 16。即 15.4546 →15.455 →15.46 →15.5 →16。

④平均值的有效数字取决于测量仪器与测定方法的精度。

⑤在运算过程中，有效数字可以比最后结果应有的位数多取 1 位或 2 位。

有效数字位数是仪器精度和被测量本身大小的客观反映，不能随意增减。在单位换算或换算小数点位置时，不能改变有效数字位数，应该运用可视记录法，把不同单位用 10 的不同幂次表示。

例如，1.2g 不能写作 1200mg 或 1200000μg，应记为 1.2g 或 1.2×10^3mg 或 $1.2 \times 10^6 \mu$m，它们都是两位有效数字。

在计算有效数字时，"0"数字，可以是有效数字，也可以不是。当用"0"这个数字表示实际测的量时，它是有效数字，当用"0"来定位，即用"0"来表示小数点的位置时，它就不是有效数字。

例如，0.00284g 变为 2.84mg，前面 3 个 0 起定位作用，故有效数字实际为 3 位；又如 14000，很难说 0 是否是有效数字，这时要表示其有效数字的位数可用指数表示，即 1.40×10^4，则表示是 3 位有效数字，若写成 1.4×10^4，则表示是 2 位有效数字。

分析数据有效位数和数字修约可按 GB/T 8170 执行。

4.3 分析结果的质量控制

在定量分析中，测定数据总有一定的离散性，这是由随机因素引起的，是正常的。但怎样才能认为所得到的实验数据是有效的，需要在数理统计概念的基础上，对数据的可靠性进行判断，对测定结果进行质量控制。

GB/T 6379 用术语"正确度"与"精密度"来描述测量的准确度。正确度是指大量测试结果的（算术）平均值与真值或可接受规定值之间的一致程度；而精密度是指测试结果之间的一致程度。

测量的精密度仅仅依赖于随机误差的分布而与真值或规定值无关。其量值用测试结果的标准差来表示，精密度越低，标准差越大。日常分析中，通常用相对标准偏差 RSD 表示。

测量结果的准确程度，与测定数值与真值的一致性和测定数据的分散性有关，只有正确度和精密度都好时，测定结果才是可靠的。

4.3.1 可疑数据的剔除

测定得到的数据是否有效，是否存在可疑数据？需要加以判断。在定量分析中，测定数据总有一定的离散性，这是由偶然误差引起的，是正常的。但当出现个别偏离较大的可疑数据，又找不出产生的原因，也不能随意弃去，应根据误差理论来决定取舍。只有在剔除可疑数据之后，才能认为所得到的实验数据是可靠的、有效的，才能对其进行平均得到结果和对测定质量评价。

4.3.2 数据可靠性的检验

测量数据是否可靠需要在给定的合理误差范围确定（可信度）下，进行异常值检验，剔除了离群的数据才能对其进行统计处理。对方法的精密度及结果的准确性进行检验，对测定质量评价。

（1）合理误差范围确定

由统计结果可以推断出总体数据落入置信区间内的概率，判断测定结果的可信（confidence）程度即可信度有多大。从高斯分布曲线可以看出：

测定值落在$\leqslant \mu \pm \sigma$范围内的概率为68.26%；

测定值落在$\leqslant \mu \pm 2\sigma$范围内的概率为95.45%；

测定值落在$\leqslant \mu \pm 3\sigma$范围内的概率为99.73%。

所选σ的倍数称为置信因子k，常用的置信概率与其所选的置信因子有关，见表4.3 -1。

表4.3-1　正态分布的不同k值的置信概率$p\ (\mid x-\mu \mid \leqslant k\sigma)=1-\alpha$

置信因子 k	3.33	3.0	2.58	2.0	1.96	1.645	1.0	0.6745
置信概率 p	0.999	0.9973	0.99	0.954	0.95	0.90	0.683	0.50
显著性水平 α	0.001	0.0027	0.01	0.045	0.05	0.10	0.317	0.50

（2）异常值检验

分析测定通常都需进行多次的测定，然后以平均值作为分析结果报告，对所得到的数据中需要进行检验—显著性检验—看是否存在离群值，以保证测定结果的有效性。

离群值（异常值）是指样本中的个别值，其数值明显偏离该值所属样本的其余观测值。

通常将置信区间定于95%（即显著性水平为5%）来判断数据的异常性。显著性水平定为1%来判断数据是否为离群值。根据实际情况，选定适宜的离群值检验规则，进行判断。

将各观测值代入检验规则中给出的统计量，所得值若超过临界值，则判断待查的观测值为离群值，否则可判断没有离群值。

通常采用3s法、格拉布斯法和狄克逊法检验识别离群值。

3s法检验：从统计学原理可知，分析结果落在$(\mu +3\sigma)$范围的概率为99.7%。根据正态分布规律，偏差超过2.6σ的个别测定值，显著性水平概率小于1%。对于少量实验数据，用样本标准偏差s代替σ。

用可疑值与平均值进行比较，若差值的绝对值$\geqslant 2.6s$则可疑值舍去，予以剔除；否则应予以保留。即当偏差$\mid x_i-\overline{x}\mid \geqslant 2.6s$时的测定值则舍去。

格拉布斯法：适用于只有一个异常值的情况。

当测定数列的最大或最小值（x_1 或 x_n）的统计量 G_n，若大于或等于临界值表中的数值 $G_{0.01(n)}$（显著水平 1%），则可疑值应舍去；否则应认为是有效的数据加以保留。

计算其统计量 G_n

$$G_n = \frac{x_n - \overline{x}}{s}$$

查格拉布斯双侧检验临界值表：$G_{0.05(n)}$、$G_{0.01(n)}$，n 为数据个数；0.05 及 0.01 为 95%、99%可信度。

若统计量 $G_n < G_{0.05(n)}$，则其值不是异常值；若 $G_n > G_{0.01(n)}$，则其值为离群值；若统计量 $G_{0.01(n)} < G_n > G_{0.05(n)}$，则其值是异常值，但不是离群值，仍可予以保留。

狄克松法：适用于在测试结果中发现多个异常值的检验。

将一组数据，从小到大排列为 x_1，x_2，$\cdots$，x_{n-1}，x_n，根据狄克逊检验法的临界值表（双测检验）计算统计量 D，若 D 大于或等于临界值表中的数值 D 表（显著水平 1%），则可疑值应舍去；否则保留（参见 GB/T 6379—1986）。

$$D_{10} = \frac{x_n - x_{n-1}}{x_n - x_1} \text{ 和 } \frac{x_2 - x_1}{x_n - x_1}$$

目前国家标准已经不再采用狄克松检验法，而是将格拉布斯检验分为一个离群观测值和有两个离群观测值的情况下进行统计检验的方法，并采用新的格拉布斯检验临界值表（参见 GB/T 6379.2—2004）。

（3）精密度检验

分析测试数据处理方法最基本和最常用的处理方法是等精度多次测量列的数据处理。对于多组数据或两种以上分析方法的测定结果必须进行等精度检验。通常用 F 检验法对两组数据的方差进行检验，由 F 检验的统计值表进行判断。

F 检验法：对两组数据的方差（s^2）进行比较。

检验统计量 $F = \frac{s^2_{大}}{s^2_{小}}$，$F$ 落在统计允许范围之内的概率为 $p = 1 - \alpha$，通常取 $\alpha = 0.05$，落在区间外概率只有 $p(F > F_a) \leqslant \alpha$。查 F 检验法表，若 $F_{计} > F_{表}$，则说明这两组数据存在显著性差异；反之说明没有显著性差异。

C 检验法（柯克伦检验）：对多组数据的方差（s^2）进行比较。

检验统计量 $c = s^2_{\max} / \sum_{i=1}^{m} s_i$；当各组的测定次数 n 相同，检验统计量的计算统计量值大于约定显著性水平 α 时的临界值 $c_{\alpha(m,n)}$ 则表示 $s^2_{\max}$ 与其余的方差有显著性差异，须将该组数据删去。这种方法可用于方差的连续检验。

例如，两位分析人员用同一方法测定金属钠中的痕量铁，A 组 $n = 10$，$s^2_A = 3.73$，B 组 $n = 10$，$s^2_B = 2.30$

检验统计量值 $F = \frac{s^2_A}{s^2_B} = \frac{3.73}{2.30} = 1.62$，查表得 $F_{0.05;9,9} = 3.18$，$F < F_{0.05;9,9}$，可以认为，两位分析人员的测定精密度没有显著性差异，处在统计变化范围内，总体方差是一致的。

（4）准确度检验

精密度的检查保证了多次测定的相符合的程度，但还不能说明测定值与真值的接近程度。在判定结果的准确度还必须检查测定过程中的系统误差。因此要对测定结果的准确度进行检验。

评价测定结果的准确度及验证分析方法是否存在系统误差的方法有标准物质对照检验、加标回收试验、标准方法比对检验等方法。

准确度统计检验方法主要是 t 检验。

用标准物质检查：标准物质的含量是已知的，可将其给定值作为参照真值来进行比较。采用 t 检验法按下式计算：

$$t = \frac{|\bar{x} - \mu|}{s/\sqrt{n}}$$

式中：t 为检验统计量；$\bar{x}$ 为被检验平均值；μ 为给定值或标准值；$s/\sqrt{n}$ 为平均值的标准偏差。

当计算的统计量值大于给定显著性 α 和自由度 f 时的临界值（查 t 分布临界表），说明 $\bar{x}$ 和 μ 之间有显著性差异。

例如，用标样检验 ICP‐MS 测定盐湖水中锂的方法，测定结果（%）如表 4.3‐2。

表 4.3‐2　测定结果

标样号	标准值	测定结果				平均值	标准偏差
011	0.20	0.22	0.20	0.20	0.20	0.205	0.01
014	0.13	0.12	0.13	0.13		0.127	0.006
065	3.25	3.20	3.10	3.10		3.133	0.058

对 065 号标样的测定结果进行检验：

$$t = \frac{3.25 - 3.13}{0.058/\sqrt{3}} = 3.58 \qquad t \times \frac{s}{\sqrt{3}} = 2.93 \times \frac{0.058\%}{\sqrt{3}} = 0.098\%$$

单侧检验 $t = 3.58 > t_{0.05,2} = 2.92$，有显著性差异，可判定该组测定数据不可靠。与标准值差 0.12%，随机误差产生的最大差为 0.098%，标明除随机误差外还存在有系统误差。所用方法不能用于 065 号类型样品的测定。

加标回收试验：当没有合适的标准物质可用时，通常采用在 ICP 分析测试体系中加入一定量的标准溶液进行回收试验，以判断方法的准确度。

在样品测定后的溶液中，加进一定量的标准溶液，再行测定，由标加后的测定结果，减去标加前的测定值为回收的标液量，以此计算标液的回收率（%）来评定分析结果的准确度。

当采用加标回收实验来检验系统误差时，通常认为只要回收率（%）落在指定的范围内（如 100±5%），就认为分析结果不存在系统误差。

但标加法不能发现固定系统误差，不能证明加标前的测定结果不存在系统误差。但适用于比例系统误差的场合。因此，加标回收率（%）来评定测定结果是否有系统误差并不总是可靠的，什么情况下能用加标回收率评定准确度，怎样进行标加要有所分析。

就干扰效应而言，如果产生的干扰是固定的，即存在固定的系统误差。这时干扰效应已包含在标加前的测定值中，因此当加标后，干扰元素含量并未变化，再进行测定时，干扰元素不再干扰对加标量的测定，回收率自然为 100%。如果要用回收试验的回收率（%）来检查系统误差，最好在工作曲线动态范围内的高浓度、中间浓度、低浓度三个浓度点进行加标回收试验。

采用加标回收检验时还应注意，在进行加标回收试验时标加量不能过大，以免掩盖了测定低含量水平时出现的问题。

例如，用 ICP－MS 测定某一试样中 Al，测定值是 3.7ng，在样品中加入 Al 50.0ng 进行标加检验。实验结果测得 Al 的含量为 51.2ng。

计算回收量是 51.2－3.7＝47.5ng，回收率是 95.4％。

结论：不存在系统误差。满足实际分析任务的需要。

实际上，结论看似合理，但加标量的选择不合理。若将标加后测定值 51.2ng，减去加标量 50ng，相当于在加标后的量值水平上对原样品进行第 2 次测定，测定值是 1.2ng，与第 1 次测定的量值 3.7ng 差别很大。可以看出，因加入量过大，掩盖了本方法对测定低含量水平的 Al 中的问题。合理的做法应加入 5ng～10ng。

用标准方法检查：标准方法经协同实验考查了方法的重复性和再现性，被认为是具有可溯源性的可靠方法，可用来评价其他与检验的方法。可分为平均值检验和比对检验两种方式进行。

平均值检验：

$$t=\frac{\overline{x}_1-\overline{x}_2}{s_d} \qquad s_d=\sqrt{\frac{s_1^2}{n_1}+\frac{s_2^2}{n_2}}=\overline{s}\sqrt{\frac{n_1+n_2}{n_1\times n_2}}$$

式中：t 为检验统计量；s_d 为两方法的总体方差一致时的合并方差。

采用 t 检验进行平均值一致性的检验。

例如，对某一元素采用 ICP－AES 标准方法和 ICP－MS 法进行测定，结果如表 4.3－3。

表 4.3－3　测定结果

测定方法	测定结果数据/(μg/g)	平均值/ (μg/g)	方差 s^2
ICP－AES	8.1　8.4　8.7　9.0　9.6	8.76	0.333
ICP－MS	8.4　8.7　9.0　9.2　11.0	9.29	1.03

计算

$$\overline{s}=\sqrt{\frac{f_1\times s_1^2+f_2\times s_2^2}{f_1+f_2}}=\sqrt{\frac{4\times0.333+4\times1.03}{4+4}}=0.826$$

$$t=\frac{\overline{x}_1-\overline{x}_2}{\overline{s}}\sqrt{\frac{n_1\times n_2}{n_1+n_2}}=\frac{9.26-8.76}{0.826}\sqrt{\frac{5\times5}{5+5}}=0.957$$

查双侧检验表得 $t_{0.05,8}=2.306$，可以看出，$t<t_{0.05,8}$，两方法测定结果没有显著性差异。

比对检验：用不同样品与标准方法同时进行测定，对其测定结果进行成对比较。统计量按下式进行检验：

$$t=\frac{\overline{d}-d_0}{s_d/\sqrt{n}}$$

$d_0=0$(当两者之间无系统误差,测定次数足够多时)；$\overline{d}=\dfrac{\sum d_i}{n}$；$s_d=\sqrt{\dfrac{\sum(d_i-\overline{d})^2}{n-1}}$

比对检验示例如表 4.3－4。

表 4.3 - 4 比对检验示例

试样 No.	1	2	3	4	5	6	7	8
GB 化学法	0.003	0.008	0.008	0.005	0.010	0.015	0.004	0.008
ICP - MS 法	0.004	0.007	0.008	0.007	0.008	0.015	0.004	0.010
差值 d	0.001	-0.001	0	0.002	-0.002	0	0	0.002

用标准方法检查-比对检验方式进行计算：

$$\bar{d} = 0.00025, \quad s_d = 0.0014, \quad t = \frac{0.00025 - 0}{0.0014 / \sqrt{8}} = 0.51$$

查表得 $t_{0.05,7} = 2.37$，$t < t_{0.05,7}$，故两种方法没有显著性差异。说明这种方法适合对不同类型样品的测定结果进行比较。

4.4 ICP - MS 分析结果的不确定度

ICP - MS 分析的测量结果存在不确定度。测量结果应给出其最佳估计值和不确定度值。

4.4.1 测量误差与不确定度

测量结果的准确性，一直以测量误差大小来判断，由于真值在多数情况下是未知的，因此误差不能用明确定量的数字表示。加上误差定义本身的局限，在实际判断时，系统和随机误差很难区分，因此计量学上引入了不确定度来加以表述。

测量不确定度在国际上已普遍采用，取得相互承认和共识。国际间量值的比对和实验室数据的比较，均要求测量结果需提供包括包含因子和置信水平约定的不确定度，进行互相比对，测量不确定度的表示及其应用的公认规则，受到各国际组织和计量部门的高度重视。

在过去，一直习惯用误差、准确度概念来描述测量的准确程度。按照"国际通用计量学基本术语"，误差定义为测量结果减去被测量真值。准确度定义为测量结果与被测量真值之间的一致程度。由于真值在多数情况下是未知的，因此误差和准确度也是很难得到，不能用明确定量的数字表示。同样在对误差分类时，通常使用随机误差、系统误差、疏失误差等，由于定义本身的局限，在实际判断时，这些误差很难区分。因此，引入了不确定度来加以表述测量结果的"误差"。

测量不确定度是表征"与测量结果相关联的被测量值的分散性"。从这个定义可以看出，不确定度是对测量结果而言，表达这个结果分散程度的，因此它可以用定量的数字来描述。

测量误差与测量不确定度的区别可以从表 4.3 - 5 给出的三个方面理解。

表 4.3 - 5 测量误差与测量不确定区别

定义	测量误差	测量不确定度
内涵	表明测量结果偏离真值的程度，是一个差值	表示测量结果分散性的参数，是一个区间值
量值	客观存在，不以人们的认识程度而改变	与人们对被测量、影响因素及测量过程的认识有关，在给定条件下可以计算
评定	由于真值未知，不能准确评定。当用约定真值代替真值时，可得到估计值	在给定条件下，根据实验、资料、经验等信息进行定量评定

检测的结果不能得到真值，但并不意味着真值不存在。由于一切测试工作都存在误差，没有真值，那么也就没有误差的存在。没有误差就没有误差的分散，也就没有估计分散性的标准差，也就没有测量的不确定度。

应当指出，不确定度概念的引入并不意味着"误差"一词被放弃使用了，实际上误差仍用是计量学理论和测量上重要概念。并不是要将误差理论改为不确定度理论，或将误差源改为不确定度源。某些术语，如误差分析和不确定度分析等都并存在于测量过程分析中，各有其应用。它们是两个不同的概念，既不能等同，也不应混淆，两者在计量学中各有其确切的定义。

4.4.2　不确定度的定义

测量不确定度定义为表征合理地赋予被测量之值的分散性，是与测量结果相联系的参数。

分散性是指包括了各种误差因素在测试过程中所产生的分散性。

合理地是指测量是在统计控制状态下进行，其测量结果或有关参数可以用统计方法进行估计。

相联系是指不确定度和测量结果来自于同一测量对象和过程，表示在给定条件下测量结果可能出现的区间。

4.4.3　不确定度的类型及表示方法

（1）概念

不确定度有两个概念：标准不确定度及扩展不确定度。

标准不确定度将其描述为标准偏差，而扩展不确定度实际上是定义了一个包括大部分被测值在内的范围，即 $U=k\cdot u$。k 称作为包含因子，由选用的置信度来确定其大小。

不确定度可分为：

（2）不确定度的表示方法

用标准偏差或其倍数，或用给定了置信概率的置信区间的半宽度表示。

用标准偏差表示的不确定度称为标准不确定度，以 u 表示。

以标准偏差倍数表示的不确定度称为扩展不确定度，以 U 表示。

所乘的倍数称为包含因子又称覆盖因子以 k 表示，置信概率为 p 的包含因子用 k_p 表示。包含因子是扩展不确定度与标准不确定度的比值。

置信概率的取值通常为 $0.95\sim0.99$。表示为 u_{95}、u_{99}；U_{95}、U_{99}，不用小数点如 $U_{0.95}$、$U_{0.99}$ 表示。

4.4.4　不确定度的评定方法

采用 ICP－MS 分析方法测定某一化学成分时，测定结果不确定度的评定，要根据实验数据和相关技术参数对整个测定过程中各种可能引起测定结果不确定度的不确定度分量进行评定，以标准偏差的形式表示，并根据有关规则进行合成，得到合成标准不确定度，再使用适当的包含因子给出扩展不确定度，得到测量结果的总不确定度。

有两种估计不确定度的方法：一种是考虑分析过程中每一步骤的随机误差和系统误差，然后进行合并，给出总的 u 值。另一种方法是根据一些实验室的已经很成熟的分析方案的结果来估计测定的总不确定度，不需要去识别每一个误差的单独来源。当前，通常采用如下的方式进行评定。

4.4.4.1 标准不确定度的评定方法

（1）A 类标准不确定度的评定

根据直接测定的数据用统计方法计算的不确定度。通常通过重复测量试验，以测量列的标准偏差表示。

标准不确定度按贝塞尔公式计算的标准偏差 s，即单次测定的标准不确定度 $u(x_i)$：

$$u(x_i) = s = \sqrt{\frac{\sum\limits_{i=1}^{n} (x_i - \overline{x})^2}{n-1}}$$

若是 n 次测定，平均值的标准不确定度：

$$u(\overline{x}) = \frac{s(x_i)}{\sqrt{n}}$$

（2）B 类标准不确定度评定

通过不同于 A 类的其他方法计算的不确定度。

当输入量 x_i 不是通过重复观测得到的，如容器、标准物的误差的 u，只能利用以前的测定数据、说明书中的技术指标、检定证书提供的数据、手册中的参考数据来评定其标准不确度。

例如，对于某个输入量，可以由已知给定的数据用下列方式评定其 B 类不确定度分量：

①已知扩展不确定度和包含因子，可得出其标准不确定度为 $u_j = U/k$。

②已知扩展不确定度 U_p、置信概率 p 和有效自由度 ν_{eff}，一般按 t 分布处理，得出 $u_j = U_p / t_{\nu(eff)}$，$t_{\nu(eff)}$ 由 t 分布表查到。

③已知置信区间的半宽度 a 和置信概率 p，不加说明时一般按正态分布处理，得出标准不确定度为 $u_j = a/k_p$。

④已知仪器最大允许误差为 a，若不知道具体分布时一般按均匀分布处理，则示值允许差引起的标准不确定度为 $u_j = a/\sqrt{3}$

（3）B 类标准不确定度计算实例

例如，某一标准物质的标准值为（56 ± 10）$\mu g/g$，置信概率为 95%，即包含因子 $k_p = 2$，可知其扩展不确定度为 $10 \mu g/g$，包含因子为 2，则标准不确定度为 $u_j = U/k = 5 \mu g/g$。

例如，已知 x_i 有 50% 概率落在区间（$-a, +a$），标准不确定度为 $u_j = a/k_p$，已知置信区间的半宽度 a 和置信概率 $p = 0.6745$，则其标准不确定度为 $u_j = a/0.6745 = 1.48a$。

例如，在容量器具检定时，都给出示值最大允许误差，即允许差限。若已知该量具的最大允许误差为 a，则示值允许差引起的标准不确定度为 $u_j = a/3^{1/2}$。

按照 JJG 2053—1990《质量计量器具检定系统》，所给出的置信概率为 99.73%，取

$k_p=3$ 得到其标准不确定度为 $u_j=\Delta/k_p$。

4.4.4.2 合成不确定度计算

采用不确定度（误差）传播公式合成。对 A 和 B 两类标准不确定度分别合成，得到各自的合成不确定度：

$$u_c^2(x)=\sum_{i=1}^m\left(\frac{\partial f}{\partial x_i}\right)^2 u^2(x_i)=\sum_{i=1}^m\left[c_i u(x_i)\right]^2$$

式中：$c_i=\left(\dfrac{\partial f}{\partial x_i}\right)$ 是灵敏度系数（间接测定误差传递系数）。

再用同样公式将 A 和 B 类合成不确定度进一步合成，得到总的合成不确定度。

化学分析中通常是以方和根的形式进行合成。

例如，对于 $y=x_1+x_2$ 则 u_1、u_2 的合成不确定度 $u_合=\sqrt{u_1^2+u_2^2}$

4.4.4.3 扩展不确定度计算

扩展不确定度分 U 或 U_p 两种，U 是标准偏差的倍数，U_p 是具有概率 p 的置信区间的半宽度。扩展不确定度由合成不确定度 u_c 乘以包含因子 k 或 k_p，k 通常取 $2\sim3$，即：

$$U=k\cdot u_c \quad 或 \quad U_p=k_p\cdot u_c$$

根据 p 定值，一般取 $p=95\%$ 或 99% 或其他值。

当对分布有足够了解是接近正态分布时，可取 $k_p=t_{p(\nu\,\text{eff})}$。

当 ν_{eff} 足够大，可近似地取 $U_{95}=2u_c$ 或 $U_{99}=3u_c$。

如果是均匀分布，概率 p 为 57.4%、95%、99% 和 100% 时的 k_p 分别是 1.0、1.65、1.71。

4.4.4.4 测量结果及不确定度的报告

完整的测定结果包括两个基本量：一个是被测定量的最佳估计值（在等精度测量中是算术平均值，在不等精度测量中用加权平均值），另一个是描述测定结果分散性的量，即不确定度（一般以合成标准不确定度 u_c、扩展不确定度 U，或者相对合成标准不确定度 u_{crel}、相对扩展不确定度 U_{rel} 表示）。这样保证了不确定度的传递性与测定结果的可比性与溯源性。

$$\mu=\overline{x}\pm U=\overline{x}\pm ku_c \quad 或 \quad \mu=\overline{x}\pm U_p=\overline{x}\pm k_p u_c$$

对于测量不确定度，在进行分析和评定完毕后，应该给出测量不确定度的最后报告。报告应尽可能详细，以便使用者可以正确地利用测量结果。同时，为了便于国际间和国内的交流，应尽可能地按照国际和国内统一的规定来描述。

4.4.5 ICP－MS 分析中不确定度的评定

ICP－MS 法通常是在试料分解后，将试料溶液稀释到一定体积，直接用仪器测量待测元素的质谱强度（或与内标元素的强度比），并用元素标准溶液（或标准物质溶液）对分析仪器进行校准。通过线性回归曲线，计算试料中被测元素的质量分数。直接由仪器计算机读出分析结果。

ICP－MS 法测量结果不确定度主要来源于：测量结果的重复性；工作曲线的波动性；标准物质标准值的不确定度；仪器测量系统的变动性；被测样品基体不完全一致等引起的不确定度。根据重复测定的量值计算其标准不确定度、相对标准不确定度和测量结果的合成标准不确定度、相对合成不确定度等，以检查和比较各分量的大小和影响程度。

4.4.5.1 数学模型的建立

ICP－MS 法依其分析结果的计算公式，作为不确定度评定的数学模型：

$$w_x = \frac{c \times V}{m \times 10^9} \times 100\%$$

式中：w_x 为被测元素（成分）的质量分数，%；c 为测量溶液中元素（成分）的浓度，ng/mL；V 为试料溶液定容体积，mL；m 为试料质量，g。

注意，极少数情况下，试料溶液定容后再分取一定体积的溶液稀释，测量被测元素的质谱强度。此时还需对分取溶液体积和第二次定容体积的测量不确定度分量进行识别和描述。

4.4.5.2 不确定度分量的评定

根据分析方法的数学模型，c 是通过校准曲线计算得出的试液中被测元素的浓度。

在评定测量重复性标准不确定度的同时，应对测量溶液中元素的浓度 c 的不确定度分量进行评定。

浓度 c 受校准曲线拟合和工作曲线的变动性，以及绘制校准曲线所用标准溶液（或标准物质）本身的不确定度等因素的影响。此外，还应对试液体积 V 和试料量 m 等的不确定度分量进行识别和评定。

（1）测量重复性不确定度分量的计算

根据重复测量数据计算其重复性标准不确定度 $u(s_c)$ 和相对标准不确定度 $u_{rel}(s_c)$。

根据对样品的多次重复测量得到的数据，可以得到多次测量结果的平均值 x 和标准偏差 s，即重复性标准不确定度。

当无重复测量数据时，可引用测试方法重复性限 r，计算器标准不确定度。

例如，用两次测定的平均值，算出重复性限 r 的值，由 $s = r/2.8$ 计算重复性标准差 s。或历史上同条件下操作的测量数据来估计其重复性标准不确定度。

（2）试液中被测元素浓度 c 的不确定度的评定

①工作曲线线性拟合不确定度分量的计算

对于在相同条件下，当使用一套标准系列溶液绘制一条工作曲线计算溶液浓度值的情况下，仅考虑因工作曲线拟合引起的不确定度分量。

工作曲线回归方程为：$I = a + bx$，其中 a 和 b 按最小二乘法进行统计。则

$$a = \bar{I} - b\bar{c}, \quad b = \frac{\sum\limits_{i=1}^{n}(c_i - \bar{c})(I_i - \bar{I})}{\sum\limits_{i=1}^{n}(c_i - \bar{c})^2}$$

由工作曲线线性拟合引起浓度 c 的标准不确定度分量 $u(c)$ 为

$$u(c) = \frac{s_R}{b}\sqrt{\frac{1}{p} + \frac{1}{n} + \frac{(c - \bar{c})^2}{\sum\limits_{i=1}^{n}(c_i - \bar{c})^2}}, \quad s_R = \sqrt{\frac{\sum\limits_{i=1}^{n}(I_i - (bc_i + a))^2}{n - 2}}, \quad \bar{c} = \frac{\sum\limits_{i=1}^{n}c_i}{n}$$

式中：s_R 为工作曲线线性拟合的残余标准差；$\bar{c}$ 为工作曲线各校准浓度的平均值；n 为工作曲线的校准溶液测量次数；如工作曲线有 5 个校准点，每点测量 3 次，则 $n = 15$；p 为试液的测量次数，如某试样称量 2 份，每份试液测量 2 次，则 $p = 2 \times 2 = 4$。

②标准溶液 c_B 不确定度分量 $u(c_B)$

标准溶液 c_B 不确定度分量由标准溶液浓度的不确定度和分取标准溶液的体积和溶液稀释体积的不确定度构成。

$$u(c_B) = \sqrt{u^2(c_B)_1 + u^2(c_B)_2}$$

标准溶液浓度的不确定度分量 $u(c_B)_1$：直接引用标准溶液浓度的不确定度分量，进行计算。

由纯物质直接配制标准溶液时，评定纯物质本身的标准不确定度分量。由数个标准物质配制时，将所用标准物质特性量值的标准不确定度和相对标准不确定度列出，并将各标准物质特性量值的相对标准不确定度的均方根作为其相对标准不确定度。

分取标准溶液的体积和溶液稀释体积的不确定度分量 $u(c_B)_2$：实际操作时标准溶液通常用一支移液管（或滴定管）操作，移液管（或滴定管）体积的变动性以各分取溶液体积相对不确定度的均方根计算：

$$u(c_B)_2 = \sqrt{\frac{\sum_{i=1}^{n} u_{rel}^2(V_i)}{n}}$$

标准溶液的不确定度分量为：

$$u_{rel}(c_B) = \sqrt{u_{rel}^2(c_B)_1 + u_{rel}^2(c_B)_2 + u_{rel}^2(c_B)_3}$$

测量溶液体积 V 的不确定度分量 $u(V)$：测量溶液体积 V 的不确定度包括量器体积本身的误差、体积稀释的重复性和温差对体积影响等分量。

当已评定了测量的重复性，由于重复测量时通常使用的是不同的容量瓶，因此其体积误差、稀释的变动性已包括在测量重复性中，不必再评定。而溶液温差的影响在各测量溶液间是一致的，不考虑其分量。

内标溶液体积的不确定度分量：某些 ICP 质谱法采用内标法测量被测元素的相对质谱强度，加入内标溶液体积的的变动性将影响测量的相对质谱强度. 分析操作时通常使用一根移液管分取内标溶液，由于 ICP 质谱法是相对测量方法，移液管本身体积的误差对测量结果的影响是一致的。而移液管刻度读数的变动性则已包括在工作曲线和测量结果重复性中，可不再评定。

试料质量 m 的不确定度分量 $u(m)$：包含天平称量误差的不确定度分量；天平称量重复性的不确定度分量。如果已评定了测量重复性分量，本项分量已包括在其中，可不再评定。

仪器变动性的不确定度分量：测量过程中，由于仪器输入的电流、电压、工作气体的压力和流量、高频发生器功率、仪器分光性能的微小变化而使仪器读出的质谱强度有一定的变动性。当已评定了测量重复性不确定度分量，仪器读数的变动性已包括在其中，不再评定。

对于仪器示值分辨力 δ_x 不确定度分量，如果重复测量所得若干结果的末位数存在明显的差异，则评定的测量重复性不确定度中已包含了仪器分辨力的分散性，其不确定度分量可忽略不计。当末位数无明显差异时，应将 $u(\delta_x) = 0.29\delta_x$ 作为一个分量计算在合成不确定度中。

4.4.5.3 合成标准不确定度的评定

（1）各分量不相关时，以各分量的相对标准不确定度的平方和根求相对合成标准不确

定度 $u_{crel}/(w_M)$

$$u_{crel}(w_M) = \sqrt{u_{rel}^2(s_C) + u_{rel}^2(c) + u_{rel}^2(c_B) + u_{rel}^2(V) + u_{rel}^2(m) + u_{rel}^2(\delta_r)}$$

当 $u(m)$，$u(\delta_r)$ 可忽略时，

$$u_{crel}(w_M) = \sqrt{u_{rel}^2(s_C) + u_{rel}^2(c) + u_{rel}^2(c_B) + u_{rel}^2(V)}$$

（2）由相对合成标准不确定度 u_{crel}（w_M）计算合成标准不确定度 u_c（w_M）

$$u_c(w_M) = w_M \times u_{crel}(w_M)$$

4.4.5.4 扩展不确定度的评定

通常取 95% 置信水平，包含因子 $k=2$，计算扩展不确定度：

$$U = u_c(w_M) \times 2$$

如果取 99% 置信水平，包含因子 $k=3$，计算扩展不确定度：

$$U = u_c(w_M) \times 3$$

测量不确定度通常取一位或两位有效数字。

4.4.5.5 测量结果及不确定度表达

测量结果的不确定度以扩展不确定度表示。通常扩展不确定度与测量结果一起表示，并说明包含因子 k 值。以明确评定不确定度的置信水平。

分析结果的完整表述为 $(w_{El} \pm U)$%，$k=2$。测量结果和不确定度表达时应注明其计量单位。

4.4.6 等离子体质谱检测高温合金中锆含量的不确定度计算实例

4.4.6.1 测量方法和实验数据

称取 0.1000g 样品于干净的烧杯中，用酸分解后定容于 100mL 容量瓶中，在电感耦合等离子质谱检测，选取锆 91 质量数。平行消解两份样品进行测定，每个样品测定 3 次。

使用锆标准溶液 [浓度为 (10 ± 0.05) $\mu g/mL$，$k=2$] 配制标准曲线。移取不同体积的标准溶液至 5 个 100mL 容量瓶中，标准曲线系列浓度分别为 0ng/mL、10ng/mL、50ng/mL、100ng/mL、200ng/mL。在相同条件下测量校准溶液，每个溶液测量 3 次，取平均值，绘制标准曲线。

平行测量试样消解溶液中锆含量检测浓度分别为 81.17ng/mL 和 86.12ng/mL，则合金中锆含量分别为 81.17 $\mu g/g$ 和 86.12 $\mu g/g$。

4.4.6.2 建立数学模型

$$w_{Zr} = \frac{c_{Zr} \times V}{m \times 10^3}$$

式中：w_{Zr} 为试样中被测元素浓度，$\mu g/g$；c_{Zr} 为测量溶液中被测元素浓度，ng/mL；V 为试样消解后的定容体积，mL；m 为试样的称样量，g。

4.4.6.3 不确定度分量的识别和评定

按锆含量与输入量的关系式，锆含量不确定度来源于测量重复性，试样制取涉及器具和仪器的引入的不确定度，试样中锆元素含量的不确定度。其中试样中锆元素含量的不确定度包括工作曲线拟合的不确定度、标准溶液浓度的不确定度、标准溶液稀释体积的不确定度。

（1）测量重复性的不确定度试样测定两个平行样品，两次测量的标准偏差 $s=4.185$

测量重复性的不确定度为 $u(s_c) = \dfrac{4.185}{\sqrt{2}} = 2.9597$

测量重复性的相对标准不确定度为

$$u_{rel}(s_c) = u(s_c)/[(81.17+86.12)/2] = 0.0354$$

（2）试样中锆元素含量的不确定度

校准曲线线性拟合的不确定度校准曲线的测量数据见表 4.4-1。

表 4.4-1　标准曲线的测量参数

强度 （ICPS）	校准点浓度 $c/(\mathrm{ng/mL})$				
	0	10	50	100	200
I_1	0	3508	18749	39177	75398
I_2	0	3606	19179	38328	77117
I_3	0	3482	18923	38956	76094
$\bar{I}$	0	3532	18950	38820	76203

按表 4.4-1 中数据，用最小二乘法拟合线性回归方程，按回归方程式 $I=a+bc$ 计算 a 和 b：

$$b = \frac{\sum\limits_{i=1}^{n}(c_i-\bar{c})(I_i-\bar{I})}{\sum\limits_{i=1}^{n}(c_i-\bar{c})^2} = 382.4985, \quad a = \bar{I}-b\bar{c} = -38.892$$

锆的校准曲线方程为

$$I = -38.892 + 382.4985 \cdot c$$

校准曲线线性拟合对试样中锆浓度产生的不确定度 $u(c_{Zr})_1$

$$u(c_{Zr})_1 = \frac{s_R}{b}\sqrt{\frac{1}{p}+\frac{1}{n}+\frac{(c-\bar{c})^2}{\sum_{i=1}^{n}(c_i-\bar{c})^2}}, \quad s_R = \sqrt{\frac{\sum_{i=1}^{n}[I_i-(bc_i+a)]^2}{n-2}}$$

称取 2 份样品，每个样品测试 3 次，每个校准曲线点测定 3 次，即 $p=6$，$n=15$，则 $c_{Zr} = (81.17+86.12)/2 = 83.65$（ng/mL），$\bar{c}=72$ng/mL，$s_R=522.738$，

$$u(c_{Zr})_1 = \frac{522.738}{382.3618}\sqrt{\frac{1}{6}+\frac{1}{15}+\frac{(83.65-72)^2}{26680}} = 0.6674 \text{（ng/mL）}$$

$$u_{rel}(c_{Zr})_1 = 0.6674/83.65 = 0.0080$$

标准溶液浓度的不确定度锆标准溶液的浓度为 $(10\pm0.05)\mu g/mL(k=2)$，则其标准不确定度 $u(c_{Zr})_2 = 0.05/2 = 0.025$，相对标准不确定度 $u_{rel}(c_{Zr})_2 = 0.025/10 = 0.0025$。

标准溶液稀释体积的不确定度制作校准曲线时，使用 $(1000\pm2)\mu L$、$(100\pm0.1)\mu L$ 移液器分别移取一定体积的标准溶液。按照均匀分布，相应的不确定度为 1.155、0.058，其相对标准不确定度分别为 0.0012、0.0006。则标准溶液稀释体积的不确定度 $u_{rel}(c_{Zr})_3 = \sqrt{0.0012^2+0.0006^2} = 0.0013$。

校准曲线用的容量瓶体积误差已包括在校准曲线线性拟合的不确定度中，不再评定。

试样中锆浓度的相对标准不确定度：

$$u_{rel}(c_{Zr}) = \sqrt{u_1^2(c_{Zr})_1+u_2^2(c_{Zr})_2+u_{rel}^2(c_{Zr})_3} = \sqrt{0.0080^2+00025^2+0.0013^2} = 0.0085$$

（3）试样制取涉及器具和仪器引入的不确定度

试样制备不确定度有称量产生不确定度、稀释体积产生不确定度。当已评定了测量的重复性，由于重复测量时通常会对多个平行样品进行测量，因此试样制备引入的不确定度分量已包括在测量重复性中，不必再评定。

4.4.6.4 合成不确定度的评定

各分量互不相关，按方和根计算合成不确定度

$$u_{crel}(w_{Zr}) = \sqrt{u_{rel}^2(s_c) + u_{rel}^2(c_{Zr})} = \sqrt{0.0354^2 + 0.0085^2} = 0.0354$$

$$u(w_{Zr}) = u_{crel}(w_{Zr}) \cdot w_{Zr} = 0.0354 \times 83.64 = 2.96 (\mu g/g)$$

4.4.6.5 扩展不确定度的评定

取 95% 的置信水平，包含因子 $k=2$，$U = 2.96 \times 2 = 5.92$。

4.4.6.6 分析结果表示

用电感耦合等离子体质谱法测量高温合金中锆的结果可表示为

$$w_{Zr} = (83.65 \pm 5.92) \mu g/g, \quad k=2$$

4.4.7 不确定度评定的小结

从上述不确定度的评定描述和计算实例可看出，测量重复性和工作曲线的变动性对测量结果不确定度影响最大，相比之下其他的不确定度分量几乎可以忽略。

测量重复性分量在合成不确定度中占比较大，因此，对样品进行多次分析则可显著减小其测量结果不确定度。

从工作曲线变动性对其标准不确定度 $u(c)$ 影响的关系式可知，增加样品溶液测量次数 p，增加标准溶液的测量次数 n，设计工作曲线使样品溶液浓度位于工作曲线的中间，都可以减小其 $u(c)$ 的值。

ICP 的评定通常是建立在一元一次线性方程基础上，因此要求样品溶液和各工作曲线测量点应包括在线性方程的范围之内。

参考文献

［1］邓勃. 分析测试数据的统计处理方法［M］. 北京：清华大学出版社，1995.

［2］沙定国. 误差分析与测量不确定度评定［M］. 北京：中国计量出版社，2006.

［3］李慎安，王玉莲，范巧成. 化学实验室测量不确定度［M］. 北京：化学工业出版社，2008.

［4］ISO GUM 1993 测量不确定度指南（Guide to the Expression Uncertainty Measurement）［S］.

［5］JJF 1059—1999 测量不确定度评定与表示［S］.

［6］GB/T 8170—2008 数值修约规则与极限数值的表示和判定［S］.

［7］中国合格评定国家认可委员会. CNAS-GL06 化学分析中不确定度的评估指南［M］. 北京：中国计量出版社，2006.

［8］中国合格评定国家认可委员会. CNAS-CL07 测量不确定度评估和报告通用要求. 2006

［9］GB/T 6379.1～6—2004 测量方法与结果的准确度（正确度与精密度）［S］.

［10］CSM 01 01 01 00—2006 化学成分分析测量不确定度评定导则［S］. 北京：中国标准出版社出版，2006.

思考题

(1) 误差可分成几类？什么是系统误差？什么是随机误差？有何规律？

(2) 分析数据有什么统计规律？误差传递的规律是什么？

(3) 什么是精密度、正确度和准确度？三者之间有什么区别与关系？

(4) 如何检验分析结果的准确度？

(5) 分析结果的精密度通常由什么来表示？哪些措施可提高分析精密度？

(6) ICP 分析中如何提高分析结果的准确度？提高准确度的措施有哪些？

(7) 可疑数据的取舍有哪两种方法？数字修约规则是什么？

(8) 测量不确定度的定义是什么？你是怎么理解不确定度的？

(9) 在 ICP 分析测量中可能导致测量不确定度的来源一般有那些？

(10) ICP - MS 测量结果不确定度评定的基本步骤有那些？

(11) 何谓不确定度 A 类评定和不确定度 B 类评定？

(12) 不确定度评定中一般根据哪些信息进行标准不确定度 B 类评定？

(13) 如何表达具有不确定度的测量结果？

(14) 如何表达具有不确定度的测量结果？

(15) 分析数据有什么统计规律？误差传递的规律是什么？

(16) 误差可分成哪几类？什么是系统误差？什么是随机误差？它们有什么规律？

(17) 什么是精密度、正确度和准确度？三者之间有什么区别与关系？

(18) 分析结果的精密度通常由什么来表示？有哪些措施可提高分析精密度？

(19) 什么是灵敏度？在 ICP 质谱分析中灵敏度如何表示？写出计算公式。

(20) ICP - MS 分析的检出限定义是什么？分析方法检出限与仪器的检出限有什么不同？

(21) 什么是测定下限？与检出限有什么区别？

(22) 可疑数据的取舍有哪两种方法？

(23) 什么是有效数字？有效数字的位数怎么确定？

(24) 数字修约规则是什么？

(25) 如何检验分析结果的准确度？

(26) ICP - MS 分析中如何提高分析结果的准确度？提高准确度的措施有哪些？

(27) 测量不确定度的定义是什么？你是怎么理解不确定度的？

(28) 在分析测量中可能导致测量不确定度的来源一般有哪些？

(29) ICP - MS 测量结果不确定度评定的基本步骤有哪些？

(30) 进行 ICP - MS 法测量结果不确定度评定的数学模型一般如何表示？

(31) 如何表达具有不确定度的测量结果？

(32) 何谓不确定度 A 类评定和不确定度 B 类评定？

(33) 不确定度评定中一般根据哪些信息进行标准不确定度 B 类评定？

(34) 如何表达具有不确定度的测量结果？

附　　录

附录 1　天然同位素表

原子序数	元素	元素符号	质量数/u	相对丰度	原子量 IUPAC，2005	电离能/（kJ/mol）	
						（1）	（2）
1	氢	H	1	99.9855	1.00794（7）	1312	
	氘	D	2	0.0145			
2	氦	He	3	0.00014	4.002602（2）	2372.3	5250.4
			4	99.99986			
3	锂	Li	6	7.50	6.941（2）	513.3	7298.0
			7	92.50			
4	铍	Be	9	100	9.012182（3）	899.4	1757.1
5	硼	B	10	19.78	10.811	800.6	2427
			11	80.22			
6	碳	C	12	98.888	12.0111	1086.2	2352
			13	1.112			
7	氮	N	14	99.633	14.0067	1402.3	2856.1
			15	0.367			
8	氧	O	16	99.759	15.9994	1313.9	3388.2
			17	0.037			
			18	0.204			
9	氟	F	19	100	18.9984	1681	3374
10	氖	Ne	20	90.92	20.183	2080.6	3952.2
			21	0.257			
			22	8.82			
11	钠	Na	23	100	22.9898	495.8	4562.4
12	镁	Mg	24	78.70	24.312	737.7	1450.7
			25	10.13			
			26	11.17			
13	铝	Al	27	100	26.9815	577.4	1816.6
14	硅	Si	28	92.21	28.086	786.5	1577.1
			29	4.70			
			30	3.09			

续表

原子序数	元素	元素符号	质量数/u	相对丰度	原子量 IUPAC，2005	电离能/（kJ/mol）	
						（1）	（2）
15	磷	P	31	100	30.9738	1011.7	1903.2
16	硫	S	32	95.018	32.064	999.6	2251
			33	0.760			
			34	4.215			
			36	0.014			
17	氯	Cl	35	75.53	35.453	1251.1	2297
			37	24.47			
18	氩	Ar	36	0.337	39.948	1520.4	2665.2
			38	0.063			
			40	99.600			
19	钾	K	39	93.10	39.102	418.8	3051.4
			40	0.0118			
			41	6.88			
20	钙	Ca	40	96.97	40.08	589.7	1145
			42	0.64			
			43	0.145			
			44	2.06			
			46	0.003			
			48	0.185			
21	钪	Sc	45	100	44.956	631	1235
22	钛	Ti	46	7.93	47.90	658	1310
			47	7.28			
			48	73.94			
			49	5.51			
			50	5.34			
23	钒	V	50	0.24	50.942	650	1414
			51	99.76			
24	铬	Cr	50	4.31	51.996	652.7	1592
			52	83.76			
			53	9.55			
			54	2.38			
25	锰	Mn	55	100	54.9381	717.4	1509.0
26	铁	Fe	54	5.82	55.847	759.3	1561

续表

原子序数	元素	元素符号	质量数/u	相对丰度	原子量 IUPAC，2005	电离能/（kJ/mol）	
						（1）	（2）
			56	91.66			
			57	2.19			
			58	0.33			
27	钴	Co	59	100	58.9332	760.0	1646
28	镍	Ni	58	67.88	58.71	736.7	1753
			60	26.23			
			61	1.19			
			62	3.66			
			64	1.08			
29	铜	Cu	63	69.09	63.54	745.4	1958
			65	30.91			
30	锌	Zn	64	48.89	65.37	906.4	1733.3
			66	27.81			
			67	4.11			
			68	18.57			
			70	0.62			
31	镓	Ga	69	60.4	69.72	578.8	1979
			71	39.6			
32	锗	Ge	70	20.52	72.59	762.1	1537
			72	27.43			
			73	7.76			
			74	36.54			
			76	7.76			
33	砷	As	75	100	74.9216	947.0	1798
34	硒	Se	74	0.87	78.96	940.9	2044
			76	9.02			
			77	7.58			
			78	23.52			
			80	49.82			
			82	9.19			
35	溴	Br	79	50.537	79.909	1139.9	2104
			81	49.463			
36	氪	Kr	78	0.35	83.80	1350.7	2350

续表

原子序数	元素	元素符号	质量数/u	相对丰度	原子量 IUPAC，2005	电离能/（kJ/mol）	
						（1）	（2）
			80	2.27			
			82	11.56			
			83	11.55			
			84	56.90			
			86	17.37			
37	铷	Rb	85	72.15	85.47	403.0	2632
			87	27.85			
38	锶	Sr	84	0.56	87.62	549.5	1064.2
			86	9.86			
			87	7.02			
			88	82.56			
39	钇	Y	89	100	88.905	616	1181
40	锆	Zr	90	51.46	91.22	660	1267
			91	11.23			
			92	17.11			
			94	17.40			
			96	2.80			
41	铌	Ni	93	100	92.906	664	1382
42	钼	Mo	92	15.84	95.94	685.0	1558
			94	9.04			
			95	15.72			
			96	16.53			
			97	9.46			
			98	23.78			
			100	9.63			
44	钌	Ru	96	5.51	101.07	711	1617
			98	1.87			
			99	12.72			
			100	12.62			
			101	17.07			
			102	31.63			
			104	18.58			
45	铑	Rh	103	100	102.905	720	1744

续表

原子序数	元素	元素符号	质量数/u	相对丰度	原子量 IUPAC，2005	电离能/（kJ/mol）	
						（1）	（2）
46	钯	Pd	102	0.96	106.4	805	1875
			104	10.97			
			105	22.23			
			106	27.33			
			108	26.71			
			110	11.81			
47	银	Ag	107	51.817	107.87	731	2073
			109	48.183			
48	镉	Cd	106	1.22	112.40	867.6	1631
			108	0.88			
			110	12.39			
			111	12.75			
			112	24.07			
			113	12.26			
			114	28.86			
			116	7.58			
49	铟	In	113	4.28	114.82	558.3	1820.6
			115	95.72			
50	锡	Sn	112	0.96	118.69	708.6	1411.8
			114	0.66			
			115	0.35			
			116	14.30			
			117	7.61			
			118	24.03			
			119	8.58			
			120	32.85			
			122	4.72			
			124	5.94			
51	锑	Sb	121	57.25	121.75	833.7	1794
			123	42.75			
52	碲	Te	120	0.089	127.60	869.2	1795
			122	2.46			
			123	0.87			

续表

原子序数	元素	元素符号	质量数/u	相对丰度	原子量 IUPAC，2005	电离能/（kJ/mol）	
						(1)	(2)
			124	4.61			
			125	6.99			
			126	18.71			
			128	31.79			
			130	34.48			
53	碘	I	127	100	126.9044	1008.4	1845.9
54	氙	Xe	124	0.096	131.30	1170.4	2046
			126	0.090			
			128	1.919			
			129	26.44			
			130	4.08			
			131	21.18			
			132	26.89			
			134	10.44			
			136	8.87			
55	铯	Cs	133	100	132.905	375.7	2420
56	钡	Ba	130	0.101	137.34	502.8	965.1
			132	0.097			
			134	2.42			
			135	6.59			
			136	7.81			
			137	11.32			
			138	71.66			
57	镧	La	138	0.089	138.91	538.1	1067
			139	99.911			
58	铈	Ce	136	0.193	140.12	527.4	1047
			138	0.250			
			140	88.48			
			142	11.07			
59	镨	Pr	141	100	140.907	523.1	1018
60	钕	Nd	142	27.11	144.24	529.6	1035
			143	12.17			
			144	23.85			

续表

原子序数	元素	元素符号	质量数/u	相对丰度	原子量 IUPAC，2005	电离能/（kJ/mol）	
						（1）	（2）
			145	8.30			
			146	17.22			
			148	5.73			
			150	5.62			
62	钐	Sm	144	3.09	150.35	543.3	1068
			147	14.97			
			148	11.24			
			149	13.83			
			150	7.44			
			152	26.72			
			154	22.71			
63	铕	Eu	151	47.82	151.96	546.7	1085
			153	52.18			
64	钆	Gd	152	0.20	157.25	592.5	1167
			154	2.15			
			155	14.73			
			156	20.47			
			157	15.68			
			158	24.87			
			160	21.90			
65	铽	Tb	159	100	158.925	564.6	1112
66	镝	Dy	156	0.052	162.50	571.9	1126
			158	0.090			
			160	2.29			
			161	18.88			
			162	25.53			
			163	24.97			
			164	28.18			
67	钬	Ho	165	100	164.930	580.7	1139
68	铒	Er	162	0.136	167.26	588.7	1151
			164	1.56			
			166	33.41			
			167	22.94			

续表

原子序数	元素	元素符号	质量数/u	相对丰度	原子量 IUPAC，2005	电离能/（kJ/mol）	
						（1）	（2）
			168	27.07			
			170	14.88			
69	铥	Tm	169	100	168.934	596.7	1163
70	镱	Yb	168	0.135	173.04	603.4	1176
			170	3.03			
			171	14.31			
			172	21.82			
			173	16.13			
			174	31.84			
			176	12.73			
71	镥	Lu	175	97.41	174.97	523.5	1340
			176	2.59			
72	铪	Hf	174	0.18	178.49	642	1440
			176	5.20			
			177	18.50			
			178	27.14			
			179	13.75			
			180	35.24			
73	钽	Ta	180	0.012	180.948	761	（1500）
			181	99.988			
74	钨	W	180	0.14	183.85	770	（1700）
			182	26.41			
			183	14.40			
			184	30.64			
			186	28.41			
75	铼	Re	185	37.07	186.2	760	1260
			187	62.93			
76	锇	Os	184	0.02	190.2	840	（1600）
			186	1.59			
			187	1.64			
			188	13.3			
			189	16.1			
			190	26.4			

续表

原子序数	元素	元素符号	质量数/u	相对丰度	原子量 IUPAC，2005	电离能/（kJ/mol）	
						（1）	（2）
			192	41.0			
77	铱	Ir	191	37.3	192.2	880	（1680）
			193	62.7			
78	铂	Pt	190	0.013	195.09	870	1791
			192	0.78			
			194	32.9			
			195	33.8			
			196	25.3			
			198	7.21			
79	金	Au	197	100	196.967	890.1	1980
80	汞	Hg	196	0.146	200.59	1007.0	1809.7
			198	10.02			
			199	16.84			
			200	23.13			
			201	13.22			
			202	29.80			
			204	6.85			
81	铊	Tl	203	29.5	204.37	589.3	1971.0
			205	70.5			
82	铅	Pb	204	1.48	207.19	715.5	1450.4
			206	23.6			
			207	22.6			
			208	52.3			
83	铋	Bi	209	100	208.98	703.2	1610
90	钍	Th	232	100	232.04	587	1110
92	铀	U	234	0.0057	238.03	584	1420
			235	0.72			
			238	99.27			

注：电离能单位：kJ/mol。（1）为一次电离能；（2）为二次电离能。

附录 2　常用同位素标准物质比值（引自 Nu instrument 资料）

Li	7/6					
L－SVEC	12. 02					
B	11/10					
SRM 951	4. 044					
Mg	25/24	26/24				
SRM 980[1]	0. 12663	0. 13932				
(1) Cantanzaro et al，1966，J. Res. Natl. Bur. Stand.						
Fe	54/56	57/56	58/56	54/57		
Aldrich ICP[1]	0. 063683	0. 023087	0. 0030614	2. 75839		
(1) Beard and Johnson，1999，Geochimica et Cosmochimica Acta						
Cu	63/65					
SRM 976	2. 2440					
Sr	87/86	84/86	84/88	86/88		
NBS 987	0. 710248	0. 05649	0. 006748	0. 1194		
Nd	142/144	143/144	145/144	148/144	150/144	146/144
La Jolla	1. 14183	0. 511859	0. 348409	0. 241572	0. 236403	0. 7219
Hf	174/177	176/177	178/177	180/177	179/177	
JMC 475	0. 00871	0. 282160	1. 46718	1. 88666	0. 7325	
Tl	205/203					
SRM 997	2. 38714					
Pb	207/206	208/206	208/204	207/204	206/204	
981NBS[1]	0. 914750	2. 16771	36. 7219	15. 4963	16. 9405	
982NBS[2]	0. 467007	1. 00016	36. 7492	17. 1621	36. 7555	
983NBS	0. 071201	0. 013619	36. 71	191. 9	2695	
(1) Abouchami and Galer，1999，Mineralogical Magazine						
(2) Todt et al，1995，Geophys，Monogr						
Th	232/230					
UCSC	170500					
U	234/238	235/238	236/238			
Natural	0. 000055	0. 007253				
NBS U—010	0. 0000546	0. 01014	0. 0000687			
NBS U—020	0. 0001276	0. 02081	0. 0001684			
NBS U—100	0. 0007535	0. 113596	0. 0004225			
NBS U—200	0. 001564	0. 251259	0. 0026565			
NBS U—500	0. 010422	0. 999698	0. 001519			

附录 3　ICP－MS 多原子离子干扰汇总表

分析同位素	丰度/%	干扰
^{11}B	80.09	^{12}C 扩展峰
^{24}Mg	78.7	^{12}C$_2^+$
^{25}Mg	10.13	^{12}C$_2^1$H$^+$
^{26}Mg	11.17	^{12}C^{14}N，^{12}C$_2^1$H$_2^+$，^{12}C^{13}C^{1}H$^+$
^{27}Al	100	^{12}C^{15}N$^+$，^{13}C^{14}N$^+$，^{14}N^2 扩展峰，^{1}H^{12}C^{14}N$^+$
^{28}Si	92.21	^{14}N$_2^+$，^{12}C^{16}O
^{29}Si	4.7	^{14}N^{15}N$^+$，^{14}N$_2^1$H$^+$，^{13}C^{16}O$^+$，^{12}C^{17}O$^+$，^{12}C^{16}O^{1}H$^+$
^{30}Si	3.09	^{15}N$_2^+$，^{14}N^{15}N^{1}H，^{14}N^{16}O$^+$，^{12}C^{18}O$^+$，^{13}C^{17}O$^+$，^{13}C^{16}O^{1}H$^+$， ^{12}C^{17}O^{1}H$^+$，^{14}C$_2^1$H$_2^+$，^{12}C^{16}O^{1}H$_2^+$
^{31}P	100	^{14}N^{16}O^{1}H，^{15}N^{15}N^{1}H，^{15}N^{16}O$^+$，^{14}N^{17}O$^+$，^{13}C^{18}O$^+$，^{12}C^{18}O^{1}H$^+$
^{32}S	95.02	^{16}O$_2^+$，^{14}N^{18}O$^+$，^{15}N^{17}O$^+$，^{14}N^{17}O^{1}H$^+$，^{15}N^{16}O^{1}H$^+$，^{32}S$^+$，^{14}N^{16}O^{1}H$_2^+$
^{33}S	0.75	^{15}N^{18}O$^+$，^{14}N^{18}O^{1}H$^+$，^{15}N^{17}O^{1}H$^+$，^{16}O^{17}O$^+$，^{16}O$_2^1$H$^+$，^{33}S$^+$，^{32}S^{1}H$^+$
^{34}S	4.21	^{15}N^{18}O^{1}H$^+$，^{16}O^{18}O$^+$，^{17}O$_2^+$，^{16}O^{17}O^{1}H$^+$，^{34}S$^+$，^{33}S^{1}H$^+$
^{35}Cl	75.77	^{16}O^{18}O^{1}H$^+$，^{34}S^{1}H$^+$，^{35}Cl$^+$
^{37}Cl	24.23	^{36}Ar^{1}H，^{36}S^{1}H，^{37}Cl$^+$
^{39}K	93.08	^{38}Ar^{1}H$^+$
^{40}K	0.01	^{40}Ar$^+$
^{41}K	6.91	^{40}Ar^{1}H$^+$，
^{40}Ca	96.97	^{40}Ar$^+$
^{42}Ca	0.64	^{40}Ar^{1}H$_2$
^{43}Ca	0.145	^{27}Al^{16}O$^+$
^{44}Ca	2.06	^{12}C^{16}O$_2$，^{14}N$_2^{16}$O$^+$，^{28}Si^{16}O$^+$
^{46}Ca	0.003	^{14}C^{16}O$_2^+$，^{32}S^{14}N$^+$
^{48}Ca	0.19	^{33}S^{15}N$^+$，^{34}S^{14}N$^+$，^{32}S^{16}O$^+$
^{45}Sc	100	^{12}C^{16}O$_2^1$H$^+$，^{28}Si^{16}O^{1}H$^+$，^{29}Si^{16}O$^+$，^{14}N$_2^{16}$O^{1}H$^+$，^{13}C^{16}O$_2^+$
^{46}Ti	7.99	^{32}S^{14}N$^+$，^{14}N^{16}O$_2^+$，^{15}N$_2^{16}$O$^+$
^{47}Ti	7.32	^{32}S^{14}N^{1}H$^+$，^{30}Si^{16}O^{1}H$^+$，^{33}S^{15}N$^+$，^{33}S^{14}N$^+$，^{15}N^{16}O$_2^+$， ^{14}N^{16}O$_2^1$H$^+$，^{12}C^{35}Cl$^+$，^{31}P^{16}O$^+$
^{48}Ti	73.98	^{32}S^{16}O$^+$，^{34}S^{14}N$^+$，^{33}S^{15}N$^+$，^{14}N^{16}O^{18}O$^+$，^{14}N^{17}N$_2^+$，^{12}C$_4^+$，^{36}Ar^{12}C$^+$
^{49}Ti	5.46	^{32}S^{17}O$^+$，^{32}S^{16}O^{1}H$^+$，^{35}Cl^{14}N$^+$，^{34}S^{15}N$^+$，^{33}S^{16}O$^+$，^{14}N^{17}O$_2^1$H$^+$， ^{14}N^{35}Cl$^+$，^{36}Ar^{13}C$^+$，^{36}Ar^{12}C^{1}H$^+$，^{12}C^{37}Cl$^+$，^{31}P^{18}O$^+$
^{50}Ti	5.25	^{32}S^{18}O$^+$，^{32}S^{17}O^{1}H$^+$，^{36}Ar^{14}C$^+$，^{35}Cl^{15}N$^+$，^{36}S^{14}N$^+$， ^{33}S^{17}O$^+$，^{34}S^{16}O$^+$，^{1}H^{14}N^{35}Cl$^+$，^{34}S^{15}O^{1}H$^+$，

续表

分析同位素	丰度/%	干扰
^{50}V	0.24	$^{34}S^{16}O^+$, $^{36}Ar^{14}N^+$, $^{35}Cl^{15}N^+$, $^{36}S^{15}N^+$, $^{32}S^{18}O^+$, $^{33}S^{17}O^+$
^{51}V	99.76	$^{34}S^{16}O^1H^+$
^{50}Cr	4.35	$^{34}S^{16}O^+$, $^{36}Ar^{14}N^+$, $^{35}Cl^{15}N^+$, $^{36}S^{14}N^+$, $^{32}S^{18}O^+$, $^{33}S^{17}O^+$
^{52}Cr	83.76	$^{35}Cl^{16}O^1H^+$, $^{40}Ar^{12}C^+$,
^{53}Cr	9.51	$^{37}Cl^{16}O^+$, $^{38}Ar^{15}N^+$, $^{38}Ar^{14}N^1H^+$, $^{36}Ar^{17}O^+$, $^{36}Ar^{16}O^1H^+$, $^{35}Cl^{17}O^1H^+$, $^{35}Cl^{18}O^+$, $^{36}S^{17}O^+$, $^{40}Ar^{13}C^+$
^{54}Cr	2.38	$^{37}Cl^{16}O^1H^+$, $^{40}Ar^{14}N^+$, $^{38}Ar^{15}N^1H^+$, $^{36}Ar^{18}O^+$, $^{38}Ar^{16}O^+$, $^{36}Ar^{17}O^1H^+$, $^{37}Cl^{17}O^+$, $^{19}F_2^{16}O^+$
^{55}Mn	100	$^{40}Ar^{14}N^1H^+$, $^{39}K^{16}O^+$, $^{37}Cl^{18}O^+$, $^{40}Ar^{15}N^+$, $^{38}Ar^{17}O^+$, $^{36}Ar^{18}O^1H^+$, $^{38}Ar^{16}O^1H^+$, $^{37}Cl^{17}O^1H^+$, $^{23}Na^{32}S^+$, $^{36}Ar^{19}F^+$,
^{54}Fe	5.82	$^{37}Cl^{16}O^1H^+$, $^{40}Ar^{14}N^+$, $^{38}Ar^{15}N^1H^+$, $^{36}Ar^{18}O^+$, $^{38}Ar^{16}O^+$, $^{36}Ar^{17}O^1H^+$, $^{35}Cl^{18}O^1H^+$, $^{37}Cl^{17}O$, $^{36}S^{18}O^+$
^{56}Fe	91.66	$^{40}Ar^{16}O^+$, $^{40}Ca^{16}O^+$, $^{40}Ar^{15}N^1H^+$, $^{38}Ar^{18}O^+$, $^{38}Ar^{17}O^1H^+$, $^{37}Cl^{18}O^1H^+$
^{57}Fe	2.19	$^{40}Ar^{16}O^1H^+$, $^{40}Ca^{16}O^1H^+$, $^{40}Ar^{17}O^+$, $^{38}Ar^{18}O^1H^+$, $^{38}Ar^{19}F^+$
^{58}Fe	0.33	$^{40}Ar^{18}O^+$, $^{40}Ar^{17}O^1H^+$
^{59}Co	100	$^{43}Ca^{16}O^+$, $^{42}Ca^{16}O^1H^+$, $^{24}Mg^{35}Cl^+$, $^{36}Ar^{23}Na^+$, $^{40}Ar^{18}O^1H^+$, $^{40}Ar^{19}F^+$
^{58}Ni	67.77	$^{23}Na^{35}Cl^+$, $^{40}Ar^{18}O^+$, $^{40}Ca^{18}O^+$, $^{40}Ca^{17}O^1H^+$, $^{42}Ca^{16}O^+$, $^{29}Si_2^+$, $^{40}Ar^{17}O^1H^+$, $^{23}Mg^{35}Cl^+$
^{60}Ni	26.16	$^{44}Ca^{16}O^+$, $^{23}Na^{37}Cl^+$, $^{43}Ca^{16}O^1H^+$
^{61}Ni	1.25	$^{44}Ca^{16}O^1H^+$, $^{45}Sc^{16}O^+$
^{62}Ni	3.66	$^{46}Ti^{16}O^+$, $^{23}Na^{39}K^+$, $^{46}Ca^{16}O^+$
^{64}Ni	1.16	$^{32}S^{16}O_2^+$, $^{32}S_2^+$
^{63}Cu	69.1	$^{31}P^{16}O_2^+$, $^{40}Ar^{23}Na^+$, $^{23}Na^{40}Ca^+$, $^{47}Ti^{16}O^+$, $^{46}Ca^{16}O^1H^+$, $^{36}Ar^{12}C^{14}N^1H^+$, $^{14}N^{12}C^{37}Cl^+$, $^{16}O^{12}C^{35}Cl^+$
^{65}Cu	30.9	$^{49}Ti^{16}O^+$, $^{32}S^{16}O_2^1H^+$, $^{40}Ar^{25}Mg^+$, $^{36}Ar^{14}N_2^1H^+$, $^{32}S^{33}S^+$, $^{32}S^{16}O^{17}O^+$, $^{12}C^{16}O^{37}Cl^+$, $^{33}S^{16}O_2^+$, $^{12}C^{18}O^{35}Cl^+$, $^{31}P^{16}O^{18}O^+$
^{64}Zn	48.89	$^{32}S^{16}O_2^+$, $^{48}Ti^{16}O^+$, $^{31}P^{16}O_2^1H^+$, $^{48}Ca^{16}O^+$, $^{32}S_2^+$, $^{31}P^{16}O^{17}O^+$, $^{32}S^{16}O_2^+$, $^{36}Ar^{14}N_2^+$,
^{66}Zn	27.81	$^{50}Ti^{16}O^+$, $^{33}S^{16}O_2^+$, $^{33}S^{16}O_2^1H^+$, $^{32}S^{16}O^{18}O^+$, $^{32}S^{17}O_2^+$, $^{32}S^{34}S^+$, $^{33}S_2^+$
^{67}Zn	4.11	$^{35}Cl^{16}O_2^+$, $^{33}S^{34}S^+$, $^{34}S^{16}O_2^1H^+$, $^{32}S^{16}O^{18}O^1H^+$, $^{34}S^{16}O^{17}O^+$, $^{33}S^{16}O^{18}O^+$, $^{32}S^{17}O^{18}O^+$, $^{33}S^{17}O_2^+$, $^{35}Cl^{16}O_2^+$
^{68}Zn	18.57	$^{36}S^{16}O_2^+$, $^{34}S^{16}O^{18}O^+$, $^{40}Ar^{14}N_2^+$, $^{35}Cl^{16}O^{17}O^+$, $^{34}S_2^+$, $^{36}Ar^{32}S^+$, $^{34}S^{17}O_2^+$, $^{33}S^{17}O^{18}O^+$, $^{32}S^{18}O_2^+$, $^{32}S^{36}S^+$

续表

分析同位素	丰度/%	干扰
^{70}Zn	0.62	$^{35}Cl^{35}Cl^+$，$^{40}Ar^{14}N^{16}O^+$，$^{35}Cl^{17}O^{18}O^+$，$^{37}Cl^{16}O^{17}O^+$，$^{34}S^{18}O_2^+$，$^{36}S^{16}O^{18}O^+$，$^{36}S^{17}O_2^+$，$^{34}S^{36}S^+$，$^{36}Ar^{34}S^+$，$^{38}Ar^{32}S^+$
^{69}Ga	60.16	$^{35}Cl^{16}O^{18}O^+$，$^{35}Cl^{17}O_2^+$，$^{37}Cl^{16}O_2^+$，$^{36}Ar^{33}S^+$，$^{33}S^{18}O_2^+$，$^{34}S^{17}O^{18}O^+$，$^{36}S^{16}O^{17}O^+$，$^{33}S^{36}S^+$
^{71}Ga	39.84	$^{35}Cl^{18}O_2^+$，$^{37}Cl^{16}O^{18}O^+$，$^{37}Cl^{17}O_2^+$，$^{36}Ar^{35}Cl^+$，$^{36}S^{17}O^{18}O^+$，$^{38}Ar^{33}S^+$
^{70}Ge	20.51	$^{40}Ar^{14}N^{16}O^+$，$^{35}Cl^{17}O^{18}O^+$，$^{37}Cl^{16}O^{17}O^+$，$^{34}S^{18}O_2^+$，$^{36}S^{16}O^{18}O^+$，$^{36}S^{17}O_2^+$，$^{34}S^{36}S^+$，$^{36}Ar^{34}S^+$，$^{38}Ar^{32}S^+$，$^{35}Cl_2^+$
^{72}Ge	27.4	$^{36}Ar_2^+$，$^{37}Cl^{17}O^{18}O^+$，$^{35}Cl^{37}Cl^+$，$^{36}S^{18}O_2^+$，$^{36}S_2^+$，$^{36}Ar^{36}S^+$，$^{56}Fe^{16}O^+$，$^{40}Ar^{16}O_2^+$，$^{40}Ca^{16}O_2^+$，$^{40}Ar^{32}S^+$
^{73}Ge	7.76	$^{36}Ar_2^1H^+$，$^{37}Cl^{18}O_2^+$，$^{36}Ar^{37}Cl^+$，$^{40}Ar^{33}S^+$
^{74}Ge	36.56	$^{40}Ar^{34}S^+$，$^{36}Ar^{38}Ar^+$，$^{37}Cl^{37}Cl^+$，$^{38}Ar^{36}S^+$
^{76}Ge	7.77	$^{36}Ar^{40}Ar^+$，$^{38}Ar^{38}Ar^+$，$^{40}Ar^{36}S^+$
^{75}As	100	$^{40}Ar^{35}Cl^+$，$^{59}Co^{16}O^+$，$^{36}Ar^{38}Ar^1H^+$，$^{38}Ar^{37}Cl^+$，$^{36}Ar^{39}K^+$，$^{43}Ca^{16}O_2^+$，$^{23}Na^{12}C^{40}Ar^+$，$^{12}C^{31}P^{16}O_2^+$
^{74}Se	0.87	$^{40}Ar^{34}S^+$，$^{36}Ar^{38}Ar^+$，$^{37}Cl^{37}Cl^+$，$^{38}Ar^{36}S^+$
^{76}Se	9.02	$^{36}Ar^{40}Ar^+$，$^{38}Ar^{38}Ar^+$
^{77}Se	7.58	$^{40}Ar^{37}Cl^+$，$^{36}Ar^{40}Ar^1H^+$，$^{38}Ar_2^1H^+$，$^{12}C^{19}F^{14}N^{16}O_2^+$
^{78}Se	23.52	$^{40}Ar^{38}Ar^+$，$^{38}Ar^{40}Ca^+$
^{80}Se	49.82	$^{40}Ar_2^+$，$^{32}S^{16}O_3^+$
^{82}Se	9.19	$^{12}C^{35}Cl_2^+$，$^{34}S^{16}O_3^+$，$^{40}Ar_2^1H_2^+$
^{79}Br	50.54	$^{40}Ar^{39}K^+$，$^{31}P^{16}O_3^+$，$^{38}Ar^{40}Ar^1H^+$
^{81}Br	49.46	$^{32}S^{16}O_3^1H^+$，$^{40}Ar^{40}Ar^1H^+$，$^{33}S^{16}O_3^+$
^{78}Kr	0.35	$^{40}Ar^{38}Ar^+$
^{80}Kr	2.27	$^{40}Ar_2^+$，$^{32}S^{16}O_3^+$
^{82}Kr	11.56	$^{34}S^{16}O_3^+$，$^{40}Ar_2^1H_2^+$，$^{33}S^{16}O_3^1H^+$
^{83}Kr	11.55	$^{34}S^{16}O_3^1H^+$
^{84}Kr	56.9	$^{36}S^{16}O_3^+$
^{84}Sr	0.56	$^{36}S^{16}O_3^+$
^{86}Sr	9.86	$^{85}Rb^1H^+$
^{94}Mo	9.3	$^{39}K_2^{16}O^+$
^{95}Mo	15.9	$^{40}Ar^{39}K^{16}O^+$，$^{79}Br^{16}O^+$
^{96}Mo	16.7	$^{39}K^{41}K^{16}O^+$，$^{79}Br^{17}O^+$
^{97}Mo	9.6	$^{40}Ar_2^{16}O^1H^+$，$^{40}Ca_2^{16}O^1H^+$，$^{40}Ar^{41}K^{16}O^+$，$^{81}Br^{16}O^+$
^{98}Mo	24.1	$^{81}Br^{16}O^+$，$^{41}K_2^{16}O^+$

续表

分析同位素	丰度/%	干扰
^{100}Ru	12.6	^{84}Sr^{16}O
^{101}Ru	17.1	^{84}SrOH,^{61}Ni^{40}Ar,^{64}Ni^{37}Cl
^{102}Ru	31.6	^{86}SrO
^{103}Rh	100	^{40}Ar^{63}Cu$^+$,^{36}Ar^{67}Zn$^+$,^{87}Sr^{16}O$^+$,^{87}Rb^{16}O$^+$,^{206}Pb^{2+}
^{102}Pd	0.96	^{86}SrO
^{106}Pd	27.3	^{90}ZrO,^{89}YOH,
^{105}Pd	22.33	^{40}Ar^{65}Cu$^+$,^{36}Ar^{69}Ga$^+$,^{89}Y^{16}O$^+$,^{88}Sr^{17}O$^+$,^{87}Rb^{18}O$^+$
^{108}Pd	26.7	^{90}ZrO,^{92}MoO
^{110}Pd	11.8	^{94}ZrO,^{94}MoO
^{107}Ag	51.8	^{91}Zr^{16}O$^+$
^{109}Ag	48.2	^{92}Zr^{16}O^{1}H$^+$
^{110}Cd	12.5	^{39}K$_2$^{16}O$^+$
^{111}Cd	12.8	^{95}Mo^{16}O$^+$,^{94}Zr^{16}O^{1}H$^+$,^{39}K$_2$^{16}O$_2$^{1}H$^+$
^{112}Cd	24.1	^{40}Ca$_2$^{16}O$_2$,^{40}Ar$_2$^{16}O$_2$,^{96}Ru^{16}O$^+$
^{113}Cd	12.22	^{96}Zr^{16}O^{1}H$^+$,^{40}Ca$_2$^{16}O$_2$^{1}H$^+$,^{40}Ar$_2$^{16}O$_2$^{1}H$^+$,^{96}Ru^{17}O$^+$
^{114}Cd	28.7	^{98}Mo^{16}O$^+$,^{98}Ru^{16}O$^+$
^{116}Cd	7.49	^{100}Ru^{16}O$^+$
^{113}In	4.3	^{97}Ru^{16}O$^+$
^{112}Sn	0.97	^{96}Ru^{16}O$^+$
^{115}Sn	0.34	^{99}Ru^{16}O$^+$
^{116}Sn	14.53	^{100}Ru^{16}O$^+$
^{117}Sn	7.68	^{101}Ru^{16}O$^+$
^{118}Sn	24.23	^{102}Ru^{16}O$^+$,^{102}Pd^{16}O$^+$
^{119}Sn	8.59	^{103}Rh^{16}O$^+$
^{120}Sn	32.59	^{104}Ru^{16}O$^+$,^{104}Pd^{16}O$^+$
^{122}Sn	4.63	^{106}Pd^{16}O$^+$
^{124}Sn	5.79	^{108}Pd^{16}O$^+$
^{121}Sb	57.36	^{105}Pd^{16}O$^+$
^{121}Sb	42.64	^{94}Zr^{16}O$_2$$^+$
^{122}Te	2.603	^{106}Pd^{16}O$^+$
^{124}Te	4.816	^{108}Pd^{16}O$^+$
^{126}Te	18.95	^{110}Pd^{16}O$^+$
^{128}Te	31.69	^{96}Pd^{16}O$_2$$^+$
^{130}Te	33.80	^{98}Pd^{16}O$_2$$^+$

续表

分析同位素	丰度/%	干扰
^{133}Cs	100	^{101}Ru^{16}O$_2{}^+$
^{130}Ba	0.106	^{98}Ru^{16}O$_2{}^+$
^{132}Ba	0.101	^{100}Ru^{16}O$_2{}^+$
^{134}Ba	2.417	^{102}Ru^{16}O$_2{}^+$
^{136}Ba	7.854	^{104}Ru^{16}O$_2{}^+$
^{144}Nd	23.80	^{96}Pd^{16}O$_3{}^+$
^{146}Nd	17.19	^{98}Pd^{16}O$_3{}^+$
^{148}Nd	5.76	^{100}Pd^{16}O$_3{}^+$
^{150}Nd	5.64	^{102}Pd^{16}O$_3{}^+$
^{144}Sm	3.1	^{96}Ru^{16}O$_3{}^+$
^{147}Sm	15.0	^{99}Ru^{16}O$_3{}^+$
^{148}Sm	11.3	^{100}Ru^{16}O$_3{}^+$
^{149}Sm	13.8	^{101}Ru^{16}O$_3{}^+$
^{150}Sm	7.4	^{102}Ru^{16}O$_3{}^+$
^{152}Sm	26.7	^{104}Ru^{16}O$_3{}^+$
^{151}Eu	47.82	^{135}Ba^{16}O$^+$
^{151}Eu	52.2	^{137}Ba^{16}O$^+$
^{155}Gd	14.8	^{139}La^{16}O$^+$
^{157}Gd	15.68	^{138}Ba^{19}F$^+$,^{141}Pr^{16}O$^+$
^{159}Tb	100	^{143}Nd^{16}O$^+$
^{163}Dy	24.97	^{147}Sm^{16}O$^+$
^{165}Ho	100	^{149}Sm^{16}O$^+$
^{166}Er	33.6	^{150}Nd^{16}O$^+$,^{150}Sm^{16}O$^+$
^{167}Er	22.94	^{151}Eu^{16}O$^+$
^{169}Tm	100	^{153}Eu^{16}O$^+$
^{172}Yb	21.9	^{156}Gd^{16}O$^+$
^{173}Yb	16.13	^{157}Gd^{16}O$^+$
^{175}Lu	97.41	^{159}Tb^{16}O$^+$
^{177}Hf	18.5	^{161}Dy^{16}O$^+$
^{181}Ta	99.988	^{165}Ho^{16}O$^+$
^{182}W	26.41	^{166}Er^{16}O$^+$
^{184}Os	0.02	^{168}ErO,^{168}YbO
^{186}Os	1.6	^{168}ErO,^{168}YbO
^{187}Os	1.6	^{171}YbO

续表

分析同位素	丰度/%	干扰
^{188}Os	13.3	^{172}YbO
^{189}Os	16.1	^{173}YbO
^{190}Os	26.4	^{174}YbO, ^{174}HfO
^{192}Os	41	^{176}YbO, ^{176}HfO, ^{176}LuO
^{191}Ir	38.5	^{175}LuO
^{193}Ir	61.5	^{177}HfO
^{190}Pt	0.01	^{174}YbO, ^{174}HfO
^{192}Pt	0.8	^{176}YbO, ^{176}HfO, ^{176}LuO
^{194}Pt	32.9	^{178}HfO
^{195}Pt	33.8	^{179}HfO, ^{178}HfOH
^{196}Pt	25.3	^{180}HfO, ^{180}WO, ^{180}TaO
^{197}Au	100	^{181}TaO, ^{180}HfOH
^{203}Tl	29.5	^{187}Re^{16}O$^+$, ^{186}W^{16}O^{1}H$^+$
^{206}Pb	24.1	^{190}Pt^{16}O$^+$
^{207}Pb	22.1	^{191}Ir^{16}O$^+$
^{208}Pb	52.4	^{192}Pd^{16}O$^+$
^{209}Bi	100	^{193}Ir^{16}O$^+$

附录4 同量异位素的数学干扰校正公式
（引用自 Thermo Fisher iCAP Q 仪器软件）

40K	$-46.4722 * 44Ca$
40Ca	$-0.00173843 * 41K$
46Ca	$-1.09589 * 47Ti$
48Ca	$-10.1096 * 47Ti$
46Ti	$-0.00191755 * 44Ca$
48Ti	$-0.0896453 * 44Ca$
50Ti	$-0.0518564 * 52Cr - 0.00250627 * 51V$
50V	$-0.739726 * 47Ti - 0.0518564 * 52Cr$
50Cr	$-0.739726 * 47Ti - 0.00250627 * 51V$
54Cr	$-0.0632359 * 56Fe$
54Fe	$0.0282257 * 52Cr$
58Fe	$-2.61571 * 60Ni$
58Ni	$-0.00305277 * 56Fe$
87Rb	$-0.0847663 * 88Sr$
84Sr	$-4.95652 * 83Kr$
86Sr	$-1.50435 * 83Kr$
87Sr	$-0.385713 * 85Rb$
92Zr	$-0.932161 * 95Mo$
94Zr	$-0.58103 * 95Mo$
96Zr	$-1.04774 * 95Mo - 0.324706 * 101Ru$
92Mo	$-0.333333 * 90Zr$
94Mo	$-0.337804 * 90Zr$
96Mo	$-0.324706 * 101Ru - 0.0544218 * 90Zr$
98Mo	$-0.110588 * 101Ru$
100Mo	$-0.741176 * 101Ru$
97Tc	$-0.599874 * 95Mo$
98Tc	$-1.5157 * 95Mo - 0.110588 * 101Ru$
99Tc	$-0.747059 * 101Ru$
96Ru	$-1.04774 * 95Mo - 0.0544218 * 90Zr$
98Ru	$-1.5157 * 95Mo$
100Ru	$-0.604899 * 95Mo$
102Ru	$-0.04546785 * 105Pd$
104Ru	$-0.49888 * 105Pd$

续表

102Pd	$-1.85882 * 101Ru$
104Pd	$-1.1 * 101Ru$
106Pd	$-0.0976563 * 111Cd$
108Pd	$-0.0695313 * 111Cd$
110Pd	$-0.975781 * 111Cd$
106Cd	$-1.22391 * 105Pd$
108Cd	$-1.18495 * 105Pd$
110Cd	$-0.524854 * 105Pd$
112Cd	$-0.0400495 * 118Sn$
113Cd	$-0.0449321 * (115In - 0.0148637 * 118Sn)$
114Cd	$-0.0268373 * 118Sn$
116Cd	$-0.599917 * 118Sn$
113In	$-0.954688 * 111Cd$
115In	$-0.0148637 * 118Sn$
112Sn	$-1.88516 * 111Cd$
114Sn	$-2.24453 * 111Cd$
115Sn	$-22.2558 * (113In - 0.954688 * 111Cd)$
116Sn	$-0.585156 * 111Cd$
120Sn	$-0.0134454 * 125Te$
122Sn	$-0.364146 * 125Te$
124Sn	$-0.67451 * 125Te - 0.00378788 * 129Xe$
123Sb	$-0.127171 * 125Te$
120Te	$-1.34558 * 118Sn$
122Te	$-0.191164 * 118Sn$
123Te	$-0.745201 * 121Sb$
124Te	$-0.239059 * 118Sn - 0.00378788 * 129Xe$
126Te	$-0.00340909 * 129Xe$
128Te	$-0.0723485 * 1219Xe$
130Te	$-0.155303 * 129Xe - 0.009439 * 137 Ba$
130Ba	$-4.73389 * 125Te - 0.155303 * 129Xe$
132Ba	$-1.01894 * 129Xe$
134Ba	$-0.393939 * 129Xe$
136Ba	$-0.337121 * 129xe - 0.00214738 * 140Ce$
138Ba	$-0.0028255 * 140Ce - 0.000900811 * 139La$
138La	$-6.38468 * 137Ba - 0.0028255 * 140Ce$

续表

174Hf	$-1.45205 * 172Yb$
176Hf	$-0.579909 * 172Yb - 0.0265886 * 175Lu$
180Hf	$-0.00494297 * 182W - 0.000120014 * 181Ta$
180Ta	$-1.28586 * 178Hf - 0.00494297 * 182W$
180W	$-1.28586 * 178Hf - 0.000120014 * 181Hf$
184W	$-0.00124224 * 189Os$
186W	$-0.0981366 * 189Os$
187Re	$-0.0993789 * 189Os$
184Os	$-1.16616 * 182W$
186Os	$-1.08745 * 182W$
187Os	$-1.6738 * 185Re$
190Os	$-0.000295858 * 195Pt$
192Os	$-0.0233728 * 195Pt$
190Pt	$-1.63975 * 189Os$
192Pt	$-2.54658 * 189Os$
196Pt	$-0.00605275 * 200Hg$
198Pt	$-0.433204 * 200Hg$
196Hg	$-0.748521 * 195Pt$
198Hg	$-0.213018 * 195Pt$
204Hg	$-0.0267176 * 208Pb$
202Pb	$-1.28837 * 200Hg$
204Pb	$-0.296152 * 200Hg$
205Pb	$-2.38707 * 203Tl$
136Ce	$-0.699377 * 137Ba - 0.337121 * 129 Xe$
138Ce	$-6.38468 * 137Ba - 0.000900811 * 139La$
142Ce	$-1.57824 * 146Nd$
142Nd	$-0.125226 * 140Ce$
144Nd	$-0.224638 * 149Sm$
148Nd	$-0.818841 * 149Sm$
150Nd	$-0.536232 * 149Sm$
145Pm	$-0.482839 * 146Nd$
147Pm	$-1.08696 * 149Sm$
144Sm	$-1.38453 * 146Nd$
148Sm	$-0.335079 * 146Nd$
150Sm	$-0.328098 * 146Nd$
152Sm	$-0.0127796 * 157Gd$
154Sm	$-0.139297 * 157Gd$

续表

152Gd	$-1.93478 * 149Sm$
154Gd	$-1.64493 * 149Sm$
156Gd	$-0.00240964 * 163Dy$
158Gd	$-0.00401606 * 163Dy$
160Gd	$-0.0939759 * 163Dy$
156Dy	$-1.30799 * 157Gd$
158Dy	$-1.58722 * 157Gd$
160Dy	$-1.39681 * 157Gd$
162Dy	$-0.00416667 * 166Er$
164Dy	$-0.0479167 * 166Er$
162Er	$-1.0241 * 163Dy$
164Er	$-1.13253 * 163Dy$
168Er	$-0.00593607 * 172Yb$
170Er	$-0.139269 * 172Yb$
168Yb	$-0.797619 * 166Er$
170Yb	$-0.443452 * 166Er$
174Yb	$-0.00593472 * 178Hf$
176Yb	$-0.190717 * 178Hf - 0.0265886 * 175 Lu$
176Lu	$-0.579909 * 172Yb - 0.190717 * 178Hf$
238Pu	$-137.881 * 235U$

附录 5　EPA 方法中用到的一些数学校正公式

（引用自美国 EPA 标准 200.8，6020）

同位素	干扰校正公式
51V	$-3.127*（53ClO-0.113*52Cr）$
52Cr	$-0.0050*13C$
56Fe	$-0.1500*43Ca$
56Fe	$-0.0069*44Ca$
60Ni	$-0.0020*43Ca$
75As	$-3.127*（77AsCl-0.815*82Se）$
82Se	$-1.001*83Kr$
78Se	$-0.1869*76ArAr$
98Mo	$-0.146*99Ru$
111Cd	$-1.073*（108MoO-0.712*106Pd）$
114Cd	$-0.027*118Sn$
114Cd	$-1.63*108MoO$
115In	$-0.014*118Sn$
123Sb	$-0.124*125Te$
208Pb	$+1*206Pb+1*207Pb$